大数据技术与应用丛书

Linux
操作系统管理与运维

马　婷　沈学建◎主编

许　林◎副主编

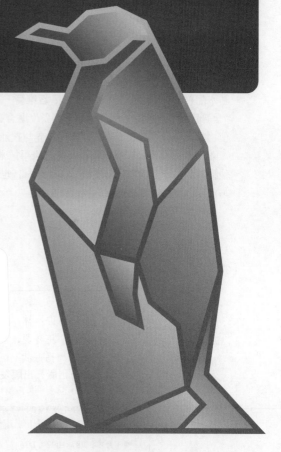

人民邮电出版社

北　京

图书在版编目（CIP）数据

Linux 操作系统管理与运维 / 马婷，沈学建主编.
北京 : 人民邮电出版社，2025. -- （大数据技术与应用
丛书）. -- ISBN 978-7-115-65731-2

Ⅰ. TP316.85

中国国家版本馆 CIP 数据核字第 2024JG8552 号

内 容 提 要

本书秉持易用与实用原则，以介绍终端命令的方式主要介绍 Linux 操作系统的应用知识，并以
CentOS 7 中文版为基础，旨在为读者提供一份既便于上手又富含实践价值的 Linux 学习指南。全书分
为 3 篇：基础篇——帮助读者了解 Linux 操作系统的常用命令；管理篇——帮助读者掌握 Linux 服务器的
基本配置与对 Linux 服务器的管理；运维篇——帮助读者熟悉对企业应用服务器的管理与维护。全书通过
"学习目标""素养目标""导学词条"融合课程思政内容，结合大量的应用实例，配套在线课程资源，
使"教、学、做"融为一体，实现素养与技能、理论与实践的完美统一。

本书既可作为高职高专院校计算机应用技术专业、网络技术专业、软件技术专业、信息安全专业及其
他计算机类专业的理论与实践一体化教材，也可作为 Linux 用户、系统运维人员和项目开发人员学习
与应用 Linux 操作系统的参考书。

◆ 主　　编　马　婷　沈学建
　　副 主 编　许　林
　　责任编辑　王梓灵
　　责任印制　马振武

◆ 人民邮电出版社出版发行　　北京市丰台区成寿寺路 11 号
　　邮编　100164　　电子邮件　315@ptpress.com.cn
　　网址　https://www.ptpress.com.cn
　　涿州市京南印刷厂印刷

◆ 开本：787×1092　1/16
　　印张：15　　　　　　　　　　　　2025 年 1 月第 1 版
　　字数：346 千字　　　　　　　　　2025 年 1 月河北第 1 次印刷

定价：69.80 元

读者服务热线：**(010)53913866**　印装质量热线：**(010)81055316**
反盗版热线：**(010)81055315**
广告经营许可证：京东市监广登字 20170147 号

前 言

  Linux 操作系统作为开源软件的典范，其因具有稳定、高效和灵活的优点，在服务器、云计算、大数据、物联网等领域中占据举足轻重的地位。工业和信息化部发布的《"十四五"软件和信息技术服务业发展规划》，针对国产操作系统，明确提出要提升关键软件供给能力，而国产操作系统大多基于 Linux 内核进行自主研发，因此它们与 Linux 操作系统在底层技术上有很强的关联性。目前，Linux 操作系统作为高校计算机网络技术专业的核心课程，也作为软件技术、大数据技术与应用、云计算技术与应用等计算机类专业的基础课程开设。

  结合 Linux 操作系统的特点及企业工程师的调研意见，编者基于 CentOS 7 编写本书。根据教育部及各级教育部门发布的一系列推动教材建设的政策，编者从 Linux 操作系统的实际操作出发，围绕课程的培养目标，注重数字化、网络化建设，推动线上线下融合教学，采用"纸质教材+在线课程"的形式编写了这本理论与实践相结合的书。本书力求通过丰富的内容和形式提高教材质量，提升教学效果和丰富学习体验，满足行业对高技能人才的需求。

  本书共 12 章，按照不同的教学需求将内容分为基础篇、管理篇和运维篇，每篇 4 章，音视频等配套教学资源丰富且实用。

1．内容适用性强

  书中内容及实践也可用于 RHEL、Fedora、Debian 等操作系统，这些操作系统与国产 Linux 操作系统（如常用的统信 UOS 操作系统）在开源基础、功能相似性和社区支持等方面存在相通性。通过对本书的学习，读者不仅能够掌握 Linux 操作系统的基本原理与高级应用技巧，还能够灵活地将所学知识应用于多种 Linux 发行版，包括国产 Linux 操作系统，从而提升跨平台操作能力和解决实际问题的能力，增强对开源软件生态的理解。

2．凝练素养目标

  教育部发布的《关于职业院校专业人才培养方案制订与实施工作的指导意见》提出："推动专业课教学与思想政治理论课教学紧密结合、同向同行。"本书针对各章讲解的知识点提炼出相应的素养目标，设置问题与思考，融入"国产操作系统""自主知识产权""规则意识""数据安全观"等我国计算机领域发展的重要项目和安全意识，并培养学生的工匠精神和团队精神，坚守遵纪守法、诚实守信的职业道德，养成良好的职业习惯。

3．配套资源丰富

  ① 本书全部内容的教学视频和实践操作视频全部放在智慧职教网站上，供读者下载、在线收看。在网站平台上分期开设课程，学生可以加入课程进行学习和考试，实现线上、线下的有机结合。本书是翻转课堂、混合课堂改革的理想教材。

② 本书提供全面的课程服务，涵盖教师的备课与教学，以及学生的预习、学习、实践和评估等多个环节。电子配套资源包括课程标准、授课计划、电子教案、电子课件、习题及答案、考试试卷。

4．教学

课程内容按篇章设计，学时分配为基础篇 34 学时、管理篇 34 学时、运维篇 26 学时，教师可以根据实际情况选择相应的篇章进行教学。具体的学时分配参见学时分配表。

学时分配表

篇目	章编号	课程内容	学时分配
基础篇	第 1 章	Linux 操作系统概述	8
	第 2 章	Linux 操作系统的安装与配置	8
	第 3 章	Linux 命令基本操作	8
	第 4 章	Linux 文件系统管理	10
管理篇	第 5 章	Linux 操作系统管理	10
	第 6 章	Linux 存储管理	14
	第 7 章	Linux 网络管理	6
	第 8 章	Linux 路由管理	4
运维篇	第 9 章	Linux 防火墙管理	6
	第 10 章	Linux 网络服务器的搭建	10
	第 11 章	LAMP 服务的搭建	6
	第 12 章	Linux 远程登录和管理	4

本书由马婷、沈学建担任主编，许林担任副主编并参与了第 10 章的编写，王兰、郑习武参加了部分配套资源视频的创作。感谢江苏金鸽网络科技有限公司陈宗华在案例筛选、内容审核及意见反馈等方面给予了专业指导与无私帮助，确保了本书内容的准确性和前沿性。这种深度的校企合作模式，不仅丰富了教学资源，也促进了产学研融合的深入发展，为培养适应行业需求的高素质人才奠定了坚实基础。同时感谢福建中锐网络股份有限公司葛占涛提供的技术支持。

为了便于学习和使用，我们提供了本书的配套资源。读者扫描并关注下方的"信通社区"二维码，回复数字 65731，即可获得配套资源。

"信通社区"二维码

编者
2024 年 7 月

目　录

·基础篇·

·管理篇·

·运维篇·

第1章 Linux 操作系统概述

学习目标

- 了解 UNIX、MINIX 和 Linux 操作系统。
- 了解 Linux 操作系统的体系结构。
- 掌握 Linux 操作系统版本的分类。
- 了解国产 Linux 操作系统的发展。

素养目标

- 区分开源软件与盗版软件，建构知识产权的概念。
- 坚定科技兴国信念，勇担科技报国的使命，厚植爱国主义情怀。

导学词条

- 自由软件：根据 FSF（自由软件基金会）的定义，自由软件指赋予用户"运行、复制、分发、学习、修改并改进"权限的那些软件。即赋予用户运行软件的自由、访问源代码并修改软件的自由、分发软件副本的自由、将修改过的软件版本再分发给其他人的自由。
- GNU 计划：由理查德·斯托曼发起的项目，GNU 是 "GNU's Not UNIX" 的递归缩写，旨在通过 UNIX 操作系统的接口标准分别开发不同的操作系统及其他自由软件，并且自由软件可以被自由地使用、复制、修改和发布。GNU 的标志是一头具有象征性的胡子和优美卷角的公牛，如图 1-1 所示。
- Copyleft（版权开放）：在自由软件运动中发展的倡导用户自由的概念。在自由软件授权方式中增加著作权条款后，该自由软件除了允许使用者自由使用、发布、修改作品外，还要求使用者修改后的衍生作品必须以同等的授权方式释出以回馈社会。Linux 操作系统是基于 Copyleft 的软件模式进行发布的。

图 1-1 GNU 的标志

1.1 了解 UNIX、MINIX 和 Linux 操作系统

Linux 操作系统的发展和成长历程离不开 5 个基本要素，即 UNIX 操作系统、MINIX 操作系统、GNU 计划、POSIX 标准和互联网。

1.1.1 了解 UNIX 操作系统

谈到 Linux 操作系统就不得不提到 UNIX 操作系统。UNIX 操作系统是 1969 年美国贝尔实验室的肯·汤普森为了在一台空闲的计算机上运行一款名为《星际运行》的游戏，用 1 个月的时间开发出来的操作系统原型。在这个 UNIX 操作系统的基础上，1973 年，肯·汤普森和丹尼斯·里奇共同合作，用 C 语言重新编写了一款兼容不同硬件操作平台的 UNIX 操作系统。这是一款强大的多用户、多任务操作系统，支持多种处理器架构，按照操作系统的分类，属于分时操作系统，由于其性能良好且稳定，迅速得到了广泛的应用。

UNIX 操作系统曾经是一个开源系统，在随后的几十年中通过不断迭代逐渐走向商业化。Version 7 UNIX 推出后，新的使用条款将 UNIX 源代码私有化，不再对外开放源代码。UNIX 操作系统大多是与硬件配套的，无法被安装在 x86 服务器和个人计算机上。

1.1.2 了解 MINIX 操作系统

因为 UNIX 操作系统不再开源，所以在当时的大学中不能再使用 UNIX 源代码。为了教学，荷兰阿姆斯特丹自由大学的计算机科学教授安德鲁·斯图尔特·塔能鲍姆，决定在不使用任何 AT&T（美国国际电话电报公司）源代码的前提下，采用微内核设计，自行开发与 UNIX 兼容的小型 UNIX 操作系统 MINIX，以避免版权上的争议。MINIX 3 的图标如图 1-2 所示。

图 1-2　MINIX 3 的图标

1.1.3 认识 Linux 操作系统

1. Linux 操作系统的起源

1990 年，芬兰人林纳斯·托瓦兹在赫尔辛基大学计算机科学系接触了 MINIX 操作系统，受 MINIX 的影响他着手研究开发一款操作系统，这款操作系统不是采用 MINIX 的微内核，而是采用与原始 UNIX 一样的宏内核，这就是 Linux 操作系统。林纳斯·托瓦兹也被称为"Linux 之父"。

1991 年，林纳斯·托瓦兹发布了第一个 Linux 内核 Linux Kernel 0.01，这也标志着 Linux 操作系统的诞生。随着互联网的兴起，使用它的用户越来越多，而且 Linux 操作系统的核心开发队伍也建起来了。编程小组的扩大和完整的操作系统基础软件的出现，使 Linux 逐渐变成一个成熟的操作系统，可以运行在多种硬件平台上。1994 年，Linux Kernel 1.0 的推出，标志着 Linux 第一个正式版本的诞生。

2. Linux 操作系统的标志

Linux 操作系统的标志是一只名为 Tux 的企鹅，如图 1-3 所示。Linux 的标志的由来

是林纳斯·托瓦兹在澳大利亚曾被一只动物园里的企鹅咬了一口，便选择企鹅作为 Linux 的标志。更容易被接受的说法是企鹅代表南极，而南极又是全世界共有的一块陆地，这也代表 Linux 属于所有人。

3．Linux 操作系统的特点

Linux 操作系统的特点如下。

① 自由、开源。

② 安全、稳定。

③ 内置丰富的网络功能。

④ 支持多硬件平台。

⑤ 拥有良好的可移植性。

⑥ 具有友好的用户界面。

⑦ 支持多用户、多任务。

图 1-3　Linux 的标志

4．Linux 操作系统的应用

Linux 作为一个开放源码的操作系统，内核及构成整个 Linux 生态的很多软件的源代码都是公开的，其应用领域十分广泛，已经渗透到了我们的生产和生活中。Linux 操作系统的主要应用领域如下。

① 服务器领域：许多大型互联网公司都将 Linux 作为服务器操作系统，Linux 已成为服务器领域的主流操作系统。

② 远程通信领域：Linux 在远程通信领域中被广泛采用，从数据中心到边缘设备，都依赖于 Linux 操作系统来构建和维护远程通信基础设施，如无线通信和网络设备、网络监控和管理、虚拟专用网络等。

③ 医疗电子领域：Linux 操作系统被广泛应用于各类医疗监测设备、医疗影像设备以及便携式健康监测设备。

④ 工业控制：Linux 操作系统的稳定性使其成为工业自动化和控制系统的重要选择，常被应用在监控和数据采集系统、人机界面、机器人控制器中。

⑤ 航空航天领域：Linux 操作系统可用于处理从飞行控制到数据处理的多种复杂任务，如飞行控制系统、卫星控制系统、航天器数据处理系统等。

⑥ 桌面领域：Linux 操作系统提供图形界面和丰富的应用程序，其桌面系统也被应用于政府和企业中。

1.2　Linux 操作系统的体系结构

Linux 操作系统一般有 4 个主要部分——内核、Shell（壳）、文件系统和应用程序，Linux 体系结构如图 1-4 所示。内核、Shell 和文件系统一起形成了基本的 Linux 操作系统体系结构，它们使用户可以运行程序、管理文件并使用系统。

1．内核

内核是 Linux 操作系统的核心，具有很多基本功能，决定着系统的性能。它负责管理系统的进程、内存、设备驱动程序、文件和网络系统，提供了硬件设备与上层应用之间的接口。

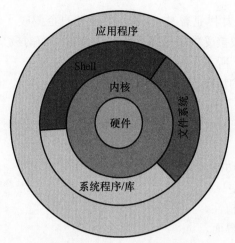

图 1-4　Linux 体系结构

2．Shell

Shell 作为 Linux 操作系统的一种操作环境，在内核与用户之间，提供了用户与内核进行交互操作的一种接口。它启动的终端界面可以接收用户输入的命令，并对用户输入的命令进行解释，把它送入内核执行。

3．文件系统

文件系统是将文件存储在磁盘等存储设备上的组织方法，主要体现在对文件和目录的组织上。

4．应用程序

标准的 Linux 操作系统都有一套专门的应用程序，如文本编辑器、基于 X Windows 架构的图形桌面系统、办公软件、互联网工具及数据库等，辅助用户完成一些特定的任务。

1.3　Linux 操作系统的版本

Linux 操作系统的版本分为内核版本和发行版本两种。

1.3.1　内核版本

内核版本的开发规范一直由林纳斯·托瓦兹领导的开发小组制定，开发小组每隔一段时间便会公布新版本或者修订版。

Linux 内核的版本按照一定的规则进行命名，版本号的格式通常为"主版本号.次版本号.修正号"。以 1.0～2.6 版本为例，由 3 组数字组成——x.y.z。

其中，x 表示目前发布的 Linux 内核主版本；y 如果是偶数表示这是一个稳定版本，如果是奇数则表示这是一个开发中的测试版本；z 表示对 Linux 内核进行微小修改的次数。示例如 Linux 2.6.35。

Linux 内核版本发布后，还可以进行修复 BUG 或者少量特性的反向移植工作，即把新版本中才有的补丁移植到已经发布的老版本中，这样的版本以更新修正号之后的数字的形式发布，如 Linux 2.6.35.1、Linux 2.6.35.2。但是在 3.0 版本之后，次版本号随着新版本的发布而增加，不再分别使用偶数和奇数代表稳定版本和测试版本。读者可以到 Linux 内核官网下载最新的内核代码，如图 1-5 所示。

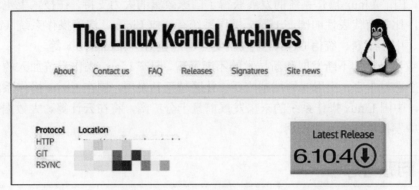

图 1-5　Linux 内核官网

1.3.2　发行版本

因为 Linux 内核开源，所以许多厂商、社团把内核、源代码及相关的应用程序组织起来构成一个完整的操作系统，让一般的用户可以简便地安装和使用 Linux，这就是所谓的发行版本。发行版本与内核版本之间的差别就是它们所包含的软件种类及数量不同，一般谈论的 Linux 操作系统便是针对发行版本的。

1.　常见的发行版本

Linux 有上百种不同的发行版本，所有发行版本的内核都源自林纳斯·托瓦兹开发的 Linux 内核。目前常见的 Linux 发行版本有基于社区开发的 Debian、CentOS、Fedora、Ubuntu 操作系统等，基于商业开发的红帽企业 Linux、SUSE、红旗 Linux 操作系统等，而国产统信 UOS 操作系统的开发模式则可以视为一种基于商业开发并受到社区支持的模式，它既有商业公司的支持和推动，又有开源社区的参与和贡献。

2.　CentOS

CentOS 由红帽企业 Linux 开放的源代码编译而成。由于出自同样的源代码，因此有些要求高度稳定的服务器使用 CentOS 替代商业版的红帽企业 Linux。2020 年 12 月，CentOS 官方发文称 CentOS Stream 才是 CentOS 项目的未来，将逐步把开发工作的重心从 CentOS Linux 往 CentOS Stream 转移。但 CentOS Linux 目前仍是应用极为广泛的 Linux 发行版本，其有自身的应用及优势，所以本书仍以 CentOS 7 为蓝本讲解 Linux 操作系统的基本操作、管理及网络服务建设等内容。

1.4　国产 Linux 操作系统

《中华人民共和国国民经济和社会发展第十四个五年规划和 2035 年远景目标纲要》提出"支持数字技术开源社区等创新联合体发展，完善开源知识产权和法律体系，鼓励企业开放软件源代码、硬件设计和应用服务。"经过多年发展，我国已经形成了较好的开源软件技术体系，培养了大量的软件开发人才，国内开源平台的建设也在蓬勃开展，孵化出不少优质的开源软件项目。

目前，国产 Linux 操作系统的发展获得了国家政策的大力支持，在技术上也取得了长足的进步，比较有代表性的国产 Linux 操作系统有红旗 Linux、深度操作系统（deepin）、银河麒麟、中标麒麟、统信 UOS、中兴新支点、欧拉 OS（EulerOS）等。

随着数字经济的不断发展和新技术的不断涌现，国产 Linux 操作系统加入的开发者越多、产品生态越丰富、应用的领域越广泛、社区越蓬勃发展，国产 Linux 操作系统就越成功。未来，中国 Linux 操作系统的未来发展前景十分广阔，将在云计算、大数据、人工智能等领域中发挥更加重要的作用。

1.5 问题与思考

1．开源软件与盗版软件的区别

开源软件是合法软件，它遵循开源许可证的规定，开源许可证确保了软件的自由性和可访问性，同时保护了软件作者的权益。开源软件鼓励开发者之间的合作和共享，这种合作和共享有助于解决复杂的技术问题，是软件开发和创新的重要推动力量。盗版软件是非法软件，是未经软件作者授权而非法复制和分发的软件，它侵犯了软件作者的版权和其他相关知识产权，剥夺了软件作者通过销售软件获得收入的机会，从而削弱了他们继续开发和改进软件的积极性。

2．开源软件、盗版软件与知识产权之间的关系

开源软件与知识产权之间存在相互促进的关系，通过开源许可证保护软件作者的著作权并鼓励开发者创新与共享；而盗版软件是对知识产权的严重侵犯，会得到法律的制裁和市场的抵制。在推动科技创新和经济发展的过程中，我们应该积极支持开源软件的发展并打击盗版软件，共同维护知识产权的合法权益和市场秩序。

3．开源软件与免费软件的区别

开源软件在发布时会公开源代码，并允许用户自由使用、修改和分发。然而，这并不意味着开源软件一定是免费的。有些开源软件可能会提供收费的商业版本或技术支持服务，以获取经济回报。

免费软件是指用户无须支付费用即可使用的软件。它强调软件的使用成本为零，但并不意味着免费软件的源代码一定会公开或用户可以随意修改和分发。

1.6 本章小结

本章首先对 Linux 操作系统进行了概述，包括 UNIX、MINIX 和 Linux 的发展历程，Linux 操作系统的体系结构、版本、发展历史及特点，最后对 Linux 常见的发行版本和国产 Linux 操作系统进行了简单介绍。通过本章内容，读者可以对 Linux 操作系统的特性、重要性及其发展前景有总体认识。

1.7 本章习题

1. 填空题

（1）GNU 计划通过_____系统的接口标准分别开发不同的操作系统及其他自由软件，并且自由软件可以被_____地使用、复制、修改和发布。

（2）Linux 操作系统的发展和成长历程离不开 5 个基本要素，即 UNIX 操作系统、_____、GNU 计划、POSIX 标准和互联网。

（3）Linux 操作系统是基于_____的软件模式进行发布的。

（4）Linux 操作系统一般有 4 个主要部分——_____、_____、文件系统和应用程序。

（5）Shell 提供了_____与_____进行交互操作的一种接口。它启动的终端界面可以接收用户输入的命令，并对用户输入的命令进行解释，把它送入内核执行。

（6）Linux 操作系统的版本分为_____和_____两种。

2. 选择题

（1）林纳斯·托瓦兹被称为"（　　）之父"。

A．Windows　　　　　B．Linux　　　　　C．Android　　　　　D．DOS

（2）（　　）不是 Linux 的特点。

A．多任务　　　　　B．多用户　　　　　C．依赖性　　　　　D．安全性

（3）（　　）是 Linux 操作系统的核心，负责管理系统的进程、内存、文件、设备等。

A．内核　　　　　B．Shell　　　　　C．文件系统　　　　　D．应用程序

（4）Linux 内核版本号的格式通常为（　　）。

A．主版本号　　　　　　　　　B．主版本号. 次版本号

C．主版本号. 次版本号. 修正号　　　D．次版本号. 修正号

（5）以下不是国产 Linux 操作系统的是（　　）。

A．统信 UOS　　　　　B．deepin　　　　　C．红旗 Linux　　　　　D．Ubuntu

3. 简答题

（1）简述 Linux 操作系统的特点。

（2）简述 Linux 操作系统的应用。

（3）简述 Linux 发行版本与内核版本之间的区别。

第2章 Linux 操作系统的安装与配置

学习目标

- 掌握 Linux 操作系统的安装方式及安装步骤。
- 了解 Linux 操作系统的分区方法和启动过程。
- 掌握 VMware 虚拟机的网络构建方法。
- 掌握 Linux 操作系统的注销、关闭、重启操作技巧。

素养目标

- 认同操作系统规模的复杂性及团结协作开发的必要性和重要性。
- 培养工匠精神和团队精神。

导学词条

- ISO 镜像文件（光盘的镜像文件）：计算机上光盘镜像文件的存储格式之一，是光盘文件信息的完整复制文件，由刻录软件或者镜像文件制作工具创建，使用时必须由专门的虚拟光驱软件载入，然后进行读取。其因遵循 ISO-9660 的 CD-ROM 文件系统标准，所以通常在计算机中用后缀"iso"命名。
- CentOS Linux：RHEL 的下游社区项目，在大多数情况下，它只使用 RHEL 发布的二进制包。CentOS Linux 的更新周期相对较长，团队对特定版本的 CentOS Linux 进行测试和验证，然后才将其发布。

2.1 Linux 操作系统安装前的准备

在安装 Linux 操作系统之前，需要掌握 Linux 操作系统安装的常识，如下载安装程序、确定安装方法，直接安装或者利用虚拟机进行安装。

2.1.1 下载 CentOS 镜像文件

1. 从 CentOS 官方网站下载

可以从网上免费下载 Linux 操作系统各种开源版本的安装程序 ISO 镜像文件。目前，CentOS 社区主要关注 CentOS Stream 系列，这是红帽企业 Linux（RHEL）的上游版本，用于测试和集成新功能。CentOS Stream 9 可以通过官网下载，如图 2-1 所示。

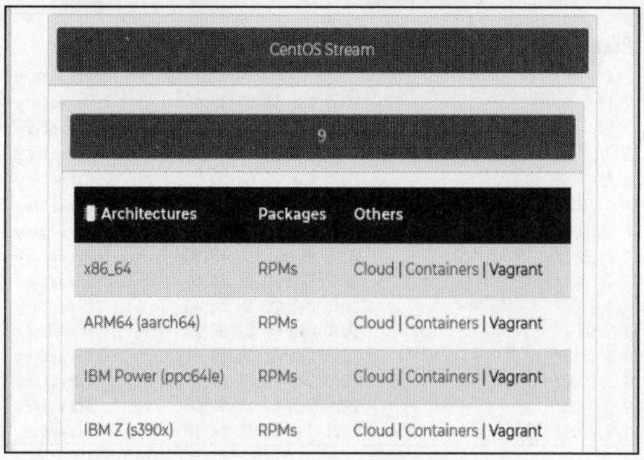

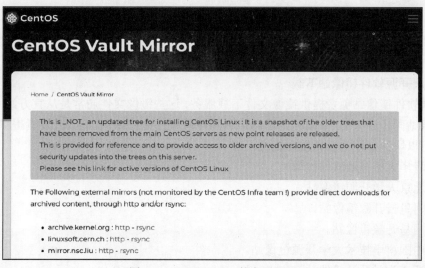

图 2-1　CentOS 官网

2．从 CentOS Vault 官方网站下载

　　CentOS Vault 并不是 CentOS 的一个单独版本或系统，而是 CentOS 发布的一个 yum 镜像，主要用于存放 CentOS 历史版本的软件包和安装介质。用户需要为旧版本的 CentOS 系统安装软件或应用安全补丁时，可以从 CentOS Vault 中查找并下载相应的软件包。对于依赖特定版本软件的应用程序或系统，CentOS Vault 提供了获取旧版本软件包的途径。

　　目前，CentOS 7 的发行版本可以通过访问 CentOS Vault 的官网来查找和下载所需的软件包。CentOS Vault 的官网界面如图 2-2 所示。

图 2-2　CentOS Vault 的官网界面

　　单击图 2-2 中的"mirror.nsc.liu:"后面的"http-rsync"进入网站提供的存档内容页面，如图 2-3 所示。用户可以选择不同版本的索引目录，进入 isos 目录，根据自己的硬件平台，下载相应版本的 CentOS 镜像文件。下载在图 2-4 中列出的镜像文件 CentOS-7-x86_64-DVD-2009.iso，直接单击该文件名称即可下载。

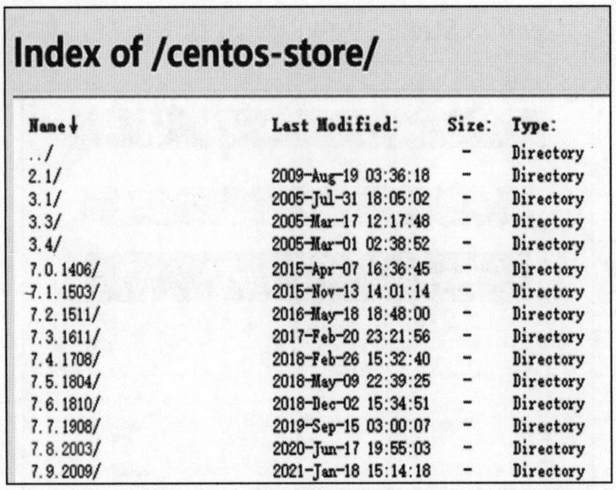

Index of /centos-store/

Name↓	Last Modified:	Size:	Type:
../		-	Directory
2.1/	2009-Aug-19 03:36:18	-	Directory
3.1/	2005-Jul-31 18:05:02	-	Directory
3.3/	2005-Mar-17 12:17:48	-	Directory
3.4/	2005-Mar-01 02:38:52	-	Directory
7.0.1406/	2015-Apr-07 16:36:45	-	Directory
7.1.1503/	2015-Nov-13 14:01:14	-	Directory
7.2.1511/	2016-May-18 18:48:00	-	Directory
7.3.1611/	2017-Feb-20 23:21:56	-	Directory
7.4.1708/	2018-Feb-26 15:32:40	-	Directory
7.5.1804/	2018-May-09 22:39:25	-	Directory
7.6.1810/	2018-Dec-02 15:34:51	-	Directory
7.7.1908/	2019-Sep-15 03:00:07	-	Directory
7.8.2003/	2020-Jun-17 19:55:03	-	Directory
7.9.2009/	2021-Jan-18 15:14:18	-	Directory

图 2-3　不同版本的索引目录

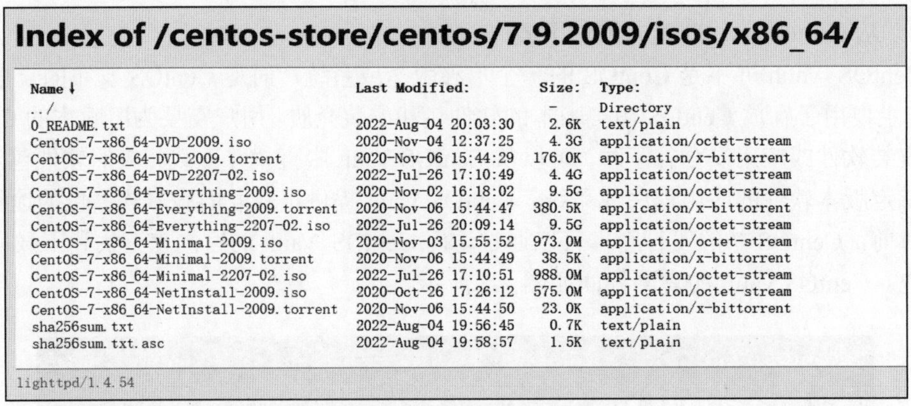

Index of /centos-store/centos/7.9.2009/isos/x86_64/

Name↓	Last Modified:	Size:	Type:
../		-	Directory
0_README.txt	2022-Aug-04 20:03:30	2.6K	text/plain
CentOS-7-x86_64-DVD-2009.iso	2020-Nov-04 12:37:25	4.3G	application/octet-stream
CentOS-7-x86_64-DVD-2009.torrent	2020-Nov-06 15:44:29	176.0K	application/x-bittorrent
CentOS-7-x86_64-DVD-2207-02.iso	2022-Jul-26 17:10:49	4.4G	application/octet-stream
CentOS-7-x86_64-Everything-2009.iso	2020-Nov-02 16:18:02	9.5G	application/octet-stream
CentOS-7-x86_64-Everything-2009.torrent	2020-Nov-06 15:44:47	380.5K	application/x-bittorrent
CentOS-7-x86_64-Everything-2207-02.iso	2022-Jul-26 20:09:14	9.5G	application/octet-stream
CentOS-7-x86_64-Minimal-2009.iso	2020-Nov-03 15:55:52	973.0M	application/octet-stream
CentOS-7-x86_64-Minimal-2009.torrent	2020-Nov-06 15:44:49	38.5K	application/x-bittorrent
CentOS-7-x86_64-Minimal-2207-02.iso	2022-Jul-26 17:10:51	988.0M	application/octet-stream
CentOS-7-x86_64-NetInstall-2009.iso	2020-Oct-26 17:26:12	575.0M	application/octet-stream
CentOS-7-x86_64-NetInstall-2009.torrent	2020-Nov-06 15:44:50	23.0K	application/x-bittorrent
sha256sum.txt	2022-Aug-04 19:56:45	0.7K	text/plain
sha256sum.txt.asc	2022-Aug-04 19:58:57	1.5K	text/plain

lighttpd/1.4.54

图 2-4　CentOS 7 镜像文件

3．从开源软件镜像站下载

开源软件镜像站免费提供镜像文件下载服务，这些镜像文件通常是从官方站点或其他可靠的源站同步过来的。下面列出国内知名的开源软件镜像站，它们为开发者提供了丰富、稳定、可以快速获取的开源软件资源。

① 清华大学开源软件镜像站。

② 北京大学开源镜像站。

③ 阿里云开源镜像站。

④ 网易开源镜像站。

⑤ 中国科学技术大学开源镜像站。

⑥ 浙江大学开源镜像站。

⑦ 兰州大学开源社区镜像站。

⑧ 华为云开源镜像站。

⑨ 中国科学院软件研究所开源镜像站。

用户可以选择其中一个镜像站，如清华大学开源软件镜像站，其界面如图 2-5 所示，选择相应的版本进行下载。

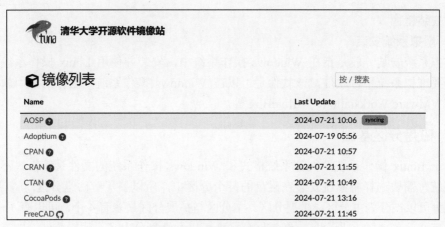

图 2-5　清华大学开源软件镜像站

4．ISO 镜像文件版本

下面以 CentOS-7-x86_64-DVD-2009.iso 为例介绍 CentOS 提供的 ISO 镜像文件格式。

① x86_64：代表此系统可以运行在 x86 架构的 64 位处理器上。

② DVD：表示 DVD 版的镜像文件，是系统标准安装版，本身包含可以使用安装程序安装的所有软件包，不需要依赖于网络进行安装，此版本是推荐大多数用户使用的安装版本。

③ 2009：发布日期。

除了 DVD 版的镜像文件外，官网还提供其他安装形式的镜像文件版本，如 Minimal、NetInstall、Everything、LiveKDE 和 LiveGNOME。

① Minimal：精简版，即安装一个最基本的系统，具有一个功能系统所需的最少的软件包。

② NetInstall：网络版，这是网络安装/救援镜像，即根据选择的软件列表从网上下载安装。

③ Everything：最新完整版，对完整版安装盘的软件进行补充，集成所有软件。

④ LiveKDE：KDE 桌面版，提供了一个用户友好的环境，其独特的组件架构和丰富的插件系统，使使用户可以轻松管理各种应用程序，并根据自己的需求进行个性化设置。

⑤ LiveGNOME：GNOME 桌面版，为 Linux 和其他类 UNIX 操作系统提供了用户友好的图形界面，该桌面环境包含一系列预装的应用程序和工具，还支持大量的第三方应用程序。由于具有稳定性和强大的社区支持，LiveGNOME 成为许多 Linux 发行版的默认桌面环境，CentOS 7 安装的桌面环境是 GNOME 桌面。

2.1.2　镜像文件的安装方式

下载到本地的各种 ISO 镜像文件，可以采用多种方式进行安装。

1．网络安装

对于某些特定的场景，如数据中心或大规模部署，可以使用网络安装的方式。这通常需要设置 PXE（预启动执行环境）服务器，该服务器通过配置 DHCP 和 TFTP 服务启动文件和安装镜像。

2．虚拟系统安装

虚拟系统安装一般是指在 Windows 操作系统中，安装并使用 Linux 操作系统。这种方式需要虚拟系统平台软件，该软件是可以在 Windows 操作系统中运行的应用软件，常见的有 VMware Workstation、VirtualBox 等。

2.1.3 磁盘分区基础

由于 Linux 操作系统的文件系统格式和 Windows 操作系统的文件系统格式不同，在安装系统时需要选择将系统安装在磁盘的某个分区中，所以要了解磁盘分区。

磁盘可以被分为主分区、扩展分区。主分区与扩展分区最多有 4 个，可以有 1～3 个主分区，有 0 个或 1 个扩展分区，在扩展分区上可以继续划分出多个逻辑分区。图 2-6 所示为一种磁盘分区关系，其中划分了 2 个主分区、1 个扩展分区，在扩展分区中又划分了 3 个逻辑分区。

图 2-6　磁盘分区关系

简单地说，主分区与扩展分区是平级的，扩展分区本身无法用于存放数据，要使用它必须将其分成若干个逻辑分区。无论什么操作系统，能够直接使用的只有主分区和逻辑分区。

在 Linux 操作系统中，以文件的形式对计算机中的数据和硬件设备进行管理，用户通过设备名来访问设备。通常，对于 IDE（电子集成驱动器）接口类型的硬盘设备，设备名称以"hd"开头，后跟一个字母表示设备号，再跟数字表示分区号。对于 SATA（串行高级技术总线附件）接口或 SCSI（小型计算机系统接口）类型的硬盘设备，设备名称以"sd"开头，后跟一个字母表示设备号，再跟数字表示分区号。Linux 操作系统中的分区按数字编号，1～4 留给主分区和扩展分区，逻辑分区编号则从 5 开始。具体的分区设备命名方式举例如下。

① 系统第 1 块 IDE 的硬盘称为/dev/hda，它的第 1 个分区则命名为/dev/hda1。

② 系统第 2 块 IDE 的硬盘称为/dev/hdb，它的第 2 个分区则命名为/dev/hdb2。

③ 系统第 1 块 SCSI 的硬盘称为/dev/sda，它的第 1 个分区则命名为/dev/sda1。

④ 系统第 2 块 SCSI 的硬盘称为/dev/sdb，它的第 3 个分区则命名为/dev/sdb3。

注意：/dev 目录中的 sda 设备的编号是 a，不是由插槽决定的，而是由系统内核的识别顺序决定的。而 sdb3 仅表示编号为 3 的分区，不能以此判断 sdb 设备上已经存在 3 个分区。

在 Windows 操作系统中，一般使用盘符来标识不同的分区，而在 Linux 操作系统中以分区的设备名来标识不同的分区。图 2-7 形象地说明了 Windows 和 Linux 操作系统分区标识的名称。

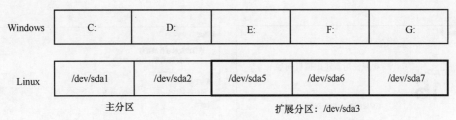

图 2-7　Windows 和 Linux 操作系统分区标识的名称

2.2　使用 VMware 虚拟机安装 Linux 操作系统

初学者可以采用虚拟机实现 Linux 操作系统的安装。目前市面上有多种虚拟系统平台软件，本书使用 VMware Workstation（常简称为 VMware，后续在不引起混淆的情况下，一般使用 VMware）。

2.2.1　VMware 简介

VMware Workstation 是 VMware 公司设计的一款专业虚拟机软件，可以虚拟现有任何操作系统，即 VMware 可以在计算机所安装的现有操作系统上构建多个虚拟的操作系统。相对于虚拟机，物理的计算机被称为宿主机。利用 VMware 虚拟机安装操作系统主要有以下目的。

1．构建单机虚拟网络环境

基于一台计算机，用户可以在宿主机和多个虚拟操作系统之间构建小型网络环境，并且可以进行网络配置、调试及网络编程测试应用。例如用户可以基于 Linux 操作系统构建各种网络服务功能，然后通过虚拟网络在 Windows 操作系统下测试应用。

2．实现系统学习

初学者可以在 Windows 操作系统中利用虚拟机的方式安装 Linux 操作系统，在熟悉的 Windows 环境下随时切换到 Linux 环境进行操作学习。

3．软件开发跨平台移植

软件开发者可以在 Windows 环境下开发软件，再将其移植到 Linux 或 UNIX 操作系统下进行跨平台软件测试，例如进行 Java 语言及 JSP 脚本语言的软件开发跨平台移植测试。

2.2.2　使用 VMware 创建虚拟机

VMware Workstation 有很多版本，本书采用 VMware Workstation Pro 16 来建立和使用虚拟 CentOS 7 系统。

（1）双击打开安装好的 VMware Workstation Pro 16。

（2）单击"文件"菜单下的"新建虚拟机"选项，并在弹出的"新建虚拟机向导"界面中选择"自定义（高级）"单选项，然后单击"下一步"按钮，如图 2-8 所示；在弹出的"选择虚拟机硬件兼容性"界面中直接单击"下一步"按钮，如图 2-9 所示。

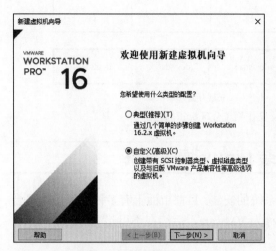

图 2-8　新建虚拟机向导

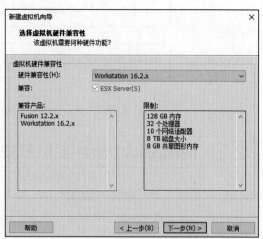

图 2-9　选择虚拟机硬件兼容性

（3）在弹出的"安装客户机操作系统"界面中选择"稍后安装操作系统"单选项，然后单击"下一步"按钮，如图 2-10 所示。

注意：如果选择"安装程序光盘映像文件（iso）"，并通过浏览找到下载好的 CentOS 7 系统的映像文件，虚拟机会通过默认的安装策略部署最精简的 Linux 操作系统。

（4）在图 2-11 所示的"选择客户机操作系统"界面中，将"客户机操作系统"的类型选择为"Linux"，选择版本为"CentOS 7 64 位"，然后单击"下一步"按钮。

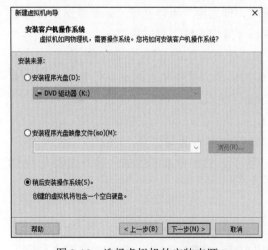

图 2-10　选择虚拟机的安装来源

图 2-11　选择客户机操作系统的版本

（5）在弹出的"命名虚拟机"界面中填写"虚拟机名称"字段，选择好安装位置后单击"下一步"按钮，如图 2-12 所示。

（6）在"处理器配置"界面中根据宿主机的性能设置处理器数量及每个处理器的内核数量，然后单击"下一步"按钮，如图 2-13 所示。

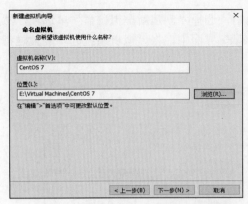

图 2-12　命名虚拟机及设置安装路径

图 2-13　虚拟机处理器配置

（7）在"此虚拟机的内存"界面中，按照默认建议将虚拟机系统的内存大小设置为 1024 MB，最低不应低于 512 MB，然后单击"下一步"按钮，如图 2-14 所示。

（8）在"网络类型"界面中，保持默认设置"使用网络地址转换（NAT）"，如图 2-15 所示。这几种网络类型及网络的选择与配置将在 2.3 节中讲解。

（9）在"选择 I/O 控制器类型"界面中，按系统推荐选择 I/O 控制器类型为"LSI Logic"，然后单击"下一步"按钮，选择虚拟磁盘类型为"SCSI"，然后单击"下一步"按钮，如图 2-16 所示。

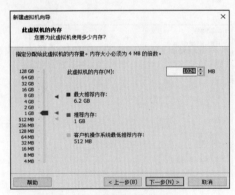

图 2-14　设置虚拟机的内存

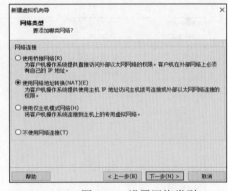

图 2-15　设置网络类型

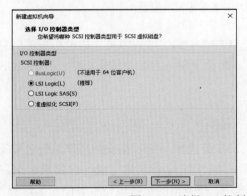

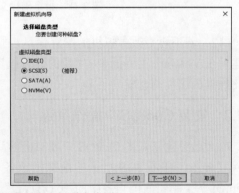

图 2-16　选择 I/O 控制器类型和虚拟磁盘类型

（10）在图 2-17 所示的"选择磁盘"界面中，选择"创建新虚拟磁盘"单选项，然后单击"下一步"按钮，在打开的"指定磁盘容量"界面中，将虚拟机系统的"最大磁盘大小（GB）"设置为"20.0"。

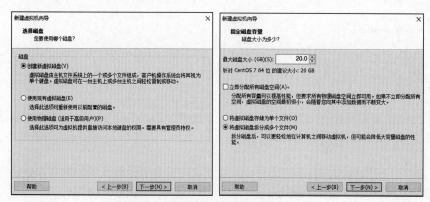

图 2-17　选择磁盘并指定磁盘容量

（11）进入"指定磁盘文件"界面，在此界面中可以选择磁盘文件的存储位置，保持默认设置，然后单击"下一步"按钮。打开"已准备好创建虚拟机"界面，在此界面中可以查看之前各步骤对虚拟机的配置，若仍需更改硬件配置，可单击界面中的"自定义硬件"按钮，再次设置硬件信息，如图 2-18 所示。

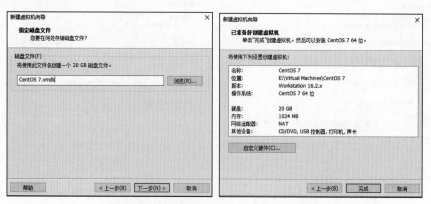

图 2-18　指定磁盘文件并查看虚拟机配置

（12）若不再更改虚拟机的配置信息，则单击"完成"按钮即可完成虚拟机的创建。创建后在 VMware 主界面中的"我的计算机"下面会出现一台新建的虚拟机——CentOS 7，至此虚拟机已经创建成功了。

2.2.3　安装 CentOS 7 操作系统

前面已经建立好了 CentOS 7 虚拟机但尚未安装操作系统，在安装操作系统之前需要载入安装源。在图 2-19 所示的虚拟机设备界面的左侧选择创建完成的虚拟机，名称为"CentOS 7"，单击右侧设备中的"CD/DVD"选项，在弹出的虚拟机设置界面右侧选择"使用 ISO 映像文件"，单击"浏览"按钮，选中下载好的 CentOS 7 的系统映像文件，单击"确定"按钮，如图 2-20 所示。

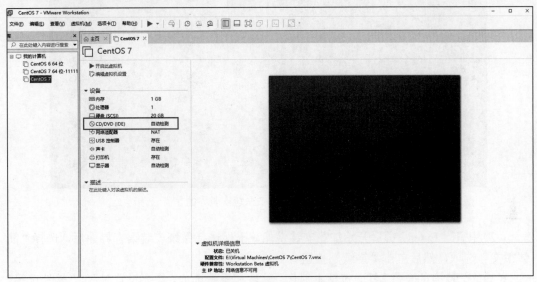

图 2-19　虚拟机设备界面

图 2-20　设置虚拟光驱使用 ISO 映像文件

（1）单击图 2-19 中的"开启此虚拟机"按钮，等待数秒就能看到 CentOS 7 系统安装界面，如图 2-21 所示。通过"↑""↓"方向键选择"Install CentOS 7"选项，按下"Enter"键，开始安装操作系统。

　　注意：需要将鼠标指针移到安装界面的空白区域内再单击鼠标，以便被虚拟机捕获，如需将鼠标指针移出虚拟机，需要按下"Ctrl+Alt"组合键。

图 2-21　CentOS 7 系统安装界面

（2）按下"Enter"键后开始加载安装镜像，出现选择系统安装语言界面后，选择"简体中文"选项，然后单击"继续"按钮。

（3）"安装信息摘要"界面包括本地化、软件和系统选项。需要设置时区，"软件选择"默认为"最小安装"。

注意：如果"软件选择"采用"最小安装"，则安装后的系统不含桌面环境。如果需要安装桌面环境，则单击"软件选择"选项，进入"软件选择"界面。

（4）在"软件选择"界面中选择"GNOME 桌面"作为基本环境，如图 2-22 所示。单击左上角的"完成"按钮回到"安装信息摘要"界面。

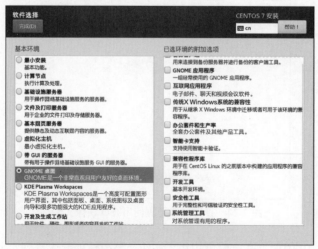

图 2-22　选择系统基本环境

（5）等待依赖关系检查完成后，在"安装信息摘要"界面中单击"安装位置"按钮，打开"安装目标位置"界面，选择"我要配置分区"选项，如图 2-23 所示，然后单击左上角的"完成"按钮进入"手动分区"界面。

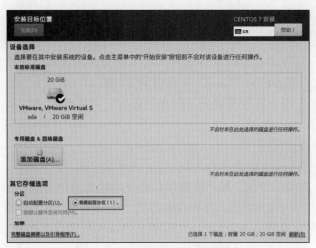

图 2-23 选择"我要配置分区"

注意：如果不想手动设置分区，可以选择"自动配置分区"选项，如图 2-24 所示，则安装过程直接跳到步骤（7）。

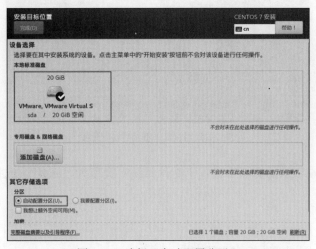

图 2-24 选择"自动配置分区"

（6）手动配置分区。在分区之前，首先规划分区，以内存为 20 GB 的磁盘为例，进行以下分区规划。

a. /boot 分区：用于存放与 Linux 操作系统启动有关的程序，如启动引导装载程序等，建议为 300 MB。

b. swap 分区：实现虚拟内存，建议大小是物理内存的 1～2 倍，可设置为 2 GB。

c. /分区：Linux 操作系统的根目录，所有的目录都挂在这个目录下面，建议设置大小在 5 GB 以下，可设置为 10 GB。

d. /usr 分区：用于存放 Linux 操作系统中的应用程序，其相关数据较多，建议设置大小在 3 GB 以上。

e. /var 分区：用于存放 Linux 操作系统中经常变化的数据以及日志文件，建议设置大小在 2 GB 以上。

f. /tmp 分区：用于存放临时文件的分区，可避免在文件系统被塞满时影响系统的稳定性。建议设置大小在 500 MB 以上，可设置为 1 GB。

g. /home 分区：用于存放普通用户数据的分区，是普通用户的宿主目录，建议设置大小为剩余的空间。

下面进行具体的分区操作。

① 创建/boot 分区（启动分区）。

这是必须建立的引导分区。在"新挂载点将使用以下分区方案"中选中"标准分区"。单击"+"按钮，如图 2-25 所示，选择挂载点为"/boot"（如果下拉菜单中没有则手动输入），将"期望容量"设置为 300 MB，然后单击"添加挂载点"按钮。

图 2-25　添加"/boot"挂载点

然后在图 2-26 所示的界面中设置"文件系统"类型为"ext4"，选择默认文件系统类型"xfs"也可以。

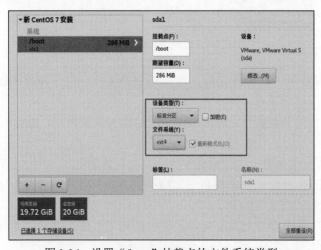

图 2-26　设置"/boot"挂载点的文件系统类型

　　挂载点是物理存储设备上文件系统的入口目录，只有通过挂载点的文件目录才能访问物理存储设备。

　　② 创建 swap 分区。

　　这是必须建立的交换分区。单击"+"按钮，选择挂载点为"swap"，将"期望容量"设置为 2 GB，单击"添加挂载点"按钮。然后在"文件系统"类型中选择"swap"，创建交换分区，如图 2-27 所示。

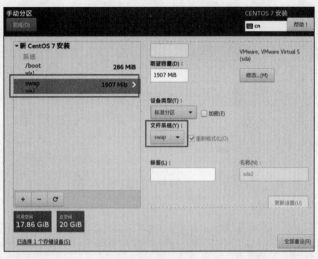

图 2-27　创建 swap 分区

　　③ 创建/分区。

　　这是必须建立的根目录分区，如果用户没有划分其他分区，如/var 分区、/usr 分区等，则它的容量越大越好。单击"+"按钮，选择挂载点为"/"，将期望容量设置为 10 GB，单击"添加挂载点"按钮。然后在"文件系统"类型中选择"ext4"，如图 2-28 所示。

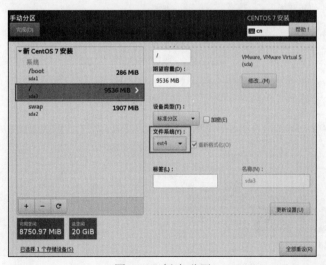

图 2-28　创建/分区

④ 用同样的方法依次创建其他分区。

将/usr 分区、/var 分区、/tmp 分区、/home 分区（将/home 分区的"期望容量"设置为空，默认为剩余可用容量，如图 2-29 所示）的"文件系统"类型全部设置为"ext4"，并将设备类型全部设置为"标准分区"。设置完成后的效果如图 2-30 所示。

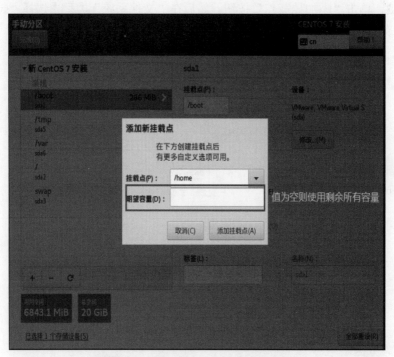

图 2-29　设置"/home"挂载点的容量

图 2-30　手动分区设置完成后的效果

⑤ 完成设置。

单击图 2-30 左上角的"完成"按钮，在打开的"更改摘要"界面中单击"接受更改"
按钮完成分区，如图 2-31 所示。

（7）返回安装主界面，单击"开始安装"按钮后即可看到安装进度。然后单击"Root
密码"按钮进行设置，如图 2-32 所示。

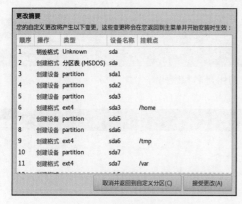

图 2-31　完成分区后的结果

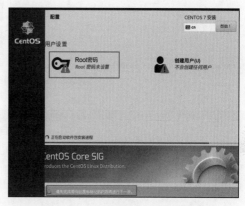

图 2-32　CentOS 7 开始安装界面

（8）设置 Root 管理员的密码。若坚持用弱口令，则需要单击两次图 2-33 所示的界面
左上角的"完成"按钮才可以确认。需要注意在虚拟机中进行练习时，可以使用弱口令，
但在实际应用环境中一定要为 Root 管理员设置足够复杂的密码，否则系统将面临严重的
安全问题。

图 2-33　设置 Root 管理员的密码

（9）设置普通用户的用户名和密码。为 CentOS 7 系统创建一个本地的普通用户，该
账户的用户名为"student"，输入密码后单击"完成"按钮，如图 2-34 所示。

（10）耐心等待 Linux 操作系统安装完成后单击"重启"按钮。重启系统后将看到系
统初始化界面，单击"LICENSE INFORMATION"选项，选中"我同意许可协议"复选
框，然后单击左上角的"完成"按钮，如图 2-35 所示。

图 2-34   设置普通用户的用户名和密码

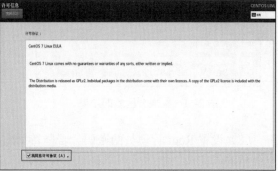

图 2-35   系统初始化界面

（11）返回初始化界面后单击"完成配置"选项。

（12）登录 CentOS 7 系统。虚拟机软件中的 CentOS 7 系统经过再次重启后，默认进入图形登录界面，如图 2-36 所示，单击"未列出？"按钮，输入用户名及密码，以 Root 管理员身份登录系统。

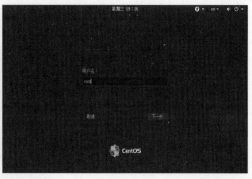

图 2-36   选择用户登录

（13）选择语言。CentOS 7 系统的欢迎界面如图 2-37 所示。在界面中选择默认的语言"汉语"，然后单击"前进"按钮。

图 2-37　CentOS 7 系统的欢迎界面

将 CentOS 7 系统的键盘布局或其他输入方式选择为 "English(Australian)"，然后单击 "前进" 按钮，如图 2-38 所示。

图 2-38　设置键盘布局

（14）完成其他安装工作。关闭隐私位置服务，单击 "前进" 按钮。跳过 "在线账号" 步骤。在 "准备好了" 界面中单击 "开始使用 CentOS Linux(S)" 按钮，出现 "Getting Started" 界面，单击右上角的 "还原" 按钮或 "关闭" 按钮，可看到系统桌面，如图 2-39 所示。至此，完成了 CentOS 7 系统全部的安装和部署工作。

图 2-39　系统初始化结束并进入系统桌面

2.2.4 引导系统启动菜单程序 GRUB

1．GRUB 简介

GRUB 是一个多重启动引导程序，它负责在计算机启动时加载并将控制权转移给操作系统内核。

GRUB 功能强大，是各 Linux 操作系统发行版本默认的启动引导器。CentOS 7 系统使用了新的引导加载程序——GRUB2。GRUB 和 GRUB2 是两个不同版本的引导加载程序，虽然它们之间存在一些关键区别，但是它们的核心功能类似，即加载并启动操作系统内核。

2．GRUB 的启动菜单

正确安装 CentOS 7 系统后，可以从硬盘引导系统。首先进入系统启动的初始画面，在默认状态下系统将直接进入系统的引导界面，若在提示状态下 5s 内按下任意键，则系统停止倒计时，进入 GRUB 启动菜单界面，如图 2-40 所示。

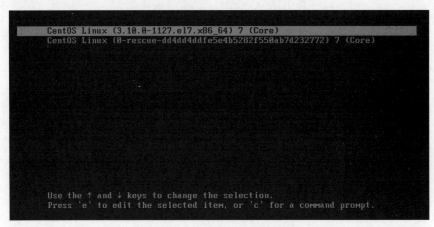

图 2-40　GRUB 启动菜单界面

图 2-40 中的启动菜单界面中默认有两个启动选项：第一行（第 1 个选项）是进入主版本内核；第二行（第 2 个选项）是进入副版本内核。如果以后内核升级失败无法使用新内核重启时，可以通过这个界面选择旧内核重启以进行修复。

此外，在该界面中还可以使用表 2-1 所示的按键，从该界面进入菜单项编辑界面（按"E"键）和 GRUB 命令行界面（按"C"键），也可以按"Esc"键回到 GRUB 启动菜单界面。

表 2-1　GRUB 启动菜单按键

按键	说明
↑、↓	使用上下箭头键在启动菜单项之间进行移动
Enter	按"Enter"键启动当前的菜单项
Esc	按"Esc"键返回 GRUB 的启动菜单
E	按"E"键编辑当前的启动菜单
C	按"C"键进入 GRUB 命令行界面

2.3　VMware 虚拟机网络配置

VMware 虚拟平台为虚拟机提供了 3 种网络模式：桥接模式、NAT 模式和仅主机模式。

在 VMware 的菜单栏中选择"编辑"选项，打开"虚拟网络编辑器"对话框，在该对话框中可查看虚拟机的网络配置信息，如图 2-41 所示。由图 2-41 可知，VMware 提供的桥接模式、NAT 模式和仅主机模式对应的名称分别为 VMnet0、VMnet8 和 VMnet1（表示这 3 种网络模式下的虚拟交换机）。

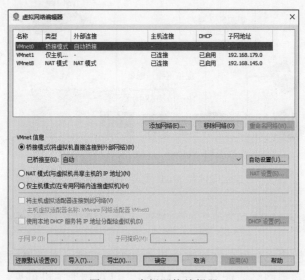

图 2-41　虚拟网络编辑器

2.3.1　桥接模式

当虚拟机的网络模式为桥接模式时，相当于这台虚拟机与物理主机同时连接同一个局域网。这几台机器的 IP 地址处于同一网段，若路由器已经接入网络，则虚拟机和物理主机都拥有一个对外的 IP 地址，所以都可以访问外部网络，VMnet0 桥接模式构建的网络如图 2-42 所示。

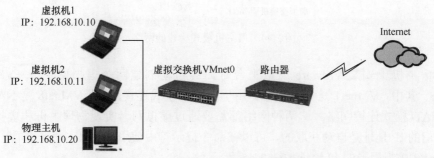

图 2-42　VMnet0 桥接模式构建的网络

2.3.2　NAT 模式

　　NAT 是 VMware 虚拟机默认使用的网络模式，在该模式下，VMware 会在物理主机中增加一个虚拟网络适配器——VMnet8，用于在物理主机和虚拟机之间通信。从外部网络来看，虚拟机通过虚拟交换机 VMnet8 提供的虚拟 NAT 网关和物理主机共享同一个对外的 IP 地址。因此，只要物理主机可以访问外网，虚拟机就可以访问外网。NAT 模式构建的网络如图 2-43 所示。

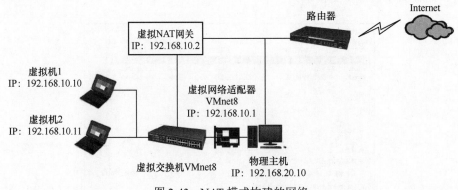

图 2-43　NAT 模式构建的网络

2.3.3　仅主机模式

　　仅主机模式将创建完全包含在物理主机中的专用网络，在该模式下，VMware 会在物理主机中增加一个虚拟网络适配器——VMnet1，仅对物理主机可见，并在虚拟机和物理主机之间提供网络连接，在该网络中没有虚拟 NAT 网关，因此只有物理机能上网而虚拟机无法上网。仅主机模式构建的网络如图 2-44 所示。

图 2-44　仅主机模式构建的网络

　　在宿主机上安装 VMware 虚拟平台时，会自动创建两个虚拟网卡——VMnet1 和 VMnet8。其中，VMnet1 是 host 网卡，用于仅主机模式连接网络；VMnet8 是 NAT 网卡，用于 NAT 模式连接网络。这两种网络都需要通过虚拟网卡实现物理主机和虚拟机的互访，它们的 IP 地址是自动获取的，可以在命令提示符中使用 ipconfig 命令查看。VMnet1 和 VMnet8 虚拟网卡的 IP 地址如图 2-45 所示。

```
以太网适配器 VMware Network Adapter VMnet1:

   连接特定的 DNS 后缀 . . . . . . . . . :
   本地链接 IPv6 地址. . . . . . . . . : fe80::43a2:ec97:b559:64ae%24
   IPv4 地址 . . . . . . . . . . . . : 192.168.179.1
   子网掩码  . . . . . . . . . . . . : 255.255.255.0
   默认网关. . . . . . . . . . . . . :

以太网适配器 VMware Network Adapter VMnet8:

   连接特定的 DNS 后缀 . . . . . . . . . :
   本地链接 IPv6 地址. . . . . . . . . : fe80::25fc:6d0a:9b39:f361%25
   IPv4 地址 . . . . . . . . . . . . : 192.168.145.1
   子网掩码  . . . . . . . . . . . . : 255.255.255.0
   默认网关. . . . . . . . . . . . . :
```

图 2-45　VMnet1 和 VMnet8 虚拟网卡的 IP 地址

2.4　Linux 操作系统的使用

2.4.1　使用 Linux 操作系统的终端窗口

前面安装的 Linux 操作系统启动后默认登录到图形界面，而且 Linux 操作系统的各种发行版本也提供了丰富的图形化接口，但 Shell 作为使用者和系统内核的一个接口，使用 Shell 与系统内核交互仍是一种非常便捷的途径。

打开"应用程序"菜单，选择"系统工具"中的"终端"选项打开 Shell 终端窗口，或者直接在桌面上单击鼠标右键，选择"打开终端"命令打开 Shell 终端窗口，如图 2-46 所示。

图 2-46　打开 Shell 终端窗口

执行以上操作后，就打开一个白底黑字的命令行窗口，在这里用户可以输入指令，操作系统执行指令并将结果显示在 Shell 终端窗口中。

2.4.2　注销用户

单击菜单栏右上角的 ⏻ 按钮，然后单击"root"右侧的三角箭头，在下拉菜单中选择"注销"选项，继续在弹出的界面中选择"注销"，系统注销超级用户的"root"账号后选择"student"账号登录，输入普通用户"student"的账号密码。再次打开 Shell 终端窗口，可以看到普通用户"student"的命令行提示符以"$"结尾，而"root"用户的命令行提示符以

"#" 结尾，如图 2-47 所示。

图 2-47　注销用户

2.4.3　关闭 CentOS 7 系统

在 Shell 终端窗口中输入 "shutdown -P now（关闭系统并切断主电源）"，或者 "shutdown -h now（立即关闭系统）" 以关闭系统，也可以单击图 2-47 右上角的关机按钮 ⏻ ，选择 "关机" 以关闭系统，如图 2-48 所示。

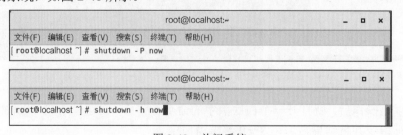

图 2-48　关闭系统

2.4.4　制作系统快照

可以使用 VMware 的快照功能对当前系统进行快照备份，一旦需要便可立即恢复到拍摄系统快照时的状态。单击 "虚拟机" → "快照" → "拍摄快照"，输入名称如 "原始系统"，单击 "拍摄快照" 按钮，如图 2-49 所示。

当需要进行系统恢复时，可以选择"虚拟机"→"快照"→"拍摄快照"→"恢复到快照：原始系统"，从而恢复到适当断点。

图 2-49　拍摄系统快照

2.4.5　重置 Root 管理员密码

如果忘记了 Linux 操作系统的 Root 管理员密码，可以在启动菜单的第一行选项上按 "E" 键编辑当前的启动菜单，对 GRUB 配置文件中已经存在的命令行进行编辑、添加、删除。

① 找到以 "linux16" 开头的这一行，使用键盘上的 "→" 键将光标移到这条语句的最后，增加 "rd.break" 参数，如图 2-50 所示。"rd.break" 是一个用于 RHEL 和 CentOS 系统的 GRUB 引导参数，它允许用户在系统引导时进入一个单用户模式，从而可以重置 Root 管理员密码。

```
        insmod part_msdos
        insmod ext2
        set root='hd0,msdos1'
        if [ x$feature_platform_search_hint = xy ]; then
          search --no-floppy --fs-uuid --set=root --hint-bios=hd0,msdos1 --hin\
t-efi=hd0,msdos1 --hint-baremetal=ahci0,msdos1 --hint='hd0,msdos1'  48d2934e-b\
b00-4772-82d9-6c3ebb50cbd5
        else
          search --no-floppy --fs-uuid --set=root 48d2934e-bb00-4772-82d9-6c3e\
bb50cbd5
        fi
        linux16 /vmlinuz-3.10.0-1127.el7.x86_64 root=UUID=ae7dbeba-5b0d-4ae4-8\
ef2-f5deb5111b2b ro crashkernel=auto rhgb quiet LANG=zh_CN.UTF-8 rd.break
        initrd16 /initramfs-3.10.0-1127.el7.x86_64.img


  Press Ctrl-x to start, Ctrl-c for a command prompt or Escape to
  discard edits and return to the menu. Pressing Tab lists
  possible completions.
```

图 2-50　GRUB 配置文件编辑界面

② 按 "Ctrl+X" 组合键以当前的配置启动。

③ 进入内核编辑界面后，进行以下操作，以更改密码。

```
switch_root:/#    mount -o remount,rw  /sysroot //将根目录重新挂载，模式可写
switch_root:/#    chroot  /sysroot               //变更目录至根目录
sh-4.2#           passwd                          //进入 Shell 环境后，更改密码
sh-4.2#           touch  /.autorelabel            //创建文件，更新 SELinux 上下文
sh-4.2#           exit                            //退出 Shell
switch_root:/#    reboot                          //重启
```

系统重启后，使用刚才设置的 Root 管理员新密码就可以登录系统了。命令行的执行效果如图 2-51 所示。

图 2-51　重置 Linux 操作系统的 Root 管理员密码

2.5　问题与思考

操作系统如此复杂，对团结协作开发有什么要求？

操作系统的复杂性要求开发团队必须团结协作、共同努力，通过明确项目目标和需求、合理分配工作任务、建立有效的沟通机制、遵循统一的开发规范和标准、进行代码审查和测试及人员持续学习和提升等方式，可以确保操作系统的开发质量和效率。

2.6　本章小结

本章主要对安装与配置 Linux 操作系统进行了介绍，包括安装前如何下载镜像文件，镜像文件的安装方式，多重系统引导及磁盘分区的相关知识，如何在 VMware Workstation 虚拟机中安装 Linux 操作系统，虚拟机的网络配置方式，最后对 Linux 操作系统的 Shell 终端窗口、注销用户、关闭系统操作进行了简单介绍，为后续进一步使用 Linux 操作系统打下基础。

2.7　本章习题

1．填空题

（1）ISO 镜像文件是计算机上_____的存储格式之一，是光盘文件信息的完整复制

文件，由刻录软件或者镜像文件制作工具创建，使用时必须使用专门的_____软件载入，然后进行读取。

（2）在安装 Linux 操作系统之前，需要下载_____。

（3）Linux 操作系统各种_____版本的安装程序 ISO 镜像文件可以从网上免费下载。

（4）下载到本地的各种 ISO 镜像文件，可以采用多种方式进行安装，如_____安装和_____安装。

（5）Linux 操作系统中的引导加载程序_____，不仅可以对各种发行版本的 Linux 操作系统进行引导，也能够正常引导计算机上的其他操作系统。

（6）Linux 操作系统中第 1 块 SCSI 硬盘的设备文件名为_____。

2．选择题

（1）ISO 镜像文件版本，除了 DVD 版外，官网上还提供其他安装形式的镜像文件版本，其中 Minimal 表示（　　）。

A．精简版　　　　　B．网络版　　　　　C．完整版　　　　　D．桌面版

（2）（　　）是一个多重启动引导程序，它可以在多个操作系统共存时选择引导哪个操作系统。

A．GNU　　　　　B．GRUB　　　　　C．GPL　　　　　D．Shell

（3）磁盘可以被分为主分区和扩展分区，在扩展分区上可以划分出多个（　　）。

A．主分区　　　　　B．扩展分区　　　　　C．逻辑分区　　　　　D．主分区+扩展分区

（4）Linux 操作系统中的分区按数字编号，其中逻辑分区从（　　）开始。

A．2　　　　　B．3　　　　　C．4　　　　　D．5

（5）磁盘可以被分为主分区、扩展分区和逻辑分区，其中主分区和扩展分区共（　　）个。

A．2　　　　　B．3　　　　　C．4　　　　　D．5

3．简答题

（1）简述 VMware 虚拟平台为虚拟机提供的网络模式。

（2）简述关闭 CentOS 7 系统的操作方法。

第3章 Linux 命令基本操作

学习目标

- 了解 Linux 操作系统中 Shell 的功能。
- 掌握 Shell 命令的基本操作。
- 掌握 Linux 操作系统信息类命令。

素养目标

- 培养书写命令的良好习惯。
- 培养严谨的工作态度。

导学词条

- Shell 命令：Shell 命令分为内置命令和外部命令。内置命令是 Shell 解释程序内建的，由 Shell 直接执行，不需要派生新的进程，与具体的操作系统无关。外部命令是由 Linux 操作系统发行版本提供的一组与操作系统交互的程序，通常以二进制可执行文件的形式存在，用于管理和控制系统的各种操作。对于外部命令，Shell 会创建一个新的进程来执行命令。

3.1 了解 Shell

掌握 Linux 命令对于管理 Linux 操作系统来说是非常必要的。Linux 命令是保存在磁盘上的程序（即系统工具），当输入一个命令时，相应的程序会被调入内存。Linux 操作系统的 Shell 作为操作系统的外壳，为用户提供了使用操作系统的接口。用户通过 Shell 与操作系统通信，实现系统内核对硬件操作的管理，而且 Linux 操作系统提供的很多服务都是通过 Shell 脚本来启动的，查看脚本可以了解服务的运行状况，有利于故障诊断和系统优化。

3.1.1 Shell 简介

每种操作系统都有其特定的 Shell，Linux 操作系统默认的是 Bash，可以用 bash-version 命令来获得版本号。

除了默认的 Shell 版本，也有其他不同的 Shell 版本，打开 etc 目录下的 shells 文件，可以看到几种可用的 Shell，如图 3-1 所示。

图 3-1　Shell 版本

3.1.2　Shell 功能

Shell 作为命令解释器或解释型的高级程序设计语言具有不同的功能。

1．命令解释器

Shell 作为命令解释器，它一端连接着 UNIX/Linux 操作系统内核，另一端连接着用户和其他应用程序。Shell 作为命令解释器的具体功能为接收用户输入的命令，对命令进行解析，然后传给 Linux 操作系统内核，等待创建子进程实现命令的功能，子进程终止后发出提示符。这是 Shell 最常见的使用方式。

2．解释型的高级程序设计语言

Shell 作为一种解释型的高级程序设计语言，可以编写脚本或程序。它属于 UNIX/Linux 操作系统下的脚本编程语言，直接解释执行，不用提前编译。虽然没有 C/C++、Python、Java 等编程语言强大，但也支持基本的编程元素。通过 Shell 脚本完全能够实现 Linux 的日常管理功能，如文件的查找或创建、自动化批量软件部署、更改系统设置、监控服务器性能、完成定时任务等。

3.2　Linux 命令的基本格式和操作

如前文所述，Linux 操作系统中使用的 Shell 命令可分为内置命令和外部命令，本书将它们统称为 Linux 命令。

3.2.1　Linux 命令的基本格式

Linux 命令的基本格式如下。

```
command  [-options]  parameter1  parameter2  ……
命令名    选项         参数 1       参数 2
```

在使用 Linux 命令时需注意以下几个方面。

① Linux 命令是严格区分大小写的。

② command、-options、parameter1、parameter2 等选项中间要用空格隔开，无论它们之间有几个空格，Shell 都视为一个空格。

③ -options 是短选项，以"-"开始，多个短选项可以连接起来，如"ls -l -a"等同于"ls -la"。

④ parameter1、parameter2 等作为命令的参数，提供命令执行的对象等信息，如"cp f1 f2"中的 f1、f2 就是"cp"命令的参数。

⑤ 如果要在一个命令行上输入和执行多条命令，可以使用分号来分隔命令，如 "cd /；ls" 表示用分号分隔了 "cd　/""ls" 这两条命令。

⑥ 断开一个长命令行，可以使用反斜杠 "\" 将一个较长的命令分成多行表达，提升命令的可读性。执行命令后，Shell 自动显示提示符 ">"，表示正在输入一个长命令，此时可继续在新命令行上输入命令的后续部分。例如下面的代码。

```
[root@localhost ~]# mount \
> /dev/sr0  /mnt/cdrom
```

⑦ 按 "Enter" 键后，命令会立即执行。

3.2.2　Linux 命令的基本操作

1. 重要热键

（1）补全命令——"Tab" 键

在命令行中，可以使用 "Tab" 键来自动补齐命令，即可以只输入命令的前几个字母，然后按 "Tab" 键。如果系统只找到一个与输入字符相匹配的目录或文件，则自动补齐命令；如果有多个相匹配的目录或文件，再按一下 "Tab" 键将列出所有相匹配的内容（如果有），以供用户选择。

【例 3-1】　输入 "mk[Tab][Tab]"，结果将列出所有以 "mk" 开头的命令，如图 3-2 所示。

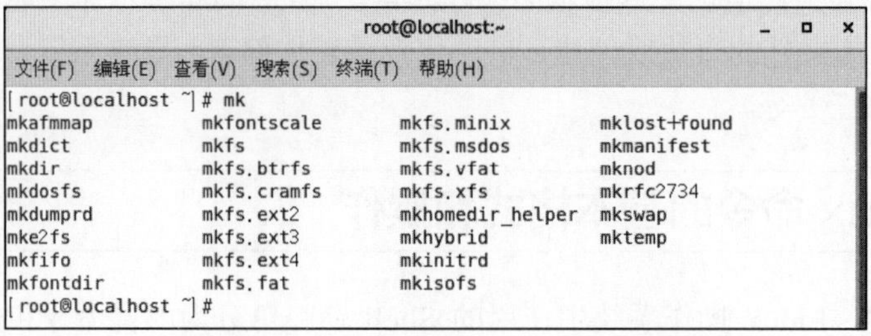

图 3-2　列出所有以 "mk" 开头的命令

（2）历史命令——↑、↓键

利用向上（↑）或向下（↓）键，可以翻查曾经执行过的历史命令，并可以再次执行执行过的命令。

（3）"Ctrl + c" 组合键

使用 "Ctrl + c" 组合键可以终止正在运行的命令或程序。

（4）"Ctrl + d" 组合键

使用 "Ctrl + d" 组合键，可以在键盘输入结束时，结束文件输入。

（5）"Ctrl + l" 组合键

使用 "Ctrl + l" 组合键可以清除字符界面上的所有内容。

2. 重定向符

输入/输出重定向用于改变命令的输入源与输出目标，可以让输入源变成文件，或将输出结果存储在文件及设备中，从而摆脱只有标准输入（键盘）和标准输出（显示器）设备的模式。

重定向符号有以下几类。

① >：输出重定向，能够将标准输出重定向到指定的文件中，会覆盖原有文件中的数据。

② >>：追加输出重定向，能够将标准输出重定向到指定的文件中，在原有文件数据后面追加。

③ <：输入重定向，能够将指定的文件作为命令的输入。

④ <<：此处操作符，能够从标准输入中读取内容，直至读到符号后面指定的字符串，才停止读取，然后将所读的内容输出。

【例 3-2】　通过下面的操作，结合 cat 命令，掌握重定向符的使用。其中 cat 命令的功能是将文件内容输出到屏幕上，或者从标准输入中获取内容并将其输出到屏幕上。

① 将 file1.txt 文件的内容输出到 file2.txt 文件中并替换文件原内容。

命令如下。

```
[root@localhost ~]# cat  file1.txt  >  file2.txt
```

② 将 file1.txt 文件的内容追加输出到 file2.txt 文件中。

命令如下。

```
[root@localhost ~]# cat  file1.txt  >>  file2.txt
```

③ 将 file2.txt 文件的内容输出在屏幕上。

命令如下。

```
[root@localhost ~]# cat  <  file2.txt
```

或

```
[root@localhost ~]# cat  file2.txt
```

④ 从键盘读入字符串至"end"结束，并将其写入 file3.txt 文件。

命令如下。

```
[root@localhost ~]# cat  <<  end  >  file3.txt
```

3. 管道符号

利用 Linux 所提供的管道符号"|"可以将多个简单的命令连接在一起，以实现较复杂的功能。管道符号左边命令的输出是管道符号右边命令的输入。使用管道符号的命令格式如下。

```
命令 1 |命令 2 | 命令 3 | …… |命令 n
```

【例 3-3】　在系统已经安装的软件包中检索包含 bind 字符串的软件包。

```
[root@localhost ~]# rpm -qa | grep bind
```

3.3　系统信息类命令

系统信息类命令是对系统的各种信息进行显示和设置的命令，这些命令可以只输入命令名，不加选项或者参数。

1. dmesg 命令

dmesg 命令用于显示与内核相关的日志信息，这些信息包含系统启动时的硬件检测信息，以及运行中的各种系统事件记录。例如下面的命令，运行结果如图 3-3 所示。

```
[root@localhost ~]# dmesg |more
```

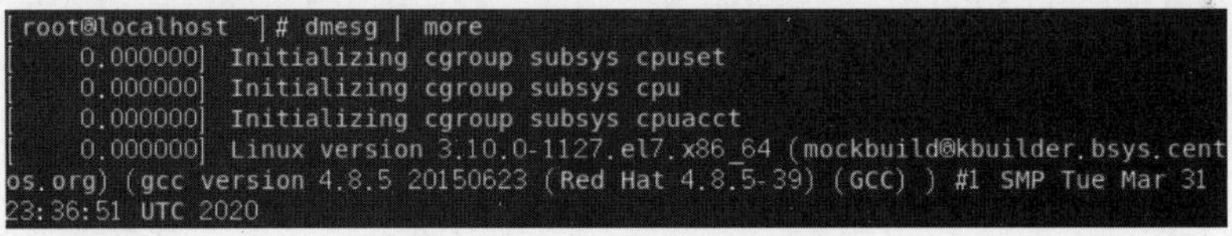

图 3-3　dmesg 命令执行结果

2. free 命令

free 命令主要用于查看系统内存、虚拟内存的大小及占用情况。例如下面的命令，执行结果如图 3-4 所示。

```
[root@localhost ~]# free
```

图 3-4　free 命令的执行结果

3. date 命令

date 命令（日期命令）的功能是查看或设置系统当前的日期和时间。

（1）查看系统当前的日期和时间

例如下面的命令，执行结果如图 3-5 所示。

```
[root@localhost ~]# date
```

图 3-5　查看系统当前的日期和时间

（2）设置系统当前的日期和时间

① 设置系统当前日期为 2024 年 8 月 10 日，执行结果如图 3-6 所示。

```
[root@localhost ~]# date  -s  08/10/2024
```

图 3-6　设置系统当前日期为 2024 年 8 月 10 日

② 设置系统当前时间为 18:25:40，执行结果如图 3-7 所示。

```
[root@localhost ~]# date  -s  18:25:40
```

图 3-7　设置系统当前时间

注意: 日期和时间需要分别设置, 且只有 root 用户才可以改变系统的日期和时间。

4.cal 命令

cal 命令(日历命令)的功能是显示指定月份或年份的日历, 可以显示 1~9999 年中的任意年或月的日历。可以不带参数或者带 1~2 个参数, 其中参数用数字表示年份、月份。

① 当只有 1 个参数时表示年份, 年份的范围为 1~9999, 指定显示某一个全年的日历, 代码如"[root@localhost ~]# cal 2023"。

② 当不带任何参数时则显示当前月份的日历, 代码如"[root@localhost ~]# cal", 执行结果如图 3-8 所示。

③ 当有 2 个参数时表示月份和年份, 指定显示某一年的某一月的日历, 代码"如 [root@localhost ~]# cal 8 2022", 执行结果如图 3-9 所示。

图 3-8　cal 命令的执行结果 1　　　　　图 3-9　cal 命令的执行结果 2

5.clock 命令

clock 命令用于从计算机的硬件中获取日期和时间。

注意: date 命令查询和修改的是系统时间, clock 命令查询和修改的是计算机硬件时间, 两个时间可以单独修改和查询。可以使用 clock-w 命令将系统时间同步到硬件时间中, 如图 3-10 所示。

图 3-10　CPU 时间与系统时间同步

6.uname 命令

uname 命令用于显示当前操作系统信息, 代码如下, 执行结果如图 3-11 所示。

```
[root@localhost ~]# uname
```

图 3-11　uname 命令的执行结果

执行 uname -a 命令详细输出所有信息。-a 选项表示打印当前系统的详细信息, 该命令输出的信息主要为内核名称、主机名、内核版本号、内核及内核编译时间机器类型(CPU

架构）、处理器类型、硬件平台、操作系统类型。代码如下，执行结果如图 3-12 所示。

```
[root@localhost ~]# uname -a
```

图 3-12　uname -a 命令的执行结果

在上面命令的执行结果中：Linux 表示内核名称；localhost 为主机名；3.10.0-1127.el7.x86_64 表示内核版本号；#1 SMP Tue Mar 31 23:36:51 UTC 2020 表示第一次编译这个版本的内核及内核编译时间；第一个 x86_64 为机器类型，表示系统运行在 64 位 x86 架构上；第二个 x86_64 为处理器类型，表示系统使用的处理器是 64 位的 x86 架构；第三个 x86_64 为硬件平台，表示系统硬件是针对 64 位 x86 架构设计的；GNU/Linux 为操作系统的类型，表示操作系统遵循 GNU 通用公共许可证并且是基于 Linux 内核的。

7．alias 命令

alias 命令是 Shell 内置命令，用于创建命令的别名。如果命令不带任何参数，将列出系统已定义的别名。该命令的语法格式如下。

```
alias 命令别名 = "命令行"
```

【例 3-4】　将命令"vim /etc/passwd"的别名设置为 psd，代码如下。

```
[root@localhost ~]# alias   psd="vim /etc/passwd"
[root@localhost ~]# psd      //执行 psd 命令相当于执行 vim /etc/passwd 命令
```

8．unalias 命令

unalias 命令是 Shell 内置命令，用于取消别名的定义。例如下面的命令，执行结果如图 3-13 所示。

```
[root@localhost ~]# unalias psd
[root@localhost ~]# alias
```

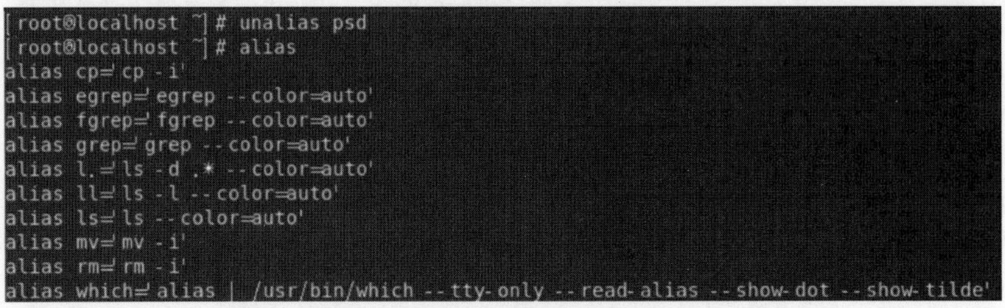

图 3-13　unalias 命令的执行结果

9．who 在线用户命令

who 在线用户命令用于查看当前已经登录到系统的所有用户名、所有终端信息、登录到系统的时间，代码如下，执行结果如图 3-14 所示。

```
[root@localhost ~]# who
```

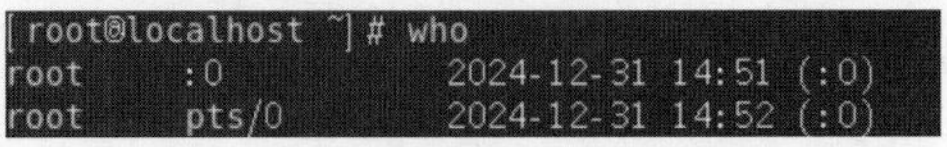

图 3-14　who 在线用户命令的执行结果

10. pwd 命令

pwd 命令是 Shell 内置命令，用于显示当前工作目录的全路径名称。例如下面的命令，执行结果如图 3-15 所示。

```
[root@localhost ~]# pwd
```

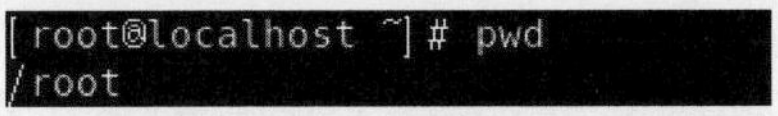

图 3-15　pwd 命令的执行结果

11. man 命令

由于用户在使用 Linux 操作系统时需要掌握许多命令，为了方便用户，Linux 提供了功能强大的在线帮助命令（man 命令），它可以用于查找相应命令的语法结构、主要功能、主要选项说明。该命令的使用方法如下。

```
[root@localhost ~]# man ls
```

12. wget

wget 命令（在线下载命令）用于在终端中在线下载网络文件，命令格式如下。

```
wget [参数] 下载地址
```

13. clear 命令

clear 命令用于清除字符终端界面内容，只保留当前提示符，并显示在屏幕的第一行。

14. history 命令

history 命令是 Shell 内置命令，用于显示用户最近执行的命令，所显示的每条历史命令前都有一个编号，只要在编号前加 "！"，便可以重新运行 history 命令中显示的命令行了。

例如下面的命令，执行结果如图 3-16 所示。

```
[root@localhost ~]# history
```

图 3-16　history 命令的执行结果

重新执行编号为 214 的历史命令如下，执行结果如图 3-17 所示。

```
[root@localhost ~]# !214
```

图 3-17　重新执行编号为 214 的历史命令

15. last 命令

使用 last 命令可以查看本机的登录记录。但是，由于这些信息都是以日志文件的形式保存在系统中的，所以黑客可以很容易地对内容进行篡改。因此，千万不要仅根据该命令的输出信息来判断系统有无被恶意入侵。该命令的使用方法如下。

```
[root@localhost ~]# last
```

16. echo 命令

echo 命令是 Shell 内置命令。echo 命令常见的用法包括直接输出指定的字符串；打印变量的值；使用反引号执行命令，并输出其结果到终端。该命令的语法格式如下。

```
echo[字符串 | $变量]
```

【例 3-5】 ① 把指定字符串“hello world”输出到终端屏幕上的命令如下，执行结果如图 3-18 所示。

```
[root@localhost ~]# echo  hello world
```

```
[root@localhost ~]# echo hello world
hello world
```

图 3-18　把指定字符串输出到终端屏幕上

② 使用$提取变量 PATH 的值，并将其输出到屏幕上，代码如下，结果如图 3-19 所示。

```
[root@localhost ~]# echo  $PATH
```

```
[root@localhost ~]# echo $PATH
/usr/local/bin:/usr/local/sbin:/usr/bin:/usr/sbin:/bin:/sbin:/root/bin
```

图 3-19　提取变量 PATH 的值

③ 使用反引号执行命令，并将其结果输出到终端，执行结果如图 3-20 所示。

```
[root@localhost ~]# echo 'date'
```

```
[root@localhost ~]# echo `date`
2024年 10月 01日 星期二 22:32:24 CST
```

图 3-20　使用反引号执行命令

17. shutdown 命令

shutdown 命令用于在指定时间关闭系统。该命令的语法格式如下。

```
shutdown  [参数]  时间  [警告信息]
```

shutdown 命令常用的参数选项如下。

① -h：关闭系统。

② -r：重启系统。

关闭系统的时间可以是以下几种形式。

① now：表示立即关闭系统。

② hh:mm：指定绝对时间关闭系统，hh 表示小时，mm 表示分钟。

③ +m：表示 m 分钟以后关闭系统。

【例 3-6】 指定系统在 16:00 关闭，并发出警告信息：The system will be shutdown，执行结果如图 3-21 所示。

```
[root@localhost ~]# shutdown -h  16:00 The system will be shutdown
```

```
[root@localhost ~]# shutdown -h 16:00 The system will be shutdown
Shutdown scheduled for 二 2024-12-31 16:00:00 CST, use 'shutdown -c' to cancel.
[root@localhost ~]#
Broadcast message from root@localhost (Tue 2024-12-31 15:15:00 CST):

The system will be shutdown.
The system is going down for power-off at Tue 2024-12-31 16:00:00 CST!
```

图 3-21　指定系统在 16:00 关闭，并发出警告信息

注意：如果要取消此关闭系统的命令，可以通过 shutdown -c 命令取消。

18．reboot 命令

reboot 命令用于重新启动系统，相当于 shutdown -r now 命令。

3.4 问题与思考

在 Linux 环境下使用命令时，为什么要培养良好的习惯？

在 Linux 环境下使用命令时，培养良好的习惯对于提高工作效率、减少错误及保持代码的可读性和可维护性至关重要。

命令使用不规范导致的问题往往源于对命令语法、选项、参数或路径的错误理解或自身的疏忽。这种不严谨的工作态度可能会带来一系列问题，包括但不限于导致数据丢失、系统不稳定、存在安全漏洞等。例如要删除/tmp 目录下所有以.tmp 结尾的文件，应该使用 rm /tmp/*.tmp 命令，结果将命令写成了 rm /tmp/*.tmp*，从而导致文件被错误地删除。

3.5 本章小结

本章主要讲解了 Linux 命令基本操作，包括 Shell 简介及基本的 Shell 命令、Shell 命令的基本格式和操作，最后列举了常用的系统信息类命令，并对它们进行了基本介绍和举例，为后续进一步学习 Linux 文件系统打下基础。

3.6 本章习题

1．填空题

（1）在 Linux 操作系统中命令_____（区分/不区分）大小写。在命令行中，可以使用_____键来自动补全命令。

（2）如果要在一个命令行上输入和执行多条命令，可以使用_____来分隔命令。

（3）断开一个长命令行，可以使用_____（反斜杠/斜杠），将一个较长的命令分成多行表达。执行命令后，Shell 自动显示提示符_____，表示正在输入一个长命令。

（4）"Ctrl+_____"组合键可以终止正在运行的命令或程序。

2．选择题

（1）（　　）组合键可以清除字符界面上的所有内容。

A．"Ctrl+c"　　　　　B．"Ctrl+d"　　　　　C．"Ctrl+e"　　　　　D．"Ctrl+l"

（2）重定向符（　　）表示追加输出重定向。

A．>　　　　　　　　B．>>　　　　　　　　C．<　　　　　　　　D．<<

（3）（　　）组合键表示在键盘输入结束时，结束文件输入。

A．"Ctrl+c"　　　　　B．"Ctrl+l"　　　　　C．"Ctrl+d"　　　　　D．"Ctrl+e"

（4）Shell 命令中的短选项，以"-"开始，多个短选项可以连接起来，如 ls -l -a 命令等同于（　　）命令。

A．ls -l　　　　　　　B．ls -a　　　　　　　C．s -al　　　　　　　D．ls

（5）利用 Linux 操作系统所提供的（　　）可以将多个简单的命令连接在一起，以实现较复杂的功能。

A．管道符号"|"　　　B．重定向符　　　　　C．反引号符　　　　　D．环境变量

（6）（　　）命令主要用于查看系统内存、虚拟内存的大小及占用情况。

A．dmessage　　　　　B．cal　　　　　　　　C．date　　　　　　　D．free

（7）（　　）用于显示当前操作系统信息。

A．date　　　　　　　B．uname　　　　　　　C．cal　　　　　　　D．reboot

（8）（　　）命令用于创建命令的别名。

A．alias　　　　　　　B．cal　　　　　　　　C．echo　　　　　　　D．reboot

（9）（　　）命令可以实现直接输出指定的字符串；打印变量的值；或者使用反引号执行命令，并输出其结果到终端。

A．shutdown　　　　　B．echo　　　　　　　C．last　　　　　　　D．reboot

3．简答题

（1）简述 Linux 操作系统的 Shell。

（2）简述 Shell 的功能。

第 4 章 Linux 文件系统管理

学习目标

- 了解 Linux 文件系统。
- 掌握对目录和文件的操作技巧。
- 掌握文件权限的设置方法。

素养目标

- 培养自主学习能力，树立"实践出真知"的理念。
- 培养学习的耐心和信心，弘扬持之以恒的精神。

导学词条

- 扇区与块：磁盘的最小物理存储单元叫作扇区，扇区是磁头从磁盘中读取数据的最小单位，每个扇区可以存储 512 B 的数据。一般由连续的 8 个扇区组成一个块，一个块的大小是 4 KB，块是操作系统和磁盘（硬盘）交互的最小单元。操作系统读取磁盘是一次性地连续读取多个扇区，即按"块"进行读取的。
- 文件数据：包括实际数据与元数据。实际数据存储在块中，元数据则包含了有关文件或目录的信息，如文件的类型、权限、所有者、所属组、大小、时间戳等，存储文件元数据的区域叫作 inode。
- inode：如上文所述，inode 是存储文件元数据的区域。每个 inode 都有一个编号，系统的每一个文件都分配了一个唯一的 inode，Linux 操作系统使用 inode 号码来识别不同的文件。
- 软链接、硬链接：软链接（符号链接）的内容是原文件的路径，系统为它重新分配 inode，如果删除原文件，软链接会指向一个不存在的文件，类似于 Windows 操作系统下的快捷方式。硬链接为原文件起了一个别名，指向同一个数据块。系统并不会为它重新分配 inode，删除原文件后，硬链接依然会有原文件的数据。软链接和硬链接如图 4-1 所示。

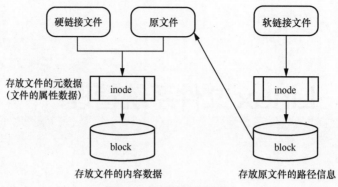

存放文件的元数据
（文件的属性数据）

存放文件的内容数据   存放原文件的路径信息

图 4-1   软链接和硬链接

4.1 文件系统的含义

在 Linux 操作系统中，一切皆文件（所有内容都是以文件的形式保存和管理的），软件信息和硬件信息都以文件的形式进行组织和管理，文件是处理信息的基本单位。

4.1.1 文件系统

每个操作系统都有一种把数据保存为文件和目录的方法，可以将文件系统理解为操作系统的内核，文件系统用于管理文件及对文件进行操作的机制，对外表现为一种特定的文件格式。例如，Linux 操作系统的文件系统是 ext3、ext4 或 xfs，Windows 操作系统的文件系统是 NTFS 或 FAT32，MS-DOS 的文件系统是 FAT16。

Linux 文件系统是树形结构的，每个文件都被保存在根目录中，根目录还可以包含文件和下级子目录，包含子目录的上层目录称为父目录。对文件系统的使用包括浏览目录、在目录间进行切换及对文件目录和文件的操作（创建、删除、复制、移动等）。

4.1.2 Linux 文件系统的目录结构

Windows 操作系统的主分区和逻辑分区称为驱动器，每个驱动器都会被分配一个字母，加上一个冒号，也叫盘符，如 C:、D:、E:，并且每个驱动器都有自己的根目录结构。Linux 文件系统使用单一的根目录结构，无论有多少个分区都挂载到单一的根目录（/）上。Linux 文件系统的目录结构如图 4-2 所示，bin、etc、usr、var 等目录都作为挂载点存在于不同的分区上，这些分区都是根目录的子节点。

图 4-2   Linux 文件系统的目录结构

根据文件系统层次化标准（FHS），所有 Linux 文件系统都有标准的文件和目录结构。那些标准的目录又包含一些特定的文件。了解 Linux 文件系统基本目录的作用，对维护和管理 Linux 文件系统有着重要作用。表 4-1 列出了 Linux 文件系统基本目录及功能说明，供用户参考。

表 4-1　Linux 文件系统基本目录及功能说明

目录	功能说明
/	Linux 根目录，位于 Linux 文件系统目录结构的顶层
bin	命令文件目录，用于存放单用户维护模式下能够被操作的命令，包含系统管理员及普通用户使用的重要的 Linux 命令的二进制（可执行）文件，如 Shell 等。该目录不能包含子目录
boot	用于存放开机使用的文件，包括系统的内核文件和引导装载程序文件
dev	设备（device）文件目录，任何设备与接口设备都是以文件的形式存储在这个目录中
etc	存放系统的大部分配置文件和子目录
home	系统默认的各个用户的家目录，家目录名即用户名
root	root 用户的家目录
lib	存放开机时用到的函数库，以及在/bin 或/sbin 目录下的命令可能调用的函数库
media	系统设置的自动挂载点，如 CD-ROM 光盘或 U 盘的自动挂载点
mnt	手动挂载点目录，暂时挂载某些额外的设备
opt	某些第三方应用程序通常被安装在这个目录下，有些软件包也会被安装在此目录下
usr	主要存放系统下安装的应用程序及不经常变化的数据，其子目录/usr/bin 存放了大部分用户命令，是 Linux 文件系统中最大的目录之一
proc	一个虚拟的文件系统，该目录中的文件都存放在内存中。可以通过查看该目录中的文件获取有关系统硬件运行的详细信息，如查看/proc/cpuinfo 文件以获取 CPU 的型号、主频等信息
tmp	一般用户或正在执行的程序临时存放文件的目录，该目录下的所有文件均会被定时删除，以避免临时文件占满整个磁盘
var	通常用于存放系统执行过程中经常发生变化的文件，如系统日志、邮件文件等

4.2　文件的类型及权限

文件有广义和狭义之分，广义的文件范畴广，即 UNIX 把外部设备都当作文件；狭义的文件指磁盘文件。在 Linux 操作系统中，不仅把存储在磁盘上的普通文件（文本文件、可执行文件等）、目录（Windows 操作系统中的文件夹）当作文件，还把磁盘、光驱、打印机、输入/输出设备等当作文件。

4.2.1　文件的命名

文件名是用于标识文件的字符串，Linux 操作系统内部并不使用文件名，而是使用

inode 号码来识别文件，文件名和 inode 号码一一对应。当用户在 Linux 操作系统中试图访问一个文件时，系统会先根据文件名去查找它对应的 inode 号码，获取 inode 信息，确定用户是否具有访问该文件的权限；如果有访问该文件的权限，则指向相对应的数据块，并读取数据。下面介绍 Linux 文件的命名规范。

① 基于 Linux 操作系统，文件名严格区分大小写。

② Linux 操作系统的文件名长度不超过 255 个字符。

③ 文件名应简单明了，尽量反映出文件的内容。

④ 文件名可以包含除斜线（/）和空格外的任意 ASCII 字符，如果文件名中必须有空格，空格必须使用引号引起来。

⑤ 与 Windows 文件不同，Linux 文件没有扩展名，但可以在文件名中使用句点 "."来使用户区别不同类型的文件，提升文件名的可读性，如×××.txt、×××.tar 等。

4.2.2 文件的类型

基于 Linux 操作系统，常见的文件包括普通文件、目录文件、设备文件及链接文件等。下面对这几种常见文件的类型进行详细说明。

执行 ls -l 命令或者 ll 命令可以查看文件的类型，如图 4-3 所示，其中列出了一些文件，方框中的字母或符号表示该文件的类型。常见的 Linux 文件类型见表 4-2。

```
-rw-r--r--.   1 root root      370 6月   7 2013 hosts.allow
-rw-r--r--.   1 root root      460 6月   7 2013 hosts.deny
drwxr-xr-x.   2 root root       24 9月  22 2022 hp
drwxr-xr-x.   5 root root       92 3月  27 2023 httpd
-rw-r--r--.   1 root root     4849 4月  11 2018 idmapd.conf
lrwxrwxrwx.   1 root root       11 9月  22 2022 init.d -> rc.d/init.d
```

图 4-3　通过执行命令查看文件类型

表 4-2　常见的 Linux 文件类型

符号	类型
-	普通文件
d	目录文件
l	链接文件
b	块设备文件
c	字符设备文件

1. 目录文件

目录文件在 Linux 操作系统中作为一类特殊的文件，用于构成文件系统的树形结构。

当使用 ls -a 命令查看指定目录的内容时，如图 4-4 所示，显示结果中的第一项表示目录本身，以 "."作为文件名；第二项表示该目录的父目录，以 ".."作为文件名。

```
[root@localhost ~]# ls -a
.                    .esd_auth                                      sockets.tar
..                   f1                                             .tcshrc
addaccount.sh        f2                                             test1
addusers.sh          hadoop-native-64-2.4.1.tar                     .viminfo
anaconda-ks.cfg      hello                                          公共
a.txt                .ICEauthority                                  模板
.bash_history        initial-setup-ks.cfg                           视频
.bash_logout         .lesshst                                       图片
.bash_profile        linuxqq_2.0.0-b2-1089_x86_64.rpm               文档
.bashrc              .local                                         下载
.cache               .mozilla                                       音乐
.config              mysql80-community-release-el7-1.noarch.rpm     桌面
.cshrc               .mysql_history
.dbus                .pki
```

图 4-4　使用 ls -a 命令查看指定目录的内容

2．普通文件

普通文件是包含各种不同长度字符串的常规文件。文本文件、数据文件、可执行的二进制文件都属于普通文件。

3．设备文件

在 Linux 操作系统中，将所有设备都作为一类特殊文件对待，用户像使用其他文件那样对设备进行操作。不同的是，设备文件除了包含存放在 inode 中的信息外，不包含任何数据。

设备文件一般存放在/dev 目录下。其中，常用的设备有字符设备，即在 I/O 传输过程中以字符为单位进行传输的设备，允许 I/O 传输任意大小的数据，字符设备有键盘、终端、打印机等。系统中的光驱设备，也被视为一种设备文件，通常表示为/dev/sr0。

4．链接文件

一个文件可以在多个目录中被访问，则称为链接文件。

链接文件可以存放在相同或不同的目录下，链接包括软链接和硬链接两种形式。软链接提供了一种创建文件或目录的快捷方式，而硬链接允许在文件系统中创建多个指向同一个文件的链接。

文件的软链接用 ln 命令创建，其语法格式如下。

```
ln  -s  源文件  目标文件
```

文件的硬链接也用 ln 命令创建，其语法格式如下。

```
ln   源文件  目标文件
```

4.2.3　文件的权限

文件的权限指文件的访问控制权限，通过查看文件权限可以知道不同的用户对文件的访问和执行权限。

1．文件的所有者与所属组

默认情况下，文件或目录的创建者是该对象的所有者，文件属于某所有者的同时也会属于某个组，该组称为文件的所属组。所有者对文件或目录有较高的操作权限。所有者或 root 用户可以使用 chown 命令对文件的所有者和所属组进行修改。

chown 命令的功能是改变文件的所有者，其语法格式如下。

```
chown   [选项]   [所有者]   [:所属组 ]  文件列表
```

其中，所有者或所属组可以是用户名、组名，也可以是用户 ID（UID）、组 ID（GID），但必是系统中已经存在的；文件列表中的多个文件使用空格隔开。

【例 4-1】 ① 修改文件的所有者的命令如下，执行结果如图 4-5 所示。

```
[root@localhost student]#  ll                          #列出 student 目录下文件的详细信息

[root@localhost student]#  chown student a.txt   #将 a.txt 的所有者修改为 student
[root@localhost student]#  ll
```

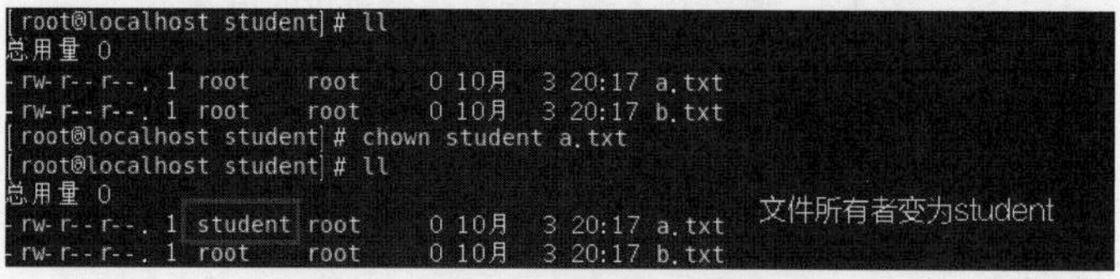

图 4-5　修改文件 a.txt 的所有者

② 修改文件的所属组的命令如下，执行结果如图 4-6 所示。

```
[root@localhost student]# chown :student a.txt        #将 a.txt 的所属组修改为 student
[root@localhost student]# ll                          #列出 student 目录下文件的详细信息
```

注意：所属组前面的冒号不能省略。

图 4-6　修改文件 a.txt 的所属组

③ 同时修改文件的所有者和所属组。

将文件 b.txt 的所有者和所属组都修改为 student，并列出 student 目录下文件的详细信息。代码如下，执行结果如图 4-7 所示。

```
[root@localhost student]# chown student:student b.txt
[root@localhost student]# ll
```

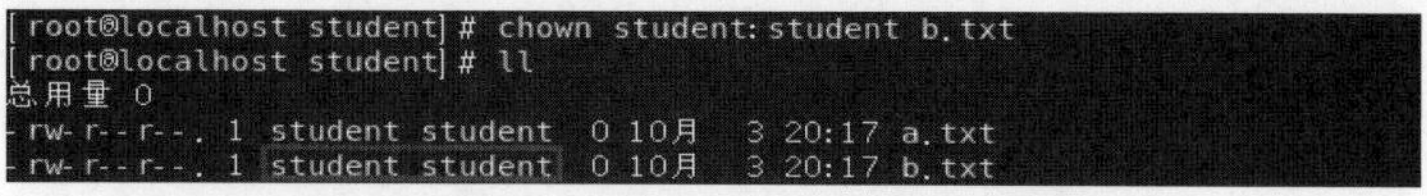

图 4-7　修改文件 b.txt 的所有者和所属组

2．文件的访问权限

在网络操作系统中，出于对安全性的考虑，需要为每个文件和目录加上访问权限，严格地规定每个用户的权限。同时，用户可以为自己的文件赋予适当的权限，以保证其他人不能修改和访问自己的文件。

（1）文件访问权限的表示方法

文件访问权限面向 3 种不同类型的用户：文件所有者、同组用户、其他组用户。注意，同组用户是指与文件所有者同组的用户。

文件访问权限的表示方法有 3 种：使用 3 组 9 位字符表示、使用 3 组 9 位二进制数表示和使用 3 位八进制数表示。下面分别介绍这 3 种表示方法。

① 使用 3 组 9 位字符表示。3 组代表上文所述 3 类用户的权限，依次为文件所有者、同组用户和其他组用户的权限。这 3 类用户访问文件或文件目录的方式都有以下 4 种。

- r（可读权限）：允许读取文件内容或者使用 ls 命令列出文件目录。
- w（可写或可修改权限）：允许修改文件内容或者创建、删除文件。
- x（可执行权限）：允许执行文件或者允许使用 cd 命令进入文件目录查找。
- -（无权限）：不具有以上权限，即不允许对文件进行读取、修改及执行。

使用 ls -l 命令列出文件或者文件目录详细信息时，可以看到文件的权限，如图 4-8 方框中的内容所示。

```
- rw- r-- r--    1 root root       202 11月   3 2023  addaccount.sh
- rw- ------     1 root root      1792 9月   22 2022  anaconda- ks.cfg
- rwxrw- rw-     1 root root   4130304 5月    3 2017  hadoop- native- 64-2.4.1.tar
- rw- r-- r--    1 root root      1823 9月   22 2022  initial- setup- ks.cfg
- rw- r-- r--    1 root root   2887680 1月   21 2024  linuxqq_2.0.0-b2-1089_x86_64.rpm
- rw- r-- r--    1 root root     25820 4月   18 2018  mysql80- community- release- el7-1.noarch.rpm
- rwxrw- rw-     1 root root     31744 7月   10 2007  sockets.tar
drwxr- xr- x    2 root root         6 9月   22 2022  公共
drwxr- xr- x    2 root root         6 9月   22 2022  模板
drwxr- xr- x    2 root root         6 9月   22 2022  视频
drwxr- xr- x    2 root root         6 9月   22 2022  图片
drwxr- xr- x    2 root root         6 9月   22 2022  文档
drwxr- xr- x    2 root root        44 10月   2 2023  下载
drwxr- xr- x    2 root root         6 9月   22 2022  音乐
drwxr- xr- x    2 root root         6 1月   24 2024  桌面
```

图 4-8　查看文件权限

在图 4-8 中，每行表示一个文件的详细信息，方框中列出的每行第 1 位字符表示文件的类型，将第 2～10 位字符每 3 位分为 1 组，分别对应上述 3 类用户的权限。如果某类用户对该文件或目录具有可读、可写、可执行权限，则在相应位置分别出现表示权限的字母 r、w、x；如果不具备以上权限，则在相应位置出现"-"。

例如：第 1 行第 2～10 位字符"rw-r--r--"，其中第 1 组的"rw-"表示所有者对该文件或目录具有可读、可写、不可执行的权限；第 2 组的"r--"表示同组用户对该文件或目录具有可读、不可写、不可执行权限；第 3 组的"r--"表示其他用户对该文件或目录具有可读、不可写、不可执行权限。

② 使用 3 组 9 位二进制数表示。与 9 位字母相对应，如果权限位是字符，则将权限表示为 1；如果权限位是"-"，则将权限表示为 0。

例如 rwxrw-r--，对应的二进制数表示为 111110100。

③ 使用 3 位八进制数表示。将 3 组 9 位二进制数转换为 3 位八进制数。

例如，rwxrw-r--，对应的二进制数为 111110100，对应的八进制数为 764。

（2）文件权限的修改方法

只有文件的所有者或 root 用户才能执行修改文件权限的命令，修改文件权限的命令是 chmod。chmod 有以下两种形式。

① 字母形式。使用"用户对象 操作符号 操作权限"的形式为用户对象设置权限。如果有多个用户对象，则每类用户对象的权限之间需要以逗号间隔，其命令格式如下。

chmod 用户对象 操作符号 操作权限[，用户对象 操作符号 操作权限] 文件名

其中各项的含义分别见表 4-3、表 4-4 和表 4-5。

表 4-3　用户对象的含义

用户对象	含义
u（user）	表示文件所有者
g（group）	表示与文件所有者同组用户
o（others）	表示其他组用户
a（all）	表示以上所有用户

表 4-4　操作符号的含义

操作符号	含义
+	添加某个权限
-	取消某个权限
=	赋予给定权限

表 4-5　操作权限的含义

操作权限（字母的任意组合）	含义
r	可读
w	可写（修改）
x	可执行

【例 4-2】为 a.txt 文件增加同组用户的写权限，去掉其他组用户的读权限；修改 f1 目录为全权限；列出 student 目录下文件的详细信息。执行结果如图 4-9 所示。

```
[root@localhost student]# chmod  g+w, o-r  a.txt
[root@localhost student]# ll

[root@localhost student]# chmod  a=rwx  f1
[root@localhost student]# ll
```

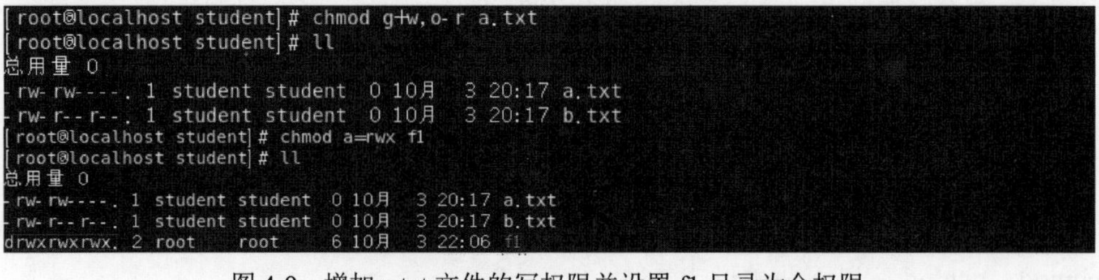

图 4-9　增加 a.txt 文件的写权限并设置 f1 目录为全权限

② 数字形式。使用 3 位八进制数表示权限，会使权限设置更加简单。

其命令格式如下。

```
chmod 八进制数 文件名
```

【例 4-3】　修改 f1 目录为全权限并列出详细信息，命令如下，运行结果如图 4-10 所示。

```
[root@localhost student]#  chmod  777  f1
[root@localhost student]# ll
```

```
[root@localhost student]# chmod  777  f1
[root@localhost student]# ll
总用量 0
-rw-r--r--. 1 student student  0 10月  3 20:17 a.txt
-rw-r--r--. 1 student student  0 10月  3 20:17 b.txt
```

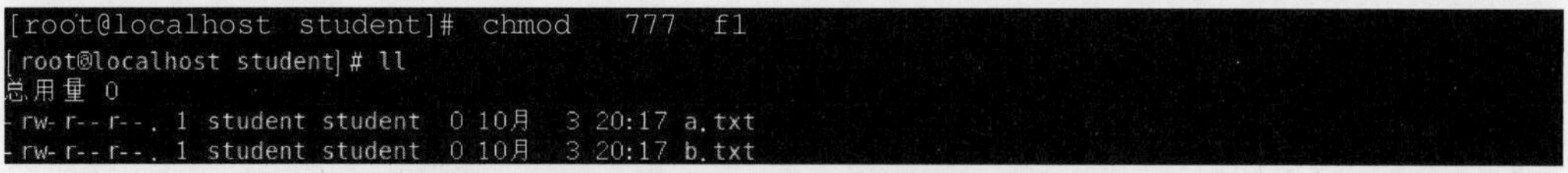

图 4-10　修改 f1 目录为全权限

4.3　使用目录类、文件类操作命令

4.3.1　使用目录类操作命令

1．cd 命令

cd 命令用于在不同的目录中进行切换。用户登录系统后，会处于用户的家目录（$HOME）中，该目录一般以/home 开始，后面加用户名，这个目录就是用户的初始登录目录（root 用户的家目录为/root）。

如果用户想切换到其他目录，则可以使用 cd 命令，后面加目标目录的路径。

【例 4-4】　① 改变目录位置至用户登录时的工作目录（用户的家目录），命令如下。

```
[root@localhost mnt]# cd
```

② 改变目录位置至当前目录的 file1 子目录，命令如下。

```
[root@localhost ~]# cd file1
```

③ 改变目录位置至用户的家目录，命令如下。

```
[root@localhost file1 ]# cd ~
```

④ 改变目录位置至当前目录的父目录，命令如下。

```
[root@localhost ~]# cd ..
```

⑤ 改变目录位置至当前目录的父目录的 var 子目录，命令如下。

```
[root@localhost ~]# cd ../var
```

⑥ 利用绝对路径表示将目录改变到/home/student 目录，命令如下。

```
[root@localhost ~]# cd /home/student
```

说明：在 Linux 操作系统中，用“.”代表当前目录；用“..”代表当前目录的父目录；用“～”代表用户的家目录（主目录）。例如，root 用户的家目录是/root，则不带任何参数的 cd 命令相当于“cd～”，即将目录切换到用户的家目录下。

2．ls 命令

ls 命令用于列出文件或目录信息。该命令的语法格式如下。

```
ls    [选项] [目录或文件]
```

ls 命令的常用选项如下。

① -a：列出所有文件，包括以"."开头的隐藏文件。

② -A：列出指定目录下所有的子目录及文件，包括隐藏文件，但不显示"."".."。

③ -l：以长文件格式形式显示文件的详细信息。ls -l 命令可以用 ll 命令代替。

④ -i：在输出的第一列显示文件的 inode 号码。

ls 命令的代码示例如下。

```
[root@localhost /]# ls
[root@localhost /]# ls  -a
[root@localhost /]# ls  -A
[root@localhost /]# ls  -l
```

上述代码的运行结果如图 4-11 所示。

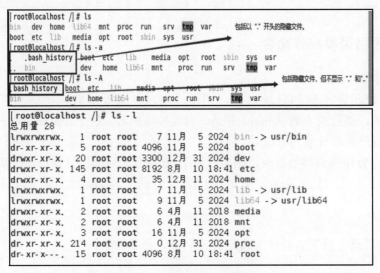

图 4-11　ls 命令的运行结果

3. mkdir 命令

mkdir 命令用于创建一个目录。该命令的语法格式如下。

```
mkdir   [选项] 目录名
```

其中，目录名可以为相对路径，也可以为绝对路径。

mkdir 命令的常用选项——"-p"，在创建目录时，如果父目录不存在，则同时创建该目录及该目录的父目录。

【例 4-5】　① 在当前目录下创建 file1 目录，命令如下。

```
[root@localhost ~]# mkdir file1
```

② 在当前目录下递归创建 file2/file22 目录，命令如下。

```
[root@localhost ~]# mkdir -p  file2/file22
```

③ 列出当前目录下的内容，命令如下。

```
[root@localhost ~]# ls
```

④ 列出当前目录的子目录 file2 的内容，命令如下。

```
[root@localhost ~]# ls   file2
```

4．rmdir 命令

rmdir 命令用于删除空目录。该命令的语法格式如下。

```
rmdir   [选项] 目录名
```

rmdir 命令的常用选项——"-p"，在删除目录时，一同删除父目录，但要求目录删除后其父目录也是空目录。

【例 4-6】　① 在当前目录下删除 file1 空目录，命令如下。

```
[root@localhost ~]# rmdir file1
```

② 查看当前目录下的内容，命令如下。

```
[root@localhost ~]# ls
```

③ 删除 file22 空目录，其父目录 file2 为空目录，file2 也会被一并删除，命令如下。

```
[root@localhost ~]# rmdir -p file2/file22
```

5．cp 命令

cp 命令主要用于文件或目录的复制。该命令的语法格式如下。

```
cp   [选项] 源文件/目录 目标文件/目录
```

cp 命令的常用选项如下。

① -r：递归复制，如果源目录中有各级子目录或文件，则一同复制，文件与目录的权限可能会被改变。

② -a：尽可能将文件状态、文件权限等属性按照原状复制。建议在已备份的情况下使用。

③ -f：不询问用户，强制复制，直接覆盖。

④ -i：若复制目标文件存在，则会询问用户是否覆盖。

⑤ -p：与文件的属性一起复制，类似于"-a"选项。

【例 4-7】　① 将当前目录下的目录 file2 及其子目录和文件递归复制为目录 file3，命令如下，执行结果如图 4-12 所示。

```
[root@localhost ~]# cp  -r   file2   file3
[root@localhost ~]# ls
```

图 4-12　递归复制示例

② 在当前目录已经存在 b.txt 的情况下将 a.txt 复制为 b.txt，命令如下，执行结果如图 4-13 所示。

```
[root@localhost ~]# cp  -i   a.txt   b.txt
```

图 4-13　复制目标文件已经存在的示例

4.3.2 使用文件类操作命令

1．touch 命令

touch 命令用于建立文件。该命令的语法格式如下。

```
touch    [选项]    文件名
```

touch 命令的常用选项如下。

① -d yyyymmdd：把文件修改时间改为 yyyy 年 mm 月 dd 日。

② -m：把文件的修改时间修改为当前时间。

【例 4-8】 ① 当前目录下没有文件 b.txt，新建该文件，命令如下，执行结果如图 4-14 所示。

```
[root@localhost student]# touch b.txt
[root@localhost student]# ls -l
```

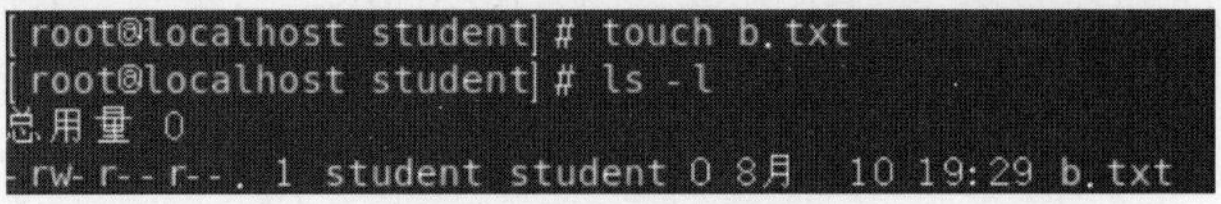

图 4-14 新建文件 b.txt

② 在当前目录下新建文件 a.txt，并将文件的时间改为 2022 年 02 月 22 日，命令如下，执行结果如图 4-15 所示。

```
[root@localhost student]# touch -d 20220222 a.txt
[root@localhost student]# ls -l
```

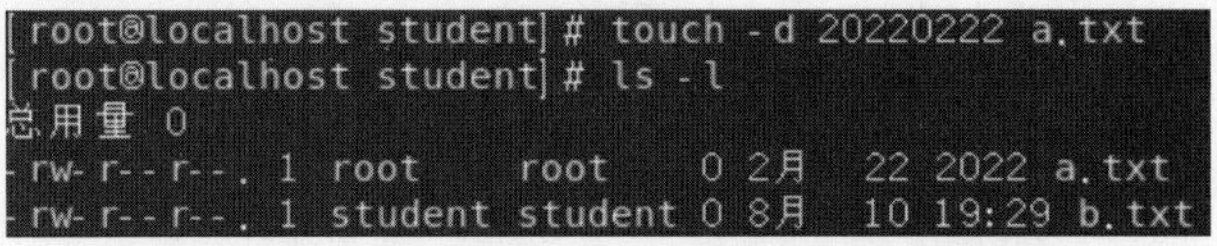

图 4-15 新建文件 a.txt 并修改 a.txt 的时间

③ 将文件 a.txt 的创建时间改为当前时间，命令如下，执行结果如图 4-16 所示。

```
[root@localhost student]# touch -m a.txt
[root@localhost student]# ls-l a.txt
```

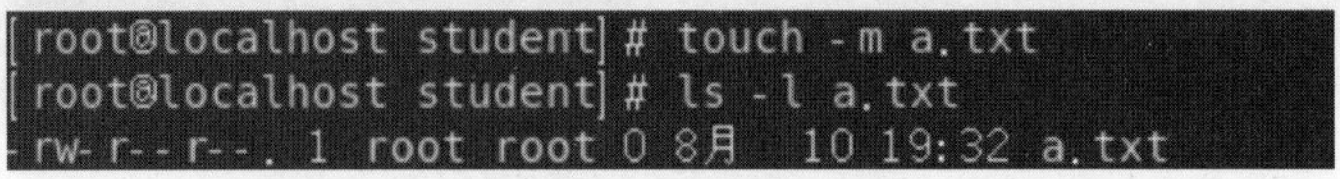

图 4-16 将文件 a.txt 的创建时间改为当前时间

2．mv 命令

mv 命令主要用于文件或目录的移动或改名。该命令的语法格式如下。

```
mv    [选项]    源文件/目录  目标文件/目录
```

mv 命令的常用选项如下。

① -f：无论目标文件或目录是否存在，强制移动，不询问用户。

② -i：若目标文件或目录已存在，则询问用户是否覆盖。

【例 4-9】　① 将当前目录下的文件 a.txt 移动到/home/student 目录下，文件名不变，代码如下。

```
[root@localhost ~]# mv  a.txt  /home/student/
```

② 列出当前目录及/home/student 目录下的内容，代码如下。

```
[root@localhost ~]# ls  .  /home/student/
```

③ 移动同级目录下的文件（等同于文件的重命名），并列出目录下的内容，代码如下。

```
[root@localhost ~]# mv  /home/student/a.txt  /home/student/b.txt
[root@localhost ~]# ls  /home/student/
```

上述 mv 命令的执行结果如图 4-17 所示。

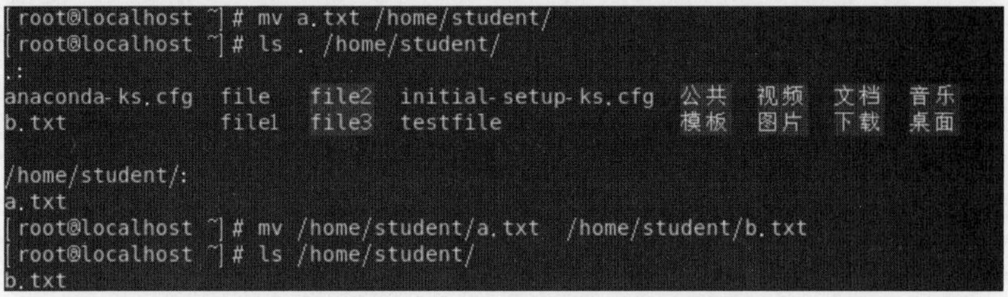

图 4-17　mv 命令执行示例

3．rm 命令

rm 命令主要用于文件或目录的删除。该命令的语法格式如下。

```
rm  [选项] 文件名或目录名
```

rm 命令的常用选项如下。

① -r：用于删除目录，当父目录为空时递归删除。

② -i：删除文件或目录前询问用户。

③ -f：删除文件或目录时不询问用户，强制删除。

【例 4-10】　删除当前目录下的 file2 和 file3 目录，命令如下，执行结果如图 4-18 所示。

```
[root@localhost ~]# rm  -r  file2  file3
```

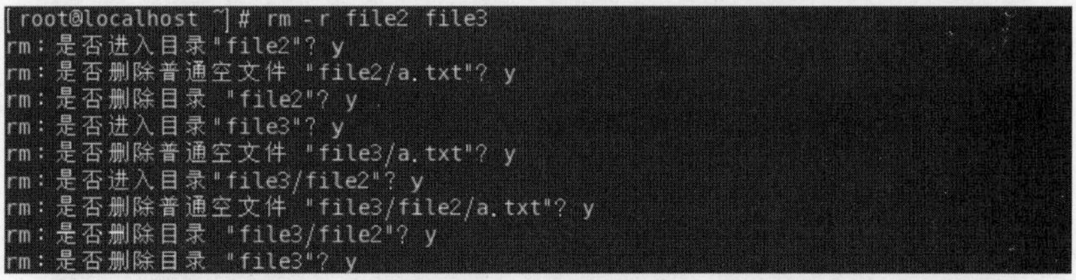

图 4-18　删除当前目录下的 file2 和 file3 目录

注意：删除目录时必须使用 "-r" 选项，如果不想每次删除文件或目录前都经过用户确认，可以加上 "-f" 选项。

4．dd 命令

dd 命令可以让用户按照指定大小和个数的数据块来复制文件或转换文件。

在 Linux 操作系统中有一类设备叫作块设备，这类设备利用了核心缓冲区的自动缓存机制，缓冲区进行 I/O 传送时总以 1 KB 为单位，使用这种接口的设备包括硬盘、软盘和光盘等，它们的设备文件都被存储在/dev 目录下，还有一种特殊设备文件（如/dev/zero 和/dev/random）就像普通文件一样，出现在文件系统中；利用 dd 命令也可以从这些文件中读取数据或者将数据写入这些文件。

dd 命令的格式如下。

```
dd   [选项]
```

dd 命令的选项及其作用见表 4-6。

表 4-6　dd 命令的选项及其作用

选项	作用
if	输入的文件名称
of	输出的文件名称
bs	设置每个块的大小
count	设置要复制的块的个数

dd 命令有以下两种常见用途。

（1）进行磁盘配额测试

在进行磁盘配额测试时往往需要指定文件的大小。在/dev 目录下有一个名为/dev/zero 的特殊设备文件，这个文件不会占用系统存储空间，却可以提供无穷无尽的数据。可以使用特殊设备文件/dev/zero 作为 dd 命令的输入文件，来输出一个指定大小的文件。

【例 4-11】　使用 dd 命令从特殊设备文件/dev/zero 中取出两个大小为 560 MB 的数据块，输出后保存的文件名为 file1，命令如下，执行结果如图 4-19 所示。

```
[root@localhost ~]# dd  if=/dev/zero  of=file1  count=2  bs=560M
```

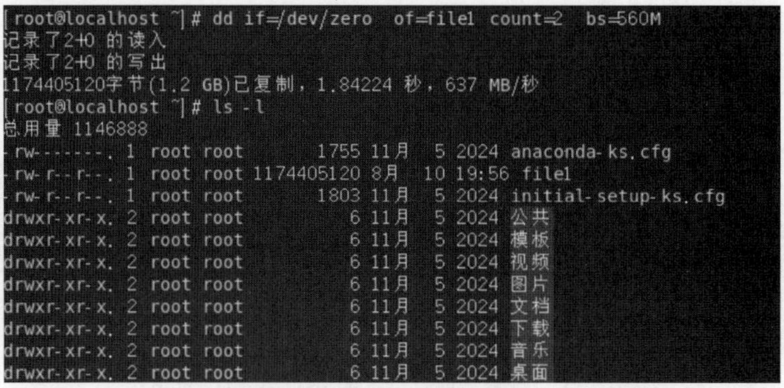

图 4-19　dd 命令执行示例 1

（2）制作 ISO 镜像文件

在 Windows 操作系统中需要借助第三方软件制作 ISO 镜像文件，但在 Linux 操作系统中可以直接使用 dd 命令来制作光盘镜像文件，直接把光驱设备中的光盘制作成 ISO 格式的镜像文件。

【例 4-12】　使用 dd 命令制作 CentOS 7 的镜像文件，命令如下，执行结果如图 4-20 所示。

```
[root@localhost ~]# dd  if=/dev/sr0  of=CentOS-7-x86_64.iso
```

图 4-20　dd 命令执行示例 2

5. cat 命令

cat 命令用于显示文件内容或将多个文件合并成一个文件。该命令的语法格式如下。

```
cat  [选项]  文件名
```

cat 命令的常用选项如下。

① -b：为输出内容中的非空行标行号。

② -n：为输出内容中的所有行标行号。

【例 4-13】　查看/etc/passwd 文件的内容，并为输出内容设置行号，命令如下，执行结果如图 4-21 所示。

```
[root@localhost /]# cat -n /etc/passwd
```

图 4-21　cat 命令执行示例 1

如果 cat 命令没有指定参数，则 cat 在收到标准输入（键盘）发送的 EOF 标记（由"Ctrl+D"组合键产生）之前，会一直从标准输入中获取内容，并将其打印到标准输出设备（显示器）上，所以用户输入的每一行内容都会立刻被 cat 命令输出到显示器上。

【例 4-14】　从键盘获取内容，并将其打印到显示器上，命令如下，执行结果如图 4-22 所示。

```
[root@localhost ~]# cat
```

图 4-22　cat 命令执行示例 2

【拓展练习】　结合 cat 命令和重定向符的使用，分析 cat file 和 cat < file 两条命令。

① 执行 cat file 命令和执行 cat < file 命令能达到相同的目的，在屏幕上看到的都是 file 文件的内容。

② 区别：cat file 命令表示打印对应 file 文件中的内容，不再接收标准输入；cat < file

命令则表示将 file 文件作为 cat 命令的标准输入，然后打印标准输入的内容。

执行结果如图 4-23 所示。

图 4-23　拓展练习

通常使用 cat 命令查看文件内容，但是执行 cat 命令的输出内容不能分页显示，如果要查看超过一屏的文件内容，则需要使用 more 或 less 等命令。

6. more 命令

在使用 cat 命令时，如果文件内容太长，用户只能看到文件的最后一部分。这时可以使用 more 命令，一页一页地分屏显示文件的内容。该命令的语法格式如下。

```
more  [选项] 文件名
```

more 命令的常用选项如下。

① -num：一个数字，用于指定分屏显示文件时每页的行数。

② +num：指定从文件的第 num 行开始显示。

大部分情况下，可以不加任何选项执行 more 命令以查看文件内容。执行 more 命令后，进入 more 状态，按 "Enter" 键可以向下移动一行，按 "Space" 键可以向下移动一页；按 "Q" 键可以退出 more 命令的执行。

【例 4-15】　① 分屏显示/etc/passwd 文件的内容，命令如下，执行结果如图 4-24 所示。

```
[root@localhost student]# more  /etc/passwd
```

图 4-24　more 命令执行示例 1

② 分屏显示/etc/passwd 文件的内容，指定每屏显示 10 行，代码如下，执行结果如图 4-25 所示。

```
[root@localhost student]# more  -10  /etc/passwd
```

```
[root@localhost student] # more -10 /etc/passwd
root: x: 0: 0: root: /root: /bin/bash
bin: x: 1: 1: bin: /bin: /sbin/nologin
daemon: x: 2: 2: daemon: /sbin: /sbin/nologin
adm: x: 3: 4: adm: /var/adm: /sbin/nologin
lp: x: 4: 7: lp: /var/spool/lpd: /sbin/nologin
sync: x: 5: 0: sync: /sbin: /bin/sync
shutdown: x: 6: 0: shutdown: /sbin: /sbin/shutdown
halt: x: 7: 0: halt: /sbin: /sbin/halt
mail: x: 8: 12: mail: /var/spool/mail: /sbin/nologin
operator: x: 11: 0: operator: /root: /sbin/nologin
--More--(15%)
```

图 4-25　more 命令执行示例 2

③ 分屏显示/etc/passwd 文件的内容，指定从/etc/passwd 文件第 5 行开始显示，每页显示 5 行，代码如下，执行结果如图 4-26 所示。

```
[root@localhost student]# more +5 -5  /etc/passwd
```

```
[root@localhost student] # more +5 -5 /etc/passwd
lp: x: 4: 7: lp: /var/spool/lpd: /sbin/nologin
sync: x: 5: 0: sync: /sbin: /bin/sync          从/etc/passwd文件第5行开始显示，每页显示5行。
shutdown: x: 6: 0: shutdown: /sbin: /sbin/shutdown
halt: x: 7: 0: halt: /sbin: /sbin/halt
mail: x: 8: 12: mail: /var/spool/mail: /sbin/nologin
--More--(14%)
```

图 4-26　more 命令执行示例 3

④ more 命令经常在管道中被调用，以分屏显示各种命令的输出内容。利用 Shell 的管道功能分屏显示/etc/passwd 文件的内容，命令如下。

```
[root@localhost student]# cat  /etc/passwd |more
```

7. less 命令

less 命令是 more 命令的改进版，less 命令比 more 命令功能强大。执行 more 命令只能向下翻页，而执行 less 命令可以使用↑↓键、"Enter"键、"Space"键、"PgUp"键或"PgDn"键前后翻阅文本内容，使用"Q"键退出命令。

less 命令还支持在一个文本文件中进行快速查找。先按斜杠键"/"，再输入要查找的单词或字符。执行 less 命令会在文本文件中进行快速查找，并把当前屏中找到的所有目标高亮度显示。如果希望继续查找符合条件的下一个单词或字符，可以按"n"键向下查找，按"N"键向上查找。

【例 4-16】　分屏显示/etc/passwd 文件的内容，命令如下。

```
[root@localhost student]# less  /etc/passwd
```

8. head 命令

head 命令用于显示文件的开头部分，在 head 命令不带任何选项的情况下，执行 head 命令默认只显示文件的前 10 行内容。该命令的语法格式如下。

```
head  [选项] 文件名
```

head 命令的常用选项如下。

① -n num（或-num）：显示指定文件的前 num 行。

② -c num：显示指定文件的前 num 个字符。

【例 4-17】　① 显示/etc/passwd 文件前 5 行内容，命令如下，执行结果如图 4-27 所示。

```
[root@localhost student]# head  -5  /etc/passwd
```

```
[root@localhost student] # head -5 /etc/passwd
root: x: 0: 0: root: /root: /bin/bash
bin: x: 1: 1: bin: /bin: /sbin/nologin
daemon: x: 2: 2: daemon: /sbin: /sbin/nologin
adm: x: 3: 4: adm: /var/adm: /sbin/nologin
lp: x: 4: 7: lp: /var/spool/lpd: /sbin/nologin
```

图 4-27　head 命令执行示例 1

② 显示/etc/passwd 文件前 50 个字符，命令如下，执行结果如图 4-28 所示。

```
[root@localhost student]# head  -c  50  /etc/passwd
```

```
[root@localhost student] # head -c 50 /etc/passwd
root: x: 0: 0: root: /root: /bin/bash
```

图 4-28　head 命令执行示例 2

9．tail 命令

tail 命令用于显示文件的末尾部分，默认情况下，只显示文件的末尾 10 行内容。该命令的语法格式如下。

```
tail  [选项] 文件名
```

tail 命令的常用选项如下。

① -n num（-num）：显示指定文件的末尾 num 行。

② -c num：显示指定文件的末尾 num 个字符。

③ -f：持续刷新文件内容。

【例 4-18】　① 显示/etc/passwd 文件末尾 10 行的内容，命令如下。

```
[root@localhost student]# tail -n 10  /etc/passwd
```

② 持续刷新日志文件内容，命令如下。

```
[root@localhost student]# tail -f  /var/log/messages
```

4.3.3　其他文件类操作命令

1．whereis 命令

whereis 命令用于寻找命令的可执行文件所在的位置。该命令的语法格式如下。

```
whereis  [选项] 命令名称
```

【例 4-19】　寻找 cd 命令的可执行文件所在的位置，命令如下，执行结果如图 4-29 所示。

```
[root@localhost student]# whereis  cd
```

```
[root@localhost student] # whereis cd
cd: /usr/bin/cd /usr/share/man/man1/cd.1.gz /usr/share/man/man1p/cd.1p.gz
```

图 4-29　whereis 命令执行示例

2．find 命令

find 命令的功能非常强大，可以根据匹配的表达式查找符合条件的文件。该命令的语法格式如下。

```
find  [路径]  [匹配表达式]
```

find 命令的匹配表达式主要有以下几种类型。

① -name 文件名：查找指定名称的文件。

② -user 用户名：查找属于指定用户的文件。

③ -group 组名：查找属于指定组的文件。

④ -type 文件类型：查找指定类型的文件。用字母“f”表示普通文件，其他文件类型见表 4-2。

⑤ -perm 访问权限：查找与给定权限匹配的文件，必须以八进制数的形式表示访问权限。

⑥ -exec 命令 {} \;：对匹配指定条件的文件执行额外的命令。

【例 4-20】 ① 在/home/student 目录下查找权限为 777 的文件，命令如下，执行结果如图 4-30 所示。

```
[root@localhost student]# find  /home/student  -perm  777
```

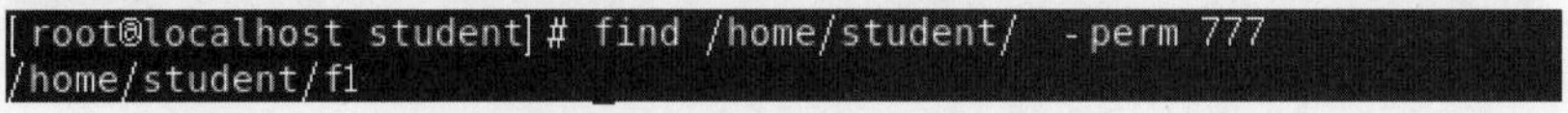

```
[root@localhost student]# find /home/student/  -perm 777
/home/student/f1
```

图 4-30　find 命令执行示例 1

② 在当前 f1 目录下查找普通文件，并以长文件格式显示，命令如下，执行结果如图 4-31 所示。

```
[root@localhost  f1]# find .  -type  f  -exec  ls  -l  {}  \;
```

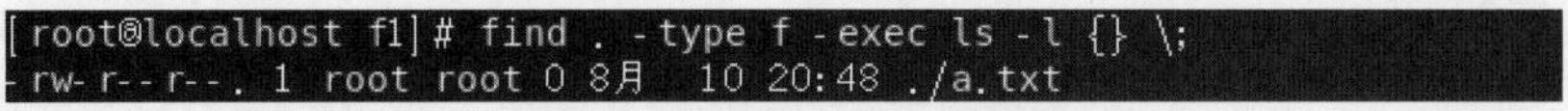

```
[root@localhost f1]# find . -type f -exec ls -l {} \;
-rw-r--r--. 1 root root 0 8月  10 20:48 ./a.txt
```

图 4-31　find 命令执行示例 2

图 4-31 中的{}代表的是由 find 命令找到的内容，会被放置到{}的位置。“exec”一直到“\;”为止，代表自 find 额外命令的开始到结束，在本例中是指 ls -l。最后，因为“; ”在 bash 环境下是有特殊意义的，因此利用“\”来转义。

一个文本控制台或一个仿真终端在同一时刻只能运行一个程序或执行一个命令，在命令执行结束或程序运行结束前，一般不能进行其他操作。此时可采用在后台运行程序的方式，以释放文本控制台或仿真终端，使其仍能进行其他操作。由于 find 命令在执行过程中将消耗大量资源，所以查找范围比较大时建议在后台执行，在要执行的命令后加上一个“&”符号。

【例 4-21】 按指定的名称 httpd.conf 查找/目录下的文件，并以后台方式执行，命令如下。

```
[root@localhost  f1]# find  /  -name  httpd.conf &”
```

3．locate 命令

locate 命令用于查找文件或目录。如果用户不记得文件的存放位置，使用 find 命令进行大批量搜索比较耗时，可以使用 locate 命令。该命令的语法格式如下。

```
locate  文件或目录名称
```

locate 命令的执行效率比 find -name 命令执行效率高，因为它不针对具体目录进行搜索，而是搜索一个数据库：/var/lib/mlocate/mlocate.db，这个数据库含有所有本地文件信息。Linux 操作系统自动创建这个数据库，并且每天自动更新一次。

但有时在用 locate 命令查找文件时，会存在找到已经被删除的数据，或者刚刚建立的文件却无法被查找到的情况，原因在于数据库没有更新。所以在使用 locate 命令之前，需要先使用 updatedb 命令手动更新数据库。

【例 4-22】 ① 更新数据库，命令如下。

```
[root@localhost student]# updatedb
```

② 查找文件，返回包含 a.txt 字符的所有文件名，命令如下。

```
[root@localhost student]# locate a.txt
```

以上命令的执行结果如图 4-32 所示。

```
[root@localhost student] # updatedb
[root@localhost student] # locate a.txt
/home/student/f1/a.txt
/usr/lib/firmware/brcm/brcmfmac43340-sdio.pov-tab-p1006w-data.txt
/usr/share/doc/vim-common-7.4.629/README_extra.txt
```

图 4-32 locate 命令执行示例

4．grep 命令

grep 命令用于在文件中查找包含指定字符串的行。该命令的语法格式如下。

```
grep  [选项]  字符串  文件名
```

【例 4-23】 ① 在文件 a.txt 中查找包含 "hello" 字符串的行，命令如下，执行结果如图 4-33 所示。

```
[root@localhost ~]# grep  hello  /home/student/f1/a.txt
```

```
[root@localhost ~]# grep hello /home/student/f1/a.txt
hello
 hello
hello world
```

图 4-33 grep 命令执行示例 1

② 在 grep 命令中，字符 "^" 表示行的开始，字符 "$" 表示行的结尾。在文件 a.txt 中查找只包含 hello 字符串的行，命令如下，执行结果如图 4-34 所示。

```
[root@localhost ~] # grep  ^hello$  /home/student/f1/a.txt
```

```
[root@localhost ~]# grep ^hello$ /home/student/f1/a.txt
hello
```

图 4-34 grep 命令执行示例 2

③ 如果要查找的字符串带空格，可以用单引号或双引号把字符串引起来。在文件 a.txt 中查找包含 "hello world" 字符串的行，中间有空格，命令如下，执行结果如图 4-35 所示。

```
[root@localhost ~]# grep  "hello world"  /home/student/f1/a.txt
```

```
[root@localhost ~]# grep "hello world" /home/student/f1/a.txt
hello world
```

图 4-35 grep 命令执行示例 3

④ 在文件 a.txt 中查找包含"hello"字符串的行，前面有空格，命令如下，执行结果如图 4-36 所示。

```
[root@localhost ~]# grep  " hello"  /home/student/f1/a.txt
```

```
[root@localhost ~]# grep " hello" /home/student/f1/a.txt
hello
```

图 4-36　grep 命令执行示例 4

grep 命令和 find 命令的区别：grep 命令是在文件中搜索包含指定字符串的行，而 find 是在指定目录下根据文件的相关信息查找符合的文件。

grep 中通配符"."的使用：在 grep 命令中，将"."理解为通配符，即任意一个字符，使用通配符时要用单引号或双引号把通配符引起来。

4.4　问题与思考

Linux 命令是用户与 Linux 操作系统交互的主要方式，Linux 操作系统中有成百上千个命令，它们各自拥有独特的功能和用途，用户通过不断实践和学习掌握这些命令，进而更加高效地解决问题、完成任务、管理系统资源。Linux 操作系统的每个命令都有其特定的用途和选项，学习这些命令不是一蹴而就的，而是需要持续不断地投入时间和精力。读者通过持之以恒地学习，可以逐渐深入理解和熟练掌握 Linux 命令。

4.5　本章小结

本章主要对 Linux 文件系统进行了介绍，包括文件系统的含义、文件的常见类型及文件权限、如何设置和修改文件权限、目录类命令和文件类命令，帮助读者掌握对 Linux 文件系统中目录和文件的创建、删除、移动、复制等常用操作。

4.6　本章习题

1．填空题

（1）在 Linux 操作系统中，一切皆_____。

（2）Linux 文件系统是_____的，常见的文件系统是 ext3、_____或_____。

（3）Linux 文件系统使用单一的_____结构，无论有多少个分区都挂载到该目录上。

（4）/bin、/etc、/usr、/var 等目录都作为_____存在于不同的分区上，都是根目录的子节点。

（5）在 Linux 操作系统中，文件名严格区分_____。

（6）在 Linux 操作系统中，常见文件包括普通文件、目录文件、_____文件及链接文件等。

（7）所有者或 root 用户可以使用_____命令对文件的所有者进行修改。

（8）文件的访问权限面向 3 种不同类型的用户：文件_____、同组用户、其他组用户。

（9）在文件的访问权限中，允许读取文件内容或者使用 ls 命令列出目录的权限是_____。

（10）修改文件权限的命令是_____。

（11）要使程序以后台方式执行，只需在要执行的命令后加上一个_____符号。

2．选择题

（1）如果忘记了 ls 命令的用法，可以采用（　　）命令获得帮助。

A．? ls   B．help ls   C．man ls   D．get ls

（2）Linux 操作系统中有多个查看文件的命令，如果希望在查看文件内容的过程中可以通过光标上下移动来查看文件内容，则符合要求的命令是（　　）。

A．cat   B．more   C．less   D. head

（3）（　　）命令用于显示/home 目录下所有文件的详细信息。

A．ls -l /home   B．ls -a /home   C．ls -R /home   D．ls -d /home

（4）如果要列出一个目录下的所有文件，需要使用命令行（　　）。

A．ls   B．ls -a   C．ls -d   D．ls -l

（5）（　　）命令可以把 f1.txt 复制为 f2.txt。

A．cp f1.txt | f2.txt   B．cat f1.txt f2.txt

C．cp f1.txt > f2.txt   D．copy f1.txt | f2.txt

（6）当前用户所处位置是"/"，（　　）命令不能切换用户至 student 的家目录下。

A．cd ~student   B．cd /home/student

C．cd student   D．cd ./home/student

（7）除非特别指定，cp 命令假定要复制的文件在（　　）下。

A．用户目录   B．home 目录   C．root 目录   D．当前目录

（8）使用 rm -i 命令，系统会提示用户确认（　　）。

A．命令行的每个选项   B．文件的位置

C．是否有写的权限   D．是否确定删除

（9）删除一个非空目录/tmp 的命令是（　　）。

A．del /tmp   B．rm -rf /tmp   C．rmdir -i /tmp   D．rmdir /tmp

（10）（　　）命令能用于查找文件 testfile 中只包含 4 个字符的行。

A．grep '^....$ '　testfile   B．grep '.... '　testfile

C．grep '^????$'　testfile   D．grep '???? '　testfile

（11）（　　）命令能用于查找文件 a.txt 中只包含 5 个字符的行。

A．grep "?????"　a.txt   B．grep "......"　a.txt

C．grep "^?????$"　a.txt   D．grep "^.....$"　a.txt

3．简答题

（1）简述 Linux 文件系统的含义。

（2）简述在 Linux 操作系统中，文件名的命名规范。

第 5 章　Linux 操作系统管理

学习目标

- 掌握用户和用户组的概念和常用用户和用户组管理命令。
- 熟练运用软件包管理命令。
- 掌握文本编辑器的使用。
- 了解网络管理相关配置。

素养目标

- 由 Linux 操作系统的安全性理解保护数据隐私及个人隐私的重要性。
- 提升自身的网络安全意识，建构积极维护网络环境安全的社会责任感。

导学词条

- 用户所属的基础组也叫主组或私有组；用户所属的附加组也叫附属组或标准组。
- RAID（独立磁盘冗余阵列）：以多个独立磁盘并行读写、数据分块存储，并利用冗余信息容错的高可用海量信息存储装置。

5.1　用户与用户组管理

Linux 操作系统是多用户操作系统，系统管理员为所有进入系统的新用户分配账户。用户账户是用户的身份标识，系统依据账户来区分属于每个用户的文件、进程、任务，并为每个用户提供特定的工作环境。每个用户都归属于相应的用户组，方便系统管理，并且只能在所属组拥有的权限范围内进行操作，提升了系统的安全性。

5.1.1　用户和用户组

Linux 操作系统下的用户分为普通用户和超级用户（root 用户）。普通用户在系统中只能访问他们拥有的文件或者有权限执行的文件。超级用户也叫管理员，管理员对系统具有绝对的控制权，能够对普通用户和整个系统进行管理。因此从安全性的角度考虑，即使系统只有一个用户使用，也需要在管理员账户之外再建立一个普通用户的账户。

在 Linux 操作系统中，为了方便对用户的管理，用户组应运而生。用户组是具有相同属性用户的集合，系统管理员按照用户的属性组织和管理用户，把权限赋予某个用户组，则这个用户组中的用户便具有了相同的文件访问权限，有利于提高对用户的管理效率。用户组分为基础组和附加组，当创建一个新用户账户时，如果没有为该用户指定所属的基础组，系统便会建立一个与该用户同名的基础组，此时该基础组中只包含这个用户。每个用户都属于一个基础组，同时该用户还可以是其他多个组的成员，这些其他组称为该用户的附加组。

5.1.2　用户和用户组文件

用户账户信息和用户组账户信息分别存储在用户账户文件和用户组账户文件中，Linux 操作系统中的账户和密码文件有/etc/passwd 文件、/etc/shadow 文件、/etc/group 文件和/etc/gshadow 文件。

1．用户账户文件——/etc/passwd 文件

在 Linux 系统中，所创建的用户账户及其相关信息（密码除外）均放在/etc/passwd 配置文件中。可以使用“cat　/etc/passwd”命令浏览/etc/passwd 文件，/etc/passwd 文件的部分行的内容如图 5-1 所示。

```
[root@localhost ~]# cat /etc/passwd
root:x:0:0:root:/root:/bin/bash
bin:x:1:1:bin:/bin:/sbin/nologin
daemon:x:2:2:daemon:/sbin:/sbin/nologin
adm:x:3:4:adm:/var/adm:/sbin/nologin
lp:x:4:7:lp:/var/spool/lpd:/sbin/nologin
sync:x:5:0:sync:/sbin:/bin/sync
shutdown:x:6:0:shutdown:/sbin:/sbin/shutdown
halt:x:7:0:halt:/sbin:/sbin/halt
mail:x:8:12:mail:/var/spool/mail:/sbin/nologin
operator:x:11:0:operator:/root:/sbin/nologin
```

图 5-1　/etc/passwd 文件的部分行的内容

文件中的每一行均定义了一个用户账户，第一个用户是 root 用户；然后是一些系统用户，此类用户的 Shell 为/sbin/nologin，代表无本地登录权限；最后一部分是由系统管理员创建的普通账户。

/etc/passwd 文件中的每一行又划分为 7 个字段来定义用户账户的不同属性，各字段之间用“：”分隔，各字段的内容如下。

```
用户名：加密口令：UID：GID：用户的描述信息：主目录：命令解释器（登录 Shell）
```

/etc/passwd 文件中每一行各字段的含义见表 5-1，其中少数字段的内容可以为空，但仍需使用“：”进行占位来表示该字段。

表 5-1　/etc/passwd 文件中每一行各字段的含义

字段	说明
用户名	用户登录系统的账户名称，在系统中是唯一的
加密口令	用户口令，考虑到系统安全性，现在已经不使用该字段保存口令，而是用字母“x”来填充该字段，真正的密码保存在/etc/shadow 文件中
UID（用户标识）	用于唯一标识某用户的数字标识
GID（组标识）	用户所属基础组的编号，该数字对应 group 文件中的 GID

续表

字段	说明
用户的描述信息	可选，表示用户全名等描述性信息
主目录	用户的家目录，即用户登录后的默认目录
命令解释器（登录 Shell）	用户使用的 Shell，默认为“/bin/bash”

表 5-1 中的 UID 和 GID 分别是用户和用户组的数字标识符。root 用户的 UID 为 0，普通用户的 UID 为 1～999；普通用户的 UID 可以在创建时由管理员指定，如果不指定，用户的 UID 默认从 1000 开始按顺序编号。在 Linux 操作系统中，创建用户账户的同时也会创建一个与用户同名的用户组，该组是用户的基础组。基础组的 GID 默认也是从 1000 开始按顺序编号的。

2．用户密码文件——/etc/shadow 文件

由于所有用户对/etc/passwd 文件均有读取权限，为了提升系统的安全性，用户经过加密之后的口令都存放在/etc/shadow 文件中。/etc/shadow 文件只对 root 用户可读，因而大大提高了系统的安全性。/etc/shadow 文件的部分内容如图 5-2 所示。

```
root:$6$uZuwcAJE$Xeil0RhKpnCZSvcNXQKScJoqRgMWGAtggYTF.9Derq0AJqhDyoSlFZtuvKDGtmfqpT2tgF6KsM
R.CUK1vdkBd0:19614:0:99999:7:::
bin:*:18353:0:99999:7:::
daemon:*:18353:0:99999:7:::
student:$6$yrTJjrz8$Vx80jpLt2N3Y/olfJXSJLI8A4jahwF6IZyP5kcGqvWczGu.qLA0Zy35MM.MFW1y5hOM01bq
./L71AweMUZXA4/:19277:0:99999:7:::
mysql:!!:19435::::::
apache:!!:19443::::::
user1:!!:19651:0:99999:7:::
```

图 5-2　/etc/shadow 文件的部分内容

/etc/shadow 文件保存加密之后的口令及与口令相关的一系列信息，每个用户的信息在文件中占用一行，并且用“:”分隔为 9 个字段，每个字段的含义见表 5-2。

表 5-2　/etc/shadow 文件各字段的含义

字段	说明
用户名	用户登录系统的用户名
加密口令	“*”表示非登录用户，“!!”表示没设置密码
最后一次修改时间	从 1970 年 1 月 1 日起到用户最后一次修改口令的天数
修改口令最短时间间隔	从 1970 年 1 月 1 日起到用户可以修改口令的天数
有效口令最长时间间隔	从 1970 年 1 月 1 日起到用户必须修改口令的天数
警告时间	在口令过期之前提醒用户修改口令的天数
口令失效宽限天数	口令过期之后，多少天后用户账户被禁用
口令失效的具体时间	用户账户被禁用的日期
保留字段	未定义，用于功能扩展

根据表 5-2 中的字段说明，结合图 5-2 可以看出，user1 账户的修改口令最短时间间隔字段为 0，表示口令可以随时修改，有效口令最长时间间隔字段为 99999，表示口令永久生效。

3．用户组账户文件——/etc/group 文件

用户组的信息被存放在/etc/group 文件中，与用户账户文件类似，任何用户对该文件都有读取权限。可以使用 cat 命令浏览文件。/etc/group 文件的部分行如图 5-3 所示。

```
stapsys:x:157:
stapdev:x:158:
tcpdump:x:72:
student:x:1000:student
[root@localhost ~]# cat /etc/group
root:x:0:
bin:x:1:
daemon:x:2:
```

图 5-3　/etc/group 文件的部分行

每个组账户在/etc/group 文件中占用一行，第一个用户组是 root 组，GID 为 0，然后是系统用户组，最后是由系统管理员创建的普通用户组账户。/etc/group 文件中的每一行用“:”分隔为 4 个字段，各字段的内容如下，具体说明见表 5-3。

```
组名:组口令:GID:组成员列表
```

表 5-3　/etc/group 文件各字段说明

字段	说明
组名	该组的名称
组口令	组口令，用字母“x”填充
GID	组 ID
组成员列表	列出将该组作为附加组的成员，成员之间以“,”分隔

4．组密码文件——/etc/gshadow

/etc/gshadow 文件用于存放用户组的加密口令、组管理员等信息，该文件只有 root 用户有读取权限。/etc/gshadow 文件的部分行如图 5-4 所示。

```
root:::
bin:::
daemon:::
sys:::
adm:::
```

图 5-4　/etc/gshadow 文件的部分行

每个组账户在/etc/gshadow 文件中占用一行，并以“:”分隔为 4 个字段。各字段内容如下，具体说明见表 5-4。

```
组名:组口令:组管理员:组成员列表
```

表 5-4　/etc/gshadow 文件各字段说明

字段	说明
组名	该组的名称
组口令	组口令，"!"表示为空
组管理员	该组的管理员
组成员列表	列出将该组作为附加组的成员，成员之间以","分隔

5.1.3　用户管理

常见的用户管理包括切换用户、新建用户、修改用户、设置用户口令及删除用户等。

1．切换用户

① Linux 操作系统在图形界面菜单中提供了"切换用户"选项，如图 5-5 所示。切换用户可以让不同的用户登录系统。

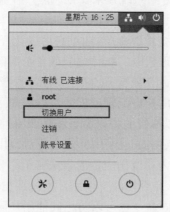

图 5-5　图形界面菜单的"切换用户"选项

② 在菜单中选择的方式适用于习惯使用图形界面的用户，一般 Linux 操作系统管理运维人员会通过切换用户命令实现用户的切换。

使用 su 命令可以切换用户。su 命令的语法格式如下。

```
su    [选项]    [用户名]
```

su 命令常见的选项为"-l 用户名"：表示在切换用户的同时，一并切换用户工作环境。

注意：如果使用 su 命令，该命令中的选项和用户名都是默认的，表示默认切换为 root 用户，但此时仍保留 root 用户的工作环境；如果使用 su-命令，则表示默认切换为 root 用户，并且同时切换 root 用户的工作环境。当从普通用户切换为其他用户时，需要验证用户的口令。

【例 5-1】　① 切换用户为 root 用户，工作环境不变，命令如下。

```
[test01@localhost ~]$ su
```

② 切换用户为 root 用户，工作环境发生相应改变，命令如下。

```
[root@localhost test01]# su -
```

③ 切换用户为 test01，并切换工作环境，命令如下。

```
[root@localhost ~]# su -l test01
[test01@localhost ~]$
```

以上命令的执行结果如图 5-6 所示。

图 5-6　切换用户

2．sudo 命令

在 Linux 操作系统管理中，经常需要使用 su 命令切换为管理员用户（即 root 用户）以登录到系统中，完成一些管理和维护工作，切换过程中必须输入管理员用户的账户密码。但是这样做会存在安全隐患，并给系统带来安全风险。所以，管理员可以创建一些普通用户，然后根据需要分配相应的管理权限给他们。

sudo 命令是 Linux 操作系统管理命令，通过它可以让普通用户在不需要知道管理员用户的账户密码的情况下获得管理权限，执行部分或者全部的 root 命令。

（1）root 用户使用 visudo 命令编辑 sudoers 文件，为普通用户授权

管理员用户如果要为普通用户分配管理权限，需要对可执行 sudo 命令的用户进行设置——将普通用户的名字、可以执行的特权命令和按照哪种用户或用户组的身份执行命令等信息登记在特殊的文件——/etc/sudoers 中，即完成对该用户的授权。

由于/etc/sudoers 文件中的内容遵循一定的语法规范，为防止语法错误，Linux 操作系统提供了 visudo 命令，使用该命令修改文件后，系统会在保存退出时对/etc/sudoers 文件的语法进行检查。此外，visudo 命令也可以防止其他用户同时修改/etc/sudoers 文件。

下面介绍 root 用户使用 visudo 命令编辑/etc/sudoers 文件，为普通用户授权的方法。

① root 用户使用 visudo 命令打开/etc/sudoers 文件的命令如下，执行结果如图 5-7 所示。

```
[root@localhost~]# visudo
```

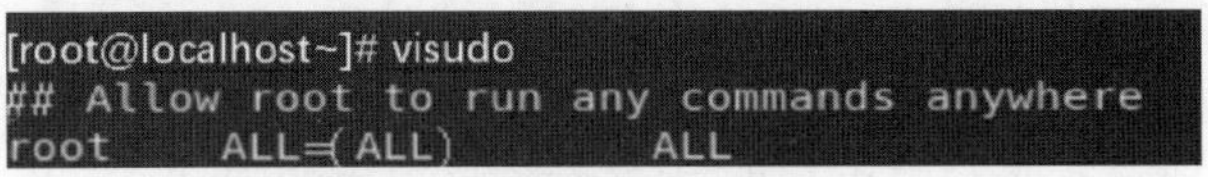

图 5-7　visudo 命令执行示例

② 在/etc/sudoers 文件中，找到图 5-7 中的两条语句：第一条语句是注释行，第二条语句是对 root 用户的权限设置，它的作用是使 root 用户能够在任意情境下执行任意命令。

所以，/etc/sudoers 文件中的所有权限设置语句都符合下面的基本格式。

```
用户名      主机名称 = (可切换的身份)   可执行的命令
```

以上格式中包含 4 个参数，每个参数的含义如下。

a．用户名：被授权的用户，root 用户默认可以使用 sudo 命令。

b．主机名称：指定用户可以在哪些主机上执行特权命令。

c．可切换的身份：指定用户以哪些用户身份执行特权命令。

d．可执行的命令：指定用户可以执行哪些命令。命令的路径应为绝对路径。

注意：图 5-7 所示的语句中的 ALL 是一个特殊的关键字，3 个 ALL 分别代表任意主机、任意身份和任意命令。

在一般情况下，reboot 命令只有 root 用户可以使用，如果让用户 test01 能以 root 用户的身份执行 reboot 命令，则应在/etc/sudoers 文件中添加以下内容。

```
test01  ALL=(root)  /sbin/reboot
```

保存退出后（参考 5.2 节），切换到用户 test01，使用 sudo -l 命令可查看该用户可以使用的特权命令，在这个过程中需要验证用户 test01 的口令，验证过程如图 5-8 所示。

```
[root@localhost~]# su -l test01
[test01@localhost~]$ sudo -l
```

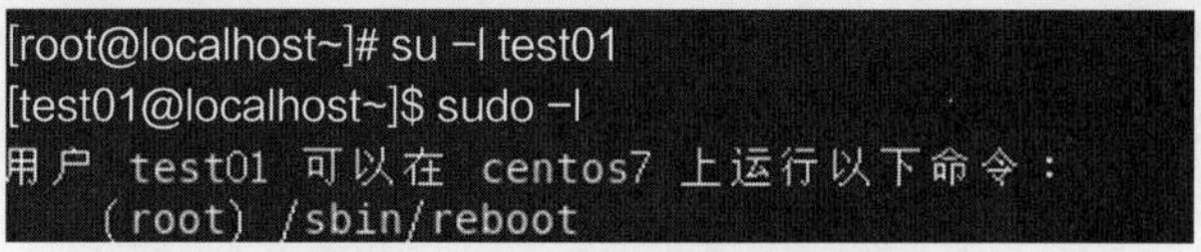

图 5-8　sudo 命令的验证过程

（2）root 用户使用 visudo 命令编辑/etc/sudoers 文件，为用户组授权

通过在配置文件中逐条添加配置信息为用户授权的方法在一定程度上保障了系统安全，但当需要授权的用户较多时，如此操作工作量比较大。所以，Linux 操作系统支持为用户组内的整组用户统一设置权限。

在/etc/sudoers 文件中有图 5-9 所示的语句，其中"%"声明之后的字符串是一个用户组，该语句表示任意加入用户组 wheel 的用户，都可以在任意主机上、以任意身份执行全部命令。因此，若想提升用户组 wheel 用户的权限为 ALL，将他们添加到用户组 wheel 中即可。

图 5-9　/etc/sudoers 文件中用户组 wheel 用户的权限

例如以用户组 testgroup 为例，若要使该组中的所有用户都能以 root 用户的身份执行/bin/more 命令和/bin/cat 命令查看/etc/shadow 文件，则应在/etc/sudoers 文件中添加以下内容。

```
%testgroup  ALL=(root)  /bin/more,/bin/cat
```

（3）普通用户使用 sudo 命令执行特权

在普通用户需要使用授权命令时，需要在命令前加上 sudo，此时 sudo 命令将会询问该用户自己的账户密码，以确认当前用户身份，输入口令后系统会将该命令的进程以 root 用户的权限运行。在之后的一段时间内（默认为 5 分钟，可在/etc/sudoers 文件中自定义），使用 sudo 命令不需要再次输入密码。

注意：在配置文件中添加权限设置语句时，其中可执行的命令需要写出完整路径，如/bin/more 命令，普通用户在执行命令时不需要写路径。

例如：testgroup 组中的用户 test02 能够使用特权命令 more 查看/etc/shadow 文件，执行结果如图 5-10 所示。

```
[test02@localhost~]$ sudo  more  /etc/shadow
```

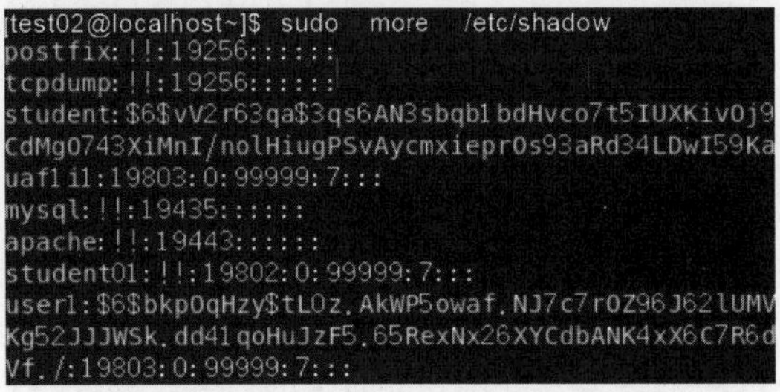

```
[test02@localhost~]$ sudo  more  /etc/shadow
postfix:!!:19256::::::
tcpdump:!!:19256::::::
student:$6$vV2r63qa$3qs6AN3sbqb1bdHvco7t5IUXKiv0j9
CdMg0743XiMnI/nolHiugPSvAycmxiepr0s93aRd34LDwI59Ka
uafl il:19803:0:99999:7:::
mysql:!!:19435::::::
apache:!!:19443::::::
student01:!!:19802:0:99999:7:::
user1:$6$bkp0qHzy$tL0z.AkWP5owaf.NJ7c7r0Z96J62lUMV
Kg52JJJWSk.dd41qoHuJzF5.65RexNx26XYCdbANK4xX6C7R6d
Vf./:19803:0:99999:7:::
```

图 5-10　more 命令执行示例

3. 新建用户

在系统中创建新用户可以使用 useradd 命令。useradd 命令的语法格式如下。

```
useradd  [选项]  用户名
```

useradd 命令常见的选项和功能如下。

① -u UID：指定用户的 UID，普通用户的 UID 大于 1000。

② -d 家目录：指定用户的家目录，默认为/home/用户名。

③ -g GID 或组名：指定用户所属基础组的 GID 或者基础组名称。

④ -G GID 或组名列表：指定用户所属附加组的 GID 或者附加组名称，多个组之间用逗号分隔。

⑤ -s shell：指定用户的登录 Shell，默认为/bin/bash。

⑥ -r：创建系统用户。

⑦ -e 日期：指定用户账户的过期日期，格式如 2022-12-31。

【例 5-2】 新建用户 wanglan，指定其 UID 为 1101，用户家目录为/home/wanglan，附加组为 root，用户的 Shell 为/bin/bash。命令如下，执行结果如图 5-11 所示。

```
[root@localhost ~]# useradd -u 1101 -d /home/wanglan -G root -s /bin/bash wanglan
[root@localhost ~]# tail -1 /etc/passwd
```

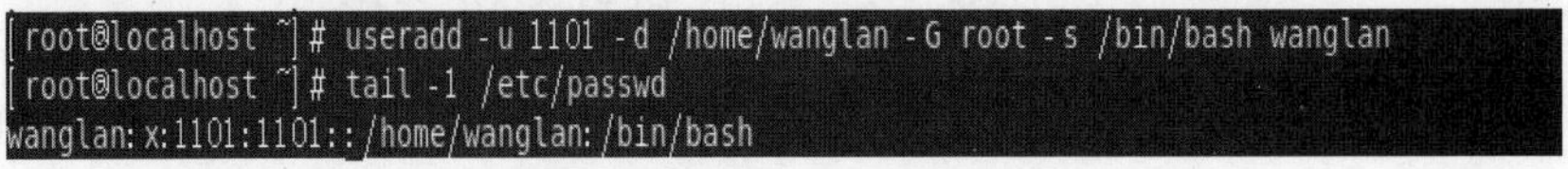

```
[root@localhost ~]# useradd -u 1101 -d /home/wanglan -G root -s /bin/bash wanglan
[root@localhost ~]# tail -1 /etc/passwd
wanglan:x:1101:1101::/home/wanglan:/bin/bash
```

图 5-11　useradd 命令执行示例

通过 useradd 命令创建的用户账户信息会被写入/etc/passwd 文件，在文件的最后一行可以看到用户 wanglan 账户的信息，其基础组的 GID 也为 1101，是因为在创建用户时，如果没有为用户指定基础组，系统会自动创建一个与用户同名的基础组，并将用户添加进去。

注意：如果新建的用户已经存在，那么在执行 useradd 命令时，系统会提示该用户已经存在。

4. 修改用户

可以使用 usermod 命令修改已有用户的属性，修改内容包括修改创建用户时指定的属性。usermod 命令的语法格式如下。

```
usermod  [选项]  用户名
```

usermod 命令常见的选项和 useradd 命令的选项相同。下面列出与 useradd 命令不同的 usermod 命令选项。

① -L 用户名：锁定用户账户。

② -U 用户名：解锁用户账户。

③ -l 新用户名：修改用户名，将原用户名改为新用户名。

【例 5-3】　修改用户 wanglan 的名称，将其改为 wangli，将 UID 设置为 1201。命令如下，执行结果如图 5-12 所示。

```
[root@localhost ~]# usermod  -u  1201  -l  wangli  wanglan
[root@localhost ~]# tail -1 /etc/passwd
```

```
[root@localhost ~]# usermod -u 1201 -l wangli wanglan
[root@localhost ~]# tail -1 /etc/passwd
wangli:x:1201:1101::/home/wanglan:/bin/bash
```

图 5-12　修改用户名

通过 usermod 命令修改的用户账户信息同样会被写入/etc/passwd 文件，在文件的最后一行可以看到用户名已经被改为 wangli，其 UID 被改为 1201，所属基础组仍然是 GID 为 1101 的 wanglan 用户组。

5．设置用户口令

passwd 命令用于设置或修改用户口令。

注意：root 用户可以为自己和其他用户设置或修改口令，而普通用户只能为自己修改口令，在为自己修改口令时，使用不带选项的命令，且省略用户名；只有 root 用户才可以使用带选项的命令。

passwd 命令的语法格式如下。

```
passwd  [选项]  [用户名]
```

passwd 命令的常用选项如下。

① -l 用户名：锁定用户账户。

② -u 用户名：解锁用户账户。

③ -d 用户名：删除用户口令。

④ -S 用户名：查询用户口令信息。

【例 5-4】　① root 用户修改自己的口令和用户 wangli 的口令，命令如下，执行结果如图 5-13 所示。

```
[root@localhost ~]# passwd
```

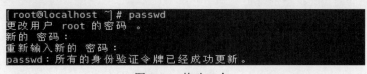

图 5-13　修改口令 1

当 root 用户为普通用户指定口令时，不需要输入原来的口令，命令如下，执行结果如图 5-14 所示。

```
[root@localhost ~]# passwd wangli
```

图 5-14　修改口令 2

② 切换用户为 wangli，修改自己的口令，命令如下，执行结果如图 5-15 所示。

```
[root@localhost ~]# su  -l  wangli
[wangli@localhost ~]# passwd
```

普通用户在修改口令时，passwd 命令会首先询问用户原来的口令，只有原来的口令验证通过才可以修改。为了保障系统安全，用户应选择由字母、数字和特殊符号组成的复杂口令，且口令长度应至少为 8 个字符。

图 5-15　修改口令 3

6．删除用户

userdel 命令用于从系统中删除用户，在删除用户的同时，与用户相关的文件和信息也会一并被删除。

userdel 命令的语法格式如下。

```
userdel  [选项]  用户名
```

userdel 命令的常用选项如下。

① -f 用户名：强制删除用户，即使该用户为当前用户。

② -r 用户名：删除用户时，一并删除用户的家目录。

7．显示用户的 ID 列表

id 命令用于显示一个用户的 UID 和 GID，以及用户所属的组列表。语法格式如下。

```
id  [选项]  用户名
```

【例 5-5】　查看 student 用户的 ID 信息，命令如下，执行结果如图 5-16 所示。

```
[root@localhost ~]# id student
```

图 5-16　查看 student 用户的 ID 信息

5.1.4　用户组管理

为了方便 Linux 操作系统对用户的管理，采用用户组这一概念，具有相同属性和权限的用户可以放在同一个用户组中。如果希望用户组中的所有用户对文件都拥有同一权限，管理员可以直接将该权限赋予这个用户组。

1．新建用户组

新建用户组的命令是 groupadd 命令。Linux 操作系统将用户组信息存储在/etc/group 文件中，新用户组创建成功后，该文件中将追加一条该用户组的记录。

groupadd 命令的语法格式如下。

```
groupadd [选项] 用户组名
```

groupadd 命令常见的选项和功能如下。

① -g GID：指定用户组的 GID，普通用户组的 GID 大于 1000。

② -r：新建系统用户组，系统用户组的 GID 取值范围为 1~999。

③ -o 用户组名：与-g GID 选项一起，为新建的用户组指定已经存在的 GID。

【例 5-6】　① 新建用户组 testgroup，不指定 GID，查看其信息。命令如下，执行结果如图 5-17 所示。

```
[root@localhost ~]# groupadd  testgroup
[root@localhost ~]# tail  -1  /etc/group
```

图 5-17　groupadd 命令执行示例 1

从结果可以看出，在使用 groupadd 命令新建普通用户组时，系统会默认为其分配 GID。

② 新建用户组 markgroup，指定该组的 GID 为 2000，并查看其信息。命令如下，执行结果如图 5-18 所示。

```
[root@localhost ~]# groupadd  -g  2000  markgroup
[root@localhost ~]# tail  -1  /etc/group
```

图 5-18　groupadd 命令执行示例 2

在新建用户时，如果没有为用户指定基础组，系统会自动为新用户创建一个与其同名的用户组。

【例 5-7】　新建用户 test01，查看其用户组信息，命令如下，执行结果如图 5-19 所示。

```
[root@localhost ~]# useradd test01
[root@localhost ~]# tail -1 /etc/group
```

```
[root@localhost ~]# useradd test01
[root@localhost ~]# tail -1 /etc/group
test01:x:2002:
```

图 5-19 新建用户 test01，查看其用户组信息

2. 修改用户组

修改已有用户组的属性可以使用 groupmod 命令，修改内容包括用户组的 GID、用户组名等属性。groupmod 命令的语法格式如下。

```
groupmod  [选项]  用户组名
```

groupmod 命令的常见选项如下。

① -g GID：修改用户组的 GID。

② -n 新组名：修改用户组的组名。

③ -o 用户组名：与-g GID 选项一起，为用户组指定已经存在的 GID。

【例 5-8】 修改用户组 markgroup 的名称，将其用户组名改为 salegroup，将 GID 修改为 1102，即允许使用 testgroup 用户组的 GID，并查看组信息。命令如下，执行结果如图 5-20 所示。

```
[root@localhost ~]# groupmod  -n  salegroup  markgroup
[root@localhost ~]# groupmod  -o  markgroup  -g  1102
[root@localhost ~]# tail  -5  /etc/group
```

```
[root@localhost ~]# groupmod -n salegroup markgroup
[root@localhost ~]# groupmod -o markgroup -g 1102
[root@localhost ~]# tail -5 /etc/group
apache:x:48:
wanglan:x:1101:
testgroup:x:1102:
test01:x:2002:
salegroup:x:1102:
```

图 5-20 groupmod 命令执行示例

3. 管理用户组

gpasswd 命令用于管理用户组和维护用户组成员。gpasswd 命令的语法格式如下。

```
gpasswd       [选项]       用户组名
```

gpasswd 命令常见的选项如下。

① - a 用户名：将用户作为附加组成员添加到用户组中。

② - d 用户名：从用户组中删除用户。

③ -A 用户名：设置用户为用户组管理员。

④ -M 用户名列表：将多个用户作为附加组成员同时添加到一个用户组。

【例 5-9】 ① 将 test01 用户作为附加组成员添加到用户组 testgroup 中，命令如下，执行结果如图 5-21 所示。

```
[root@localhost ~]# gpasswd  -a  test01  testgroup
[root@localhost ~]# id  test01
```

```
[root@localhost ~]# gpasswd -a test01 testgroup
正在将用户"test01"加入用户组"testgroup"
[root@localhost ~]# id test01
uid=2002(test01) gid=2002(test01) 组=2002(test01),1102(testgroup)
```

图 5-21 gpasswd 命令执行示例 1

② 将 test01 作为用户组 testgroup 的管理员。组管理员具有把其他用户添加到用户组中或者从用户组中删除用户的权限。命令如下，执行结果如图 5-22 所示。

```
[root@localhost ~]# gpasswd -A test01 testgroup
[root@localhost ~]# cat  /etc/gshadow  |grep  testgroup
```

```
[root@localhost ~]# gpasswd -A test01 testgroup
[root@localhost ~]# cat /etc/gshadow |grep testgroup
testgroup:!:test01:test01
```

图 5-22　gpasswd 命令执行示例 2

从图 5-22 中可以看出，test01 用户已经成为 testgroup 的管理员。

③ 将 test01、test02、test03、test04 用户添加到 testgroup 中，命令如下，执行结果如图 5-23 所示。

```
[root@localhost ~]# gpasswd -M test01,test02,test03,test04 testgroup
[root@localhost ~]# cat  /etc/gshadow  |  grep  testgroup
```

```
[root@localhost ~]# gpasswd -M test01,test02,test03,test04 testgroup
[root@localhost ~]# cat /etc/gshadow | grep testgroup
testgroup:!:test01:test01,test02,test03,test04
```

图 5-23　gpasswd 命令执行示例 3

4．切换用户组

如果一个用户同时属于多个用户组，当需要切换到其他用户组执行操作时，可使用 newgrp 命令切换用户组。对于普通用户来说，想要切换基础组，该组中必须有这个普通用户。

newgrp 命令的语法格式如下。

```
newgrp    用户组名
```

【例 5-10】　用户 test01 在家目录下创建文件 file1，然后将 test01 的工作组切换为用户组 testgroup，在家目录下创建文件 file2，查看两个文件的详细信息，命令如下，执行结果如图 5-24 所示。

```
[test01@localhost ~]$ touch file1
[test01@localhost ~]$ newgrp testgroup
[test01@localhost ~]$ touch file2
[test01@localhost ~]$ ll
```

```
[test01@localhost ~]$ touch file1
[test01@localhost ~]$ newgrp testgroup
[test01@localhost ~]$ touch file2
[test01@localhost ~]$ ll
总用量 0
-rw-rw-r--. 1 test01 test01    0 10月 28 16:35 file1
-rw-r--r--. 1 test01 testgroup 0 10月 28 16:35 file2
```

图 5-24　newgrp 命令执行示例

从命令执行结果中可以看出，在切换用户组之前，用户 test01 创建的 file1 文件的所属组是 test01，因为 test01 是用户组 testgroup 的成员，完成用户组切换后，创建 file2 文件的所属组已经变为 testgroup。

5．删除用户组

可以使用 groupdel 命令删除已有用户组。需要注意的是，如果用户将该用户组作为基础组，则该用户组不能被删除。groupdel 命令的语法格式如下。

```
groupdel    用户组名
```

【例 5-11】 新建用户组 staff，该用户组内没有任何基本用户，然后删除该用户组，命令如下。

```
[root@localhost ~]# groupadd  staff
[root@localhost ~]# groupdel  staff
```

5.2 文本编辑器

5.2.1 Linux 文本编辑器

在 Linux 操作系统的使用过程中，用户在编写程序、配置系统环境、建立文本文件时都要用到文本编辑器。UNIX 提供了一系列文本编辑器，包括 Edit 和 Vi，而 Vi 作为标准的全屏幕文本编辑器，存在于 Linux 的大部分发行版本中。Vi 的原意是 visual，它的常用命令都仅使用简单的字符，完全使用键盘命令进行编辑，是一个快速反应的编辑程序，即可以立刻看到操作结果。

Vim 是 Vi 的改进版本 Vi improved 的简称。Vim 文本编辑器（以下简称为"Vim"）具有编辑程序的能力，由于其具有强大灵活的可配置性，各种插件、配色方案等资源极其丰富，很多程序员也将其打造为首选代码编辑器。对于时下各种热门的编程语言，Vim 大多支持。

实际上，现在的 UNIX/Linux 操作系统上默认安装的 Vi 已经都是 Vim，由于 Vim 对传统文本编辑器 Vi 的全面兼容，所以人们还是习惯性地称之为 Vi。

5.2.2 Vim 的启动

在系统提示符下输入命令"vim 文件名"，可以直接新建或打开文件。

1．新建文本文件

新建文本文件的命令如下，执行结果如图 5-25 所示。

```
[root@localhost ~]# vim hello
```

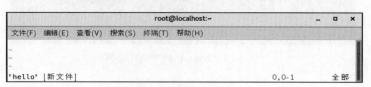

图 5-25　新建文本文件

其中,"hello"是新文件名,Vim 会自动创建该文件,内容为空;光标默认在屏幕上窗口中的第一行处闪烁,每行的开头都有一个"～"符号,表示空行;窗口左下角显示"[新文件]"表示该文件此时在缓冲区工作,并没有存盘,所以可以通过此操作判断当前是否正在编辑一个不存在的文件。

2．打开文本文件

打开文本文件的命令如下,执行结果如图 5-26 所示。

```
[root@localhost ~]# vim hello
```

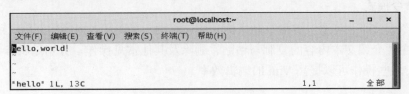

图 5-26　打开文本文件

因为指定的文件"hello"已在系统中存在,Vim 把文件副本读入编辑缓冲区,所有编辑操作都是在这个文件副本上进行的。此时 Vim 直接在屏幕上显示该文件的内容;光标停在第一行行首;最后显示状态行信息,包括正在编辑的文件的文件名"hello"、行数"1L"和字符个数"13C"。

5.2.3　Vim 的 3 种工作模式

Vim 的工作模式分为 3 种,即命令模式、插入模式和底行模式,这 3 种工作模式之间可以进行转换。

1．3 种工作模式间的转换

Vim 的 3 种工作模式间的转换如图 5-27 所示。

2．命令模式与插入模式之间的转换

使用 Vim 打开文件后,便默认进入了命令模式,直接输入字母"i"或"o"或"a"即可进入插入模式,如图 5-28 所示。在插入模式下可以对文本进行编辑,编辑完成后可以按"Esc"键退出插入模式,返回命令模式。

图 5-27　Vim 的 3 种工作模式间的转换

图 5-28　插入模式

3．命令模式与底行模式之间的转换

在命令模式下输入字符":"或"/",可进入底行模式,如图 5-29 所示。连按两次"Esc"键,可以清空底行,从底行模式返回命令模式。

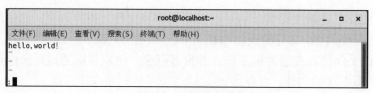

图 5-29　底行模式

掌握了 3 种工作模式之间的转换后，接下来学习在每种工作模式下对文本的具体操作。

1．命令模式

在命令模式下，可通过键盘控制鼠标光标的移动，实现文本内容的复制、粘贴、删除等。下面主要介绍文本内容的复制与粘贴、删除及其他常见操作，分别见表 5-5、表 5-6 和表 5-7，这些操作可以提高 Vim 的编辑效率。

表 5-5　文本内容的复制与粘贴操作

操作符	说明
yy	复制光标当前所在行
n+yy	复制包括光标所在行及光标所在行之后的 n 行内容，n 为整数，不用输入+
y+e	从光标所在位置开始复制到当前单词的结尾
y+$	从光标所在位置开始复制到当前行的结尾
y+{	从文本内容的开始复制到光标所在位置
p	将复制的内容粘贴到光标所在位置

表 5-6　文本内容的删除操作

操作符	说明
x	删除光标所在的单个字符
dd	删除光标所在的当前行
n+dd	删除包括光标所在行及光标所在行的后边 n 行，n 为整数，不用输入+
d+$	删除从光标位置到当前行尾的内容
d+{	删除从文本内容的开始到光标所在位置的内容

表 5-7　其他常见操作

操作符	说明
u	撤销命令
.	重复执行上一次执行的命令
Shift+j	合并两行内容
r+字符	快速替换光标所在字符

2. 插入模式

只有在插入模式下，才能对文本进行编辑操作，此模式下的操作与 Windows 操作系统中记事本的操作类似。

3. 底行模式

在底行模式下，可以对文本文件进行查找、设置，保存、退出 Vim 操作，分别见表 5-8 和表 5-9。

表 5-8　查找、设置操作

操作符	说明
:set nu	设置行号，仅对本次操作有效
:set nonu	取消行号，仅对本次操作有效
:n	使光标移动到第 n 行
:/xx	在文件中查找 "xx"，若查找结果不为空，则可以使用 "n" 查找下一个

表 5-9　保存、退出 Vim 操作

操作符	说明
:q	直接退出 Vim，一般用于未对文件进行修改的情况
:w	保存编辑后的文件内容
:wq	保存对文件的修改并退出 Vim
:q!	强行退出 Vim，不保存对文件的修改
:w!	对于没有修改权限的用户强行保存对文件的修改，并且修改后文件的所有者和所属组都发生了相应的变化
:wq!	强行保存文件并退出 Vim

5.3　软件包管理

在 Linux 操作系统中也需要使用各种应用程序，这些应用程序被称为软件包。Linux 操作系统利用各种软件包管理工具对软件包进行管理，对软件包的管理包括软件包的安装、查询、更新、删除等操作。常用的软件包管理工具有 RPM（Red Hat 包管理器）、YUM、TAR。

5.3.1　RPM 软件包管理工具

1. RPM 软件包

（1）RPM 简介

在 Red Hat Linux 下，标准软件包是通过 RPM 进行管理的。RPM 是 Red Hat Linux 系统

提供的一种软件包封装格式，以 ".rpm" 结尾的软件包可以通过 RPM 命令直接在 CentOS 7 上安装和运行。

（2）软件包的依赖关系

在软件包的安装过程中，如果不需要其他软件包的支持，能够独立安装，则该软件包可以被称为独立软件包。但在许多软件包的安装过程中都需要其他底层软件包的支持，如函数库或网络协议的支持等，这就是底层软件包形成的依赖关系，而软件包的具体依赖关系信息则存储在 RPM 文件中。

（3）RPM 软件包的命名规则

RPM 软件包的命名格式如下。

```
软件名称-版本号-修订号.产品类型.硬件平台.rpm
```

其中常见的产品类型如下。

① el7：表示操作系统的发行版本 centos7/redhat7。

② el6：表示操作系统的发行版本 centos6/redhat6。

常见的硬件平台如下。

① x86_64：表示当前软件包适用于 Intel x86 计算机平台。

② Noarch：表示当前软件包适用于任意平台。

以 openssl-1.0.2k-19.el7.x86_64 为例，该软件包的名称为 openssl，版本号为 1.0.2k，修订号为 19，产品类型为 el7，硬件平台为 Intel x86 计算机平台。

（4）RPM 软件包的获取

① 在安装 CentOS 7 的系统光盘中会有 RPM 软件包的目录，在 "Packages/" 目录中获取它们的命令如下，执行结果如图 5-30 所示。

```
[root@localhost mnt]# ls  Packages/
```

图 5-30　获取 RPM 软件包

② 使用 yum 命令可以从镜像站点获取 PRM 软件包；或者从本地 YUM 源获取挂载后的系统光盘中的 RPM 软件包，这种情况将在 5.3.2 节中进行具体介绍。

2．rpm 命令

在 Linux 操作中，可以使用 rpm 命令来管理各种 RPM 软件包。rpm 命令的特点是使用简单，但是在解决软件包的依赖关系问题方面不具优势。大部分情况下，在安装软件包时，不仅需要查找该软件包的依赖关系，并下载其依赖的相关软件，还必须按照特定的顺序进行安装，比较烦琐，所以 rpm 命令一般应用于独立软件包的操作。

基于 rpm 命令的不同选项，有 5 种基本操作，即安装、删除/卸载、查询、升级和验证。rpm 命令的语法格式如下。

```
rpm    [选项]    软件包名
```

① 安装：使用选项-ivh，注意要保证 rpm 命令中的软件包名完整。选项说明如下。

a．-i：Install，表示软件包安装。

b．-v：Verbose，表示在软件包的安装过程中显示详细的安装信息。

c．-h：Horizontal，显示软件包安装的水平进度条。

【例 5-12】　安装 vsftpd 服务器软件，进入系统光盘挂载目录，在"Packages/"目录中输入 rpm -ivh vsftpd，软件包文件名通过按下"Tab"键进行补全，命令如下。

```
[root@localhost ~]# mount    /dev/sr0      /mnt
[root@localhost ~]# cd    /mnt/Packages/
[root@localhost Packages]# rpm   -ivh    vsftpd-3.0.2-27.el7.x86_64.rpm
```

② 删除/卸载：使用选项-e，注意在删除软件包时，可不写软件包的完整名称。

【例 5-13】　使用 rpm 命令卸载 vsftpd 服务器软件，命令如下。

```
[root@localhost Packages]# rpm   -e    vsftpd
```

③ 查询。常用的查询选项如下。

a．-qa：表示查询系统中所有已经安装的 RPM 软件包。

b．-q <RPM 软件包名称>：查询指定的软件包系统是否已经安装，可不写软件包的完整名称。

【例 5-14】　结合管道符号查询系统中是否已经安装有关 httpd 的软件包。如果已经安装相关软件包，会查询出相应的结果；如果未安装相关软件包，则不会显示结果。命令如下，执行结果如图 5-31 所示。

```
[root@localhost Packages]# rpm -qa  | grep httpd
```

图 5-31　查询系统中是否已经安装有关 httpd 的软件包

④升级：使用选项-Uvh，升级已有的软件包，如不存在，则重新安装该软件包。注意保证命令中的软件包名称完整。

【例 5-15】　使用升级的方式安装 vsftpd 软件包，同样能够实现软件包的安装。命令如下，执行结果如图 5-32 所示。

```
[root@localhost Packages]# rpm   -Uvh   vsftpd-3.0.2-27.el7.x86_64.rpm
```

图 5-32　安装 vsftpd 软件包

查看升级后的 vsftpd 软件包的命令如下，执行结果如图 5-33 所示。

```
[root@localhost Packages]# rpm  -qa  | grep vsftpd
```

图 5-33 查看升级后的 vsftpd 软件包

⑤ 验证。使用选项-V，可以验证软件包中的文件是否和安装的文件一致。注意在验证软件包时，可不写软件包的完整名称。软件包验证成功后一般没有提示，命令如下。

```
[root@localhost Packages]# rpm  -V  vsftpd
```

5.3.2 YUM 软件包管理工具

1. YUM 概述

（1）YUM 的含义

YUM 是一个在 Red Hat Linux 系列操作系统中能够对软件包进行管理的工具。它仍基于对 RPM 软件包的管理，与 RPM 软件包管理工具相比，它最大的优点如下。

① 能够从互联网上的服务器或站点自动下载 RPM 软件包进行安装，并构建软件的更新机制。

② 可以自动处理软件包之间的依赖关系，一次安装或删除所有依赖的 RPM 软件包。

（2）YUM 源

YUM 源也称为 YUM 软件管理仓库，其提供软件包的方式有两种，即本地提供和通过网络提供（通过 FTP 服务或 HTTP 服务）。如果系统能够连接互联网，通过网络使用 yum 命令安装软件非常方便；如果系统无法连接互联网，也可以配置本地 YUM 源，即使用系统自带的 CentOS 7 光盘的 RPM 包作为 YUM 源。

（3）YUM 的配置文件

YUM 作为软件包管理工具，需要依赖系统创建的配置文件作为操作规范，在系统安装完成后，默认创建的 YUM 的配置文件如下。

① 基本配置文件：/etc/yum.conf。

该文件包含全局配置信息、用于定义提供软件包的服务器信息等。

② 日志文件：/var/log/yum.log。

该文件用于存放使用 yum 命令安装软件的信息。

③ 软件源配置文件：/etc/yum.repos.d/*.repo。

在/etc/yum.repos.d 目录下，有多个以.repo 结尾的文件，均是软件源的配置文件，如图 5-34 所示。

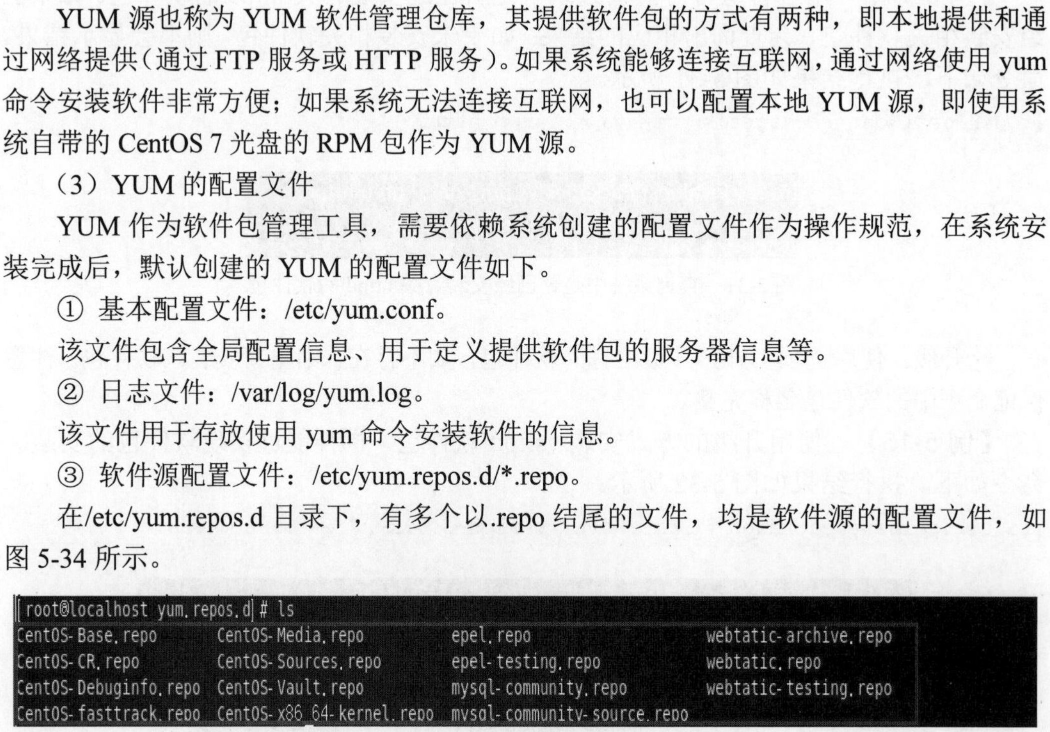

图 5-34 软件源配置文件

例如，CentOS-Base 是连接网络后的基础源；CentOS-Media.repo 是使用光盘挂载后调用的文件；CentOS-Vault.repo 是在新版本中加入的老版本的 YUM 源配置文件。下面的命令可以查看 CentOS-Base.repo 文件的内容，执行结果如图 5-35 所示。

```
[root@localhost yum.repos.d]# cat CentOS-Base.repo
```

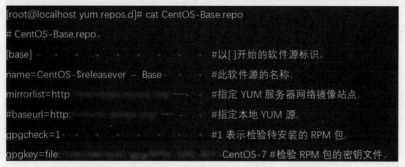

图 5-35　查看 CentOS-Base.repo 文件的内容

在系统能够获取网络资源的情况下，可以不用修改上述配置文件，使用 yum 命令时系统会直接调用相关的配置文件。

2．配置本地 YUM 源

前面已经介绍过 YUM 的特点和优势，使用 yum 命令可以非常便捷地安装 RPM 软件包。但如果系统不能连接互联网，yum 命令会报错，所以需要配置本地 YUM 软件源。使用的 CentOS 7 系统的 ISO 镜像文件集成了很多软件包，可以加载该 ISO 镜像光盘文件，并将其配置为本地 YUM 软件源。

（1）查看光驱挂载情况

查看光驱挂载情况的命令如下，执行结果如图 5-36 所示。

```
[root@localhost ~]# df    -h
```

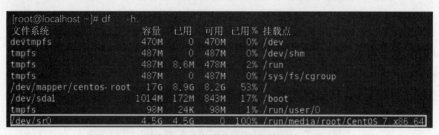

图 5-36　查看光驱挂载情况

（2）将光驱设备重新挂载

将光驱设备重新挂载的命令如下。

```
[root@localhost ~]# mount    /dev/sr0 /mnt
```

3．配置本地 YUM 软件源

（1）备份/etc/repos.d/*.repo 文件

备份/etc/repos.d/*.repo 文件的命令如下，执行结果如图 5-37 所示。

```
[root@localhost ~]# cd   /etc/yum.repos.d/
[root@localhost yum.repos.d]# mkdir    bak
[root@localhost yum.repos.d]# mv    *.repo       bak
[root@localhost yum.repos.d]# ls
```

图 5-37　备份/etc/repos.d/*.repo 文件

从上面的执行结果可以看出，已经对所有的 repo 文件进行了备份。

（2）创建 repo 配置文件——local.repo

创建 repo 配置文件的命令如下。

```
[root@localhost yum.repos.d]# vim    local.repo
```

（3）输入并查看配置语句

输入并查看配置语句的命令如下，执行结果如图 5-38 所示。

```
[root@localhost yum.repos.d]# cat    local.repo
```

图 5-38　输入并查看配置语句

（4）清除缓存

清除缓存的命令如下，执行结果如图 5-39 所示。

```
[root@localhost yum.repos.d]# yum   clean   all
```

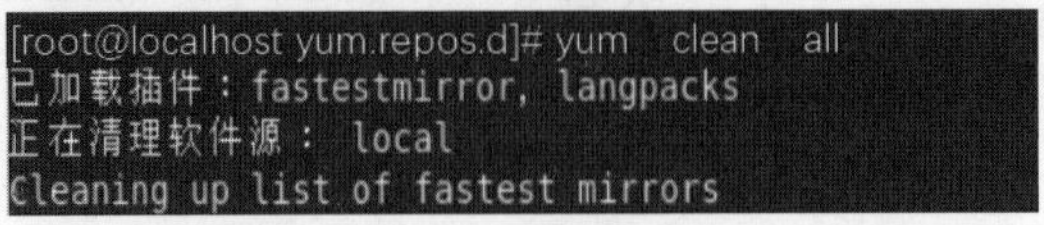

图 5-39　清除缓存

（5）在本地创建 YUM 源缓存

在本地创建 YUM 源缓存的命令如下，执行结果如图 5-40 所示。

```
[root@localhost yum.repos.d]# yum    makecache
```

```
[root@localhost yum.repos.d]# yum    makecache
已加载插件：fastestmirror, langpacks
Determining fastest mirrors
local                                          | 3.6 kB  00:00:00
(1/4): local/group_gz                          | 153 kB  00:00:00
(2/4): local/filelists_db                      | 3.3 MB  00:00:00
(3/4): local/primary_db                        | 3.3 MB  00:00:00
(4/4): local/other_db                          | 1.3 MB  00:00:00
元数据缓存已建立
```

图 5-40　在本地创建 YUM 源缓存

（6）测试 YUM 源是否配置成功

测试 YUM 源是否配置成功的命令如下，执行结果如图 5-41 所示。

```
[root@localhost yum.repos.d]# yum    repolist    all
```

图 5-41　测试 YUM 源是否配置成功

从结果可以看到，本地 YUM 源配置成功，使用了系统 ISO 镜像文件作为软件包的安装来源。

4．yum 命令

YUM 软件包管理工具主要是通过 yum 命令来实现对软件的查询、安装、更新、卸载等操作。yum 命令的语法格式如下。

```
yum  [选项]  命令  软件包名
```

其中常用的选项如下。

① -y：在安装过程中全部问题的回答默认为 yes。

② -q：不显示安装过程，静默执行。

（1）查询

① 查询所有软件源的命令如下。

```
yum  repolist  all
```

查询可用软件源的命令如下。

```
yum  repolist  enabled
```

② 查询指定软件包的安装情况的命令如下。

```
yum  list  软件包名
```

【例 5-16】　查询是否已经安装 httpd 软件包。通过 yum 命令查询，执行结果如图 5-42 所示。

```
[root@localhost yum.repos.d]# yum  list  httpd
```

图 5-42 查询是否已经安装 httpd 软件包 1

通过 rpm 命令查询，执行结果如图 5-43 所示。

```
[root@localhost yum.repos.d]# rpm -qa | grep  httpd
```

图 5-43 查询是否已经安装 httpd 软件包 2

③ 查询指定软件包的详细信息命令如下。

```
yum info  软件包名
```

【例 5-17】 查询未安装的数据库软件包 MariaDB 的详细信息。

命令如下，执行结果（部分）如图 5-44 所示。

```
[root@localhost yum.repos.d]# yum  info  mariadb
```

图 5-44 查询未安装的数据库软件包 MariaDB 的详细信息

（2）安装

在软件包的安装过程中，install 命令会自动处理软件包之间的依赖关系，下载依赖包和软件包，并完成软件包的安装。

【例 5-18】 使用本地 YUM 源，安装数据库服务器软件包 MariaDB-Server，使用选项-y 对安装过程中的询问默认采取 yes 操作。

命令如下，执行结果（部分）如图 5-45 所示。

```
[root@localhost ~]# yum -y  install  mariadb-server
```

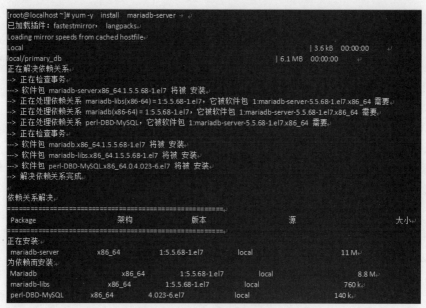

图 5-45　安装 MariaDB-Server

（3）更新

① 查找可更新的软件命令如下。

```
yum check-update
```

② 更新指定的软件包的命令如下。

```
yum  update  软件包名
```

（4）删除

使用 remove 命令，在软件包的删除过程中会自动处理软件之间的依赖关系，及时删除依赖包和软件包。

【例 5-19】　删除指定的软件包 MariaDB-Server，命令如下。

```
[root@localhost ~]# yum remove mariadb-server
```

5.3.3　TAR 软件包管理工具

1．TAR 软件包介绍

TAR 是早期 Tape Archive（磁带存档）的简称，它出现在还没有软盘驱动器、硬盘和光盘驱动器的计算机早期发展阶段。目前，许多用于 Linux 操作系统的软件均被打包成文件名以.tar 结尾的 TAR 软件包形式，而 TAR 软件包管理工具则主要通过 tar 命令来对文件进行打包存档或者对文件包进行恢复操作。

虽然可以通过 RPM 或者 YUM 软件包管理工具对 RPM 软件包进行安装，但不是所有软件都会发布 RPM 安装包，TAR 软件包在红帽 Linux 中主要用于安装第三方软件。下面就对 TAR 的常用命令进行介绍。

2．tar 命令

tar 命令的基本格式如下。

```
tar    [选项]    软件包名    源文件或目录名
```

其中，TAR 软件包名的后缀通常为".tar"".tar.gz"".tar.bz2"。

① .tar：表示普通的、非压缩的文件包。

② .tar.gz：表示.tar 文件包继续通过 gzip 工具压缩后的文件包。

③ .tar.bz2：表示.tar 文件包继续通过 bz2 工具压缩后的文件包。

注意：tar 命令本身只进行打包、解包操作，并不进行压缩、解压缩操作，结合相应的选项（见表 5-10）在 TAR 软件包的基础上能够实现压缩或解压缩的效果。

表 5-10　tar 命令的常用选项

选项	说明
-c	创建 TAR 软件包
-x	从 TAR 包中释放文件
-z	处理用 gzip 工具压缩的文件
-j	处理用 bz 工具或 bz2 工具压缩的文件
-v	显示打包存档的过程信息
-f	指定 TAR 软件包名，这个选项通常是必选的
-t	查看 TAR 软件包的内容
-C	指定 TAR 软件包解压释放的目录路径

按照 tar 命令实现的功能，对表 5-10 中的选项进行组合，可分为以下 3 组。

（1）打包命令

打包命令的参数说明如下。

① tar -cvf：打包。

② tar -zcvf：打包并压缩（包后缀为.tar.gz）。

③ tar -jcvf：打包并压缩（包后缀为.tar.bz2）。

（2）解包命令

解包命令的参数说明如下。

① tar -xvf：解包。

② tar -zxvf：解包并解压缩（包后缀为.tar.gz）。

③ tar -jxvf：解包并解压缩（包后缀为.tar.bz2）。

（3）查看包命令

查看包命令的参数说明如下。

① tar -tvf：查看包。

② tar -ztvf：查看压缩包（包后缀为.tar.gz）。

③ tar -jtvf：查看压缩包（包后缀为.tar.bz2）。

【例 5-20】　① 对 s1 用户的家目录进行打包，包名为 s1.tar，命令如下。

```
[root@localhost home]# tar  -cvf   s1.tar   s1
```

② 对 s1 用户的家目录进行打包并压缩，包名为 s1.tar.gz，命令如下。

```
[root@localhost home]# tar  -zcvf   s1.tar.gz   s1
```

③ 对当前目录下的文件 test1.txt 和 test2.txt 进行打包并压缩，包名为 test.tar.bz2，命令如下。

```
[root@localhost home]# tar  -jcvf  test.tar.bz2   test1.txt   test2.txt
```

④ 查看 TAR 软件包和压缩包内容，命令如下。

```
[root@localhost home]# tar  -tvf    s1.tar
[root@localhost home]# tar  -ztvf   s1.tar.gz
[root@localhost home]# tar  -jtvf   test.tar.bz2
```

⑤ 将 TAR 软件包和压缩包解包至/tmp 目录下，命令如下。

```
[root@localhost home]# tar  -xvf   s1.tar    -C        /tmp
[root@localhost home]# tar  -zxvf  s1.tar.gz    -C     /tmp
[root@localhost home]# tar  -jxvf  test.tar.bz2   -C   /tmp
```

5.3.4　ZIP 软件包管理

1. ZIP 软件包

扩展名为.zip 的文件是 Windows 操作系统中常见的压缩文件，在 Linux 操作系统中也可以使用 zip 命令对文档进行压缩及解压缩操作。

首先查看在系统中是否安装了能够对 zip 文档进行操作的命令包，命令如下，执行结果如图 5-46 所示。

```
[root@localhost ~]# rpm  -qa |  grep zip
```

```
[root@localhost ~]# rpm  -qa |  grep zip
zip-3.0-11.el7.x86_64                    #压缩命令包
unzip-6.0-21.el7.x86_64                  #解压缩命令包
```

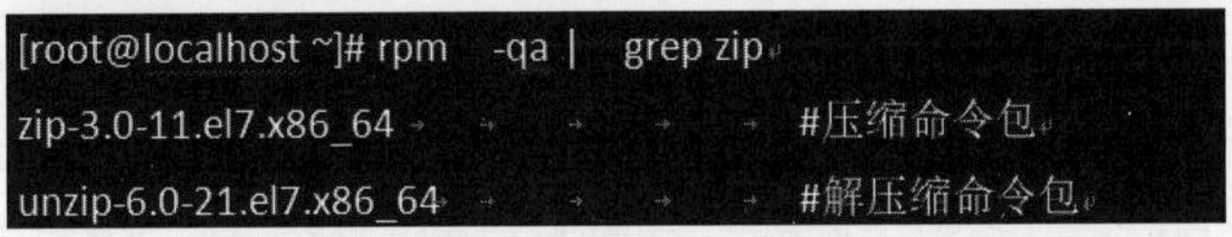

图 5-46　显示系统中默认安装对 zip 文档进行操作的命令包

从结果中可以看出，在 CentOS 7 系统中默认安装了对 zip 文档进行操作的命令包。

2. zip 命令

① 压缩文档的命令的语法格式如下。

```
zip -r filename.zip    filesdir
```

其中常用的选项如下。

a. -r：表示包含所有 filesdir 目录中的文件及其子目录中的文件。

b. filename.zip：表示用户要创建的压缩文件命名。

c. filesdir：表示将要被压缩的文件的目录。

② 解压缩文档的命令的语法格式如下。

```
unzip filename.zip
```

5.4 问题与思考

① 保障 Linux 操作系统的安全性与保护数据隐私和个人隐私之间的关系是什么？

首先，保障 Linux 操作系统的安全性是保护数据隐私和个人隐私的基础。只有操作系统本身足够安全，才能有效地阻拦未经授权的访问和防御攻击，从而保障数据的机密性、完整性和可用性。其次，数据隐私和个人隐私的保护需要依赖具体的安全措施和技术手段，如加密技术、访问控制、数据备份等。最后，用户在使用 Linux 操作系统时需要注意隐私设置和安全通信等方面的问题，以避免个人信息泄露或被滥用。

② 在使用 Linux 操作系统的过程中如何树立网络安全意识？

Linux 操作系统提供了强大的安全保障机制和安全保障工具，而树立网络安全意识则有助于用户更好地利用这些机制和工具来保护系统和数据的安全。

例如，Linux 操作系统的管理员需要根据实际需求合理分配系统权限，遵循最小权限原则，即只赋予用户完成任务所必需的最小权限，这有助于减少潜在的安全风险。同时，Linux 操作系统的管理员还需要定期审查和更新用户账户，禁用不再需要的账户，以阻拦未经授权的访问。

Linux 操作系统需要定期更新和升级，以修复已知的安全漏洞。此外，Linux 操作系统的管理员还需要定期备份系统数据，以保障在 Linux 操作系统遭受攻击或出现故障时能够迅速恢复。

Linux 操作系统提供了丰富的日志记录和审计功能，Linux 操作系统的管理员可以利用这些功能监控系统运行状态和网络安全事件。

5.5 本章小结

本章主要对 Linux 操作系统的管理进行了介绍，包括用户、用户组、用户文件和用户组文件的基本概念，对用户和用户组的管理操作，以及使用文本编辑器工具对文本的管理操作；在软件包管理中讲述了 RPM 软件包管理工具、YUM 软件包管理工具、TAR 软件包管理工具的使用，最后介绍了对 ZIP 软件包的压缩和解压缩管理。

5.6 本章习题

1. 填空题

（1）Linux 操作系统是＿＿＿＿＿操作系统，系统管理员为所有进入系统的新用户分配账户。

（2）Linux 操作系统下的用户分为＿＿＿＿＿用户和＿＿＿＿＿用户。

（3）每个用户都会属于一个＿＿＿＿＿，还可以是其他多个用户组的成员，这些其他组被称为该用户的＿＿＿＿＿。

（4）在 Linux 操作系统中，所创建的用户账户及其相关信息（密码除外）均放在

_____配置文件中。

（5）root 用户的 UID 为_____，普通用户的 UID 可以在创建时由管理员指定，如果不指定，用户的 UID 默认从_____开始按顺序编号。

（6）由于所有用户对/etc/passwd 文件均有读取权限，为了提升系统的安全性，用户经过加密之后的口令都存放在_____文件中。

（7）用户组的信息存放在_____文件中，_____文件用于存放用户组的加密口令、组管理员等信息。

（8）如果使用 su -命令，则表示默认切换为 root 用户，并且同时切换 root 用户的_____。

（9）_____是 Linux 操作系统管理指令，通过它可以让普通用户在不需要知道管理员用户账户密码的情况下即可获得管理权限，执行部分或者全部的 Root 命令。

（10）Vim 的工作模式分为 3 种，即_____、_____和_____，这 3 种工作模式之间可以进行转换。

2．选择题

（1）（　　）目录用于存放用户的账户信息。

A．/etc　　　　　　　B．/var　　　　　　　C．/dev　　　　　　　D．/boot

（2）创建一个系统用户 user01，用户 ID 是 101，基础组 ID 是 1001，附加组 ID 是 2001，默认用户家目录，正确的命令是（　　）。

A．useradd -u:101 -g:2001 -G:1001 user01

B．useradd -u=101 -g=2001 -G=1001 user01

C．useradd -u 101 -g 1001 -G 2001 user01

D．useradd -u 101 -g 1001 -G=2001 user01

（3）将用户 stu001 的用户名改为 liming，并将 UID 修改为 1201，正确的命令是（　　）。

A．usermod -u=1201 -l=liming stu001

B．usermod -u 1201 -l liming stu001

C．usermod -u=1201 -l=stu100 liming

D．usermod -u 1201 -l stu100 liming

（4）（　　）文件存放了用户组管理员的信息。

A．/etc/passwd 文件　　　　　　　　　　B．/etc/shadow 文件

C．/etc/gshadow 文件　　　　　　　　　　D．/etc/group 文件

（5）（　　）命令可以在删除一个用户的同时删除该用户的主目录。

A．rmuser -r　　　　B．userdel -r　　　　C．deluser -r　　　　D．useradd -r

（6）使用 Vim 打开文件后，默认进入（　　）模式，直接键入字母"i"或"o"或"a"即可进入（　　）模式。

A．插入模式　底行模式　　　　　　　　B．命令模式　插入模式

C．插入模式　命令模式　　　　　　　　D．底行模式　命令模式

（7）通过/etc/group 文件中的一行 students::1002:wl,ts,cy，可以说明有（　　）个用户将该用户组 students 作为其附加组。

A. 5　　　　　　　　B. 4　　　　　　　　C. 3　　　　　　　　D. 2

（8）在新建用户 lidong 时，如果没有为用户指定基础组，系统会自动为新用户创建一个名为（　　）的用户组。

A. root　　　　　　B. Shell　　　　　　C. user　　　　　　　D. lidong

（9）（　　）命令可以用于查看用户 lisa 的信息。

A. find lisa　　　　　　　　　　　　　B. grep lisa /etc/passwd

C. find lisa /etc/passwd　　　　　　　D. grep lisa

（10）在 Red Hat Linux 操作系统下，标准的软件包是通过（　　）软件包管理工具来进行管理的。

A. RPM　　　　　　B. YUM　　　　　　C. TAR　　　　　　　D. ZIP

3．操作题

（1）基本操作。

① 新建用户组 group1，新建系统组 group2。

② 将系统组 group2 的 GID 修改为 106，更改组名为 grouptest，并查看。

③ 删除系统组 grouptest。

④ 新建用户 test1，指定其 UID 为 1201，主目录为/home/test1，基础组为 group1，附加组为 root，指定 Shell 为/bin/bash。查看结果。

⑤ 新建一个系统用户 test2，并查看。

⑥ 查看用户 test1 的组群，切换到 test1，在主目录下新建文件 file1，将基础组切换为 root，再新建文件 file2。查看文件 file1 和文件 file2 的详细信息，观察文件所属组的变化。

⑦ 列出用户 test1 的 UID、GID 等信息。

（2）综合操作。

① 增加用户 test3、test4，增加组 testgroup，为组 testgroup 设定密码，将组 testgroup 的管理权授予用户 test1，并同时将用户 Root、用户 test1、用户 test3 加入组 testgroup，检查结果，切换到用户 test1，将用户 test4 加入组 testgroup。

② 使用 passwd 命令冻结用户 test1 密码，用 passwd 命令查看用户 test1 的相关信息，最后用 passwd 命令为用户 test1 的密码解冻。

③ 将用户 test1 加入 sudoer 列表，权限为可登录所有主机、可变换所有用户、可执行所有命令。切换到用户 test1，用 sudo 命令在 root 目录下建立 test1 目录。

（3）扩展操作。

① 用户 test1 和 test2 分别登录不同的 tty 终端，用户 test1 向 test2 发送消息"nihao"，用户 test2 在 tty 终端可以查看消息（用户 test1 和 test2 通过 XShell 登录主机）。

② 用户 test2 将接收消息关闭，用户 test1 将接收消息打开。

③ root 用户向所有人发送消息"hello,everyone!"。

第6章 Linux 存储管理

6.1 磁盘管理

在系统的使用过程中，经常会遇到添加新磁盘的情况，传统的磁盘管理需要对新添加的磁盘进行分区、格式化以创建文件系统，并挂载到系统中的相应目录上，这样新磁盘才可以使用。在虚拟机系统关闭的情况下，在虚拟机中添加一块新的 SCSI 的硬盘，如图 6-1 所示，然后启动系统。

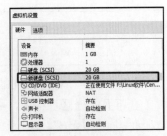

6.1.1 磁盘分区

在 Linux 操作系统中对磁盘进行分区时可以使用一些

图 6-1　在虚拟机中添加一块新的 SCSI 的硬盘

常见的磁盘分区工具，如 fdisk、parted、cfdisk、Disk Druid 等。

1．查看磁盘分区信息

使用 fdisk 命令可以查看磁盘分区信息或对磁盘分区进行操作。fdisk 命令的语法格式如下。

```
fdisk  -l  [设备文件名]
```

其中，-l 选项用于列出指定磁盘设备的分区表信息。如果不指定设备文件名，则列出系统中所有磁盘的分区信息，包括新添加的磁盘。

【例 6-1】 指定查看新添加的磁盘分区信息，其设备文件名为/dev/sdb。

命令如下，执行结果如图 6-2 所示。

```
[root@localhost ~]# fdisk  -l  /dev/sdb
```

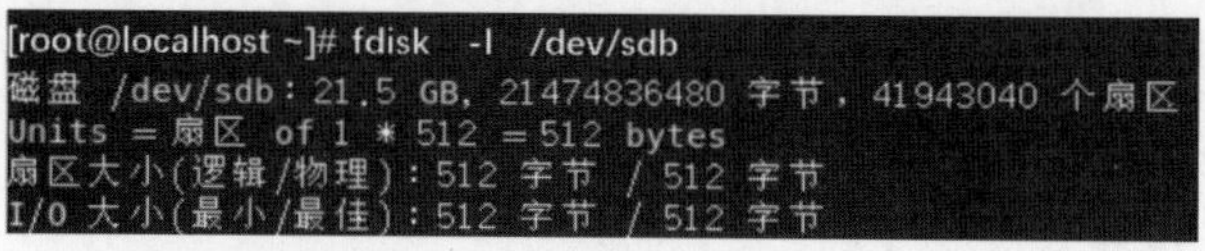

```
[root@localhost ~]# fdisk  -l  /dev/sdb
磁盘 /dev/sdb：21.5 GB, 21474836480 字节，41943040 个扇区
Units = 扇区 of 1 * 512 = 512 bytes
扇区大小(逻辑/物理)：512 字节 / 512 字节
I/O 大小(最小/最佳)：512 字节 / 512 字节
```

图 6-2　查看/dev/sdb 信息

列出的内容显示了这块新磁盘的大小和扇区等基本信息，并没有显示分区信息。

2．分区操作

执行 fdisk 交互命令可以创建磁盘分区、删除磁盘分区，在操作过程中会用到表 6-1 列出的常用的 fdisk 交互子命令。

表 6-1　常用的 fdisk 交互子命令

fdisk 交互子命令	说明
m	打印菜单
n	添加一个新磁盘分区
d	删除一个磁盘分区
l	列出已知的磁盘分区类型
t	改变磁盘分区类型 ID
p	打印磁盘分区表
q	退出且不保存磁盘分区
w	将磁盘分区写入硬盘并退出

【例 6-2】 对新添加的/dev/sdb 磁盘进行分区操作，将进入 fdisk 交互命令界面。

在下面的分区过程中，需要输入表 6-1 中的子命令进行交互。

```
[root@localhost ~]# fdisk   /dev/sdb
欢迎使用 fdisk (util-linux 2.23.2)。
更改将停留在内存中，直到您决定将更改写入磁盘。
使用写入命令前请三思。
```

```
……
命令(输入 m 获取帮助)：n                          //输入 n，新建磁盘分区
Partition type:                                 //磁盘分区的类型有 p（主分区）和 e（扩展分区）
   p   primary (0 primary, 0 extended, 4 free)
   e   extended
Select (default p): p                           //输入 p，创建主分区
分区号 (1-4，默认 1)：1
//输入分区编号，分区编号为 1，如直接按"Enter"键默认分区编号也是 1
起始 扇区 (2048-41943039，默认为 2048)：  //按"Enter"键，采用默认值（2048）
Last 扇区, +扇区 or +size{K,M,G} (2048-41943039，默认为 41943039)：+5G
//设置结尾扇区，以+size{K,M,G}的形式将分区大小设置为 5G
已设置分区 1 为 Linux 类型，大小设置为 5GB
```

```
命令(输入 m 获取帮助)：n                          //使用同样的操作再新建一个分区/dev/sdb2
Partition type:
   p   primary (1 primary, 0 extended, 3 free)
   e   extended
Select (default p): p
分区号 (2-4，默认 2)：2                                  //输入分区编号，分区编号为 2
起始 扇区 (10487808-41943039，默认为 10487808)：
将使用默认值 10487808
Last 扇区, +扇区 or +size{K,M,G} (10487808-41943039，默认为 41943039)：+5G
//设置结尾扇区，以+size{K,M,G}的形式将分区大小设置为 5G
已设置分区 2 为 Linux 类型，大小设置为 5GB
```

```
命令(输入 m 获取帮助)：n                          //新建一个分区/dev/sdb3，类型为扩展分区
Partition type:
   p   primary (2 primary, 0 extended, 2 free)
   e   extended
Select (default p): e                           //输入 e，创建扩展分区
分区号 (3,4，默认 3)：3                           //输入分区编号，分区编号为 3
起始 扇区 (20973568-41943039，默认为 20973568)：//按"Enter"键，使用默认值（20973568）
//起始和结尾扇区值均为默认值，使用全部剩余容量
Last 扇区, +扇区 or +size{K,M,G} (20973568-41943039，默认为 41943039)：
//按"Enter"键，将使用默认值(41943039)
已设置分区 3 为 Extended 类型，大小设置为 10GB
```

```
命令(输入 m 获取帮助)：p                          //输入 p，查看分区信息
……(此处省略部分内容)
   设备 Boot     Start        End       Blocks    ID  System
/dev/sdb1        2048    10487807     5242880    83  Linux          //主分区
/dev/sdb2    10487808    20973567     5242880    83  Linux          //主分区
/dev/sdb3    20973568    41943039    10484736     5  Extended       //扩展分区
```

```
命令(输入 m 获取帮助)：n            //输入 n，在扩展分区的基础上继续创建分区
Partition type:
```

```
   p    primary (2 primary, 1 extended, 1 free)
   l    logical (numbered from 5)
Select (default p): l                           //输入 l, 创建逻辑分区
添加逻辑分区 5                                   //逻辑分区的编号默认从 5 开始!
起始 扇区 (20975616-41943039, 默认为 20975616):
//按"Enter"键, 使用默认值 (20975616)
Last 扇区, +扇区 or +size{K,M,G} (20975616-41943039, 默认为 41943039): +6G
//设置结尾扇区, 采用+size{K,M,G}的形式设置分区大小为 6G
已设置分区 5 为 Linux 类型, 大小设置为 6GB
```

```
命令(输入 m 获取帮助): n             //执行同样的操作再新建一个逻辑分区/dev/sdb6
Partition type:
   p    primary (2 primary, 1 extended, 1 free)
   l    logical (numbered from 5)
Select (default p): l           //输入 l, 创建逻辑分区
添加逻辑分区 6
起始 扇区 (33560576-41943039, 默认为 33560576): //按"Enter"键
//起始和结尾扇区值均为默认值, 使用全部剩余容量
将使用默认值 33560576
Last 扇区, +扇区 or +size{K,M,G} (33560576-41943039, 默认为 41943039):
//按"Enter"键, 将使用默认值(41943039)
已设置分区 6 为 Linux 类型, 大小设置为 4GB
```

```
命令(输入 m 获取帮助): p           //输入 p, 查看分区信息
……（此处省略部分内容）

 设备 Boot   Start       End        Blocks     ID   System
/dev/sdb1   2048        10487807    5242880    83   Linux      //主分区
/dev/sdb2   10487808    20973567    5242880    83   Linux      //主分区
/dev/sdb3   20973568    41943039    10484736   5    Extended   //扩展分区
/dev/sdb5   20975616    33558527    6291456    83   Linux      //逻辑分区
/dev/sdb6   33560576    41943039    4191232    83   Linux      //逻辑分区
```

```
命令(输入 m 获取帮助): w                              //将分区写入硬盘并退出
The partition table has been altered!
Calling ioctl() to re-read partition table.
正在同步磁盘。
```

如果在操作过程中, 分区创建错误或者需要删除分区, 可以在 fdisk 命令交互过程

中输入 d，选择要删除的分区编号，保存即可。删除编号为 6 的扩展分区，命令如下。

```
命令(输入 m 获取帮助)：d                         //输入 d，删除分区
分区号 (1-3,5,6，默认 6)：6                        //删除编号为 6 的分区
分区 6 已被删除

命令(输入 m 获取帮助)：p                         //再次查看分区信息
……（此处省略部分内容）
 设备 Boot        Start              End           Blocks      ID       System
/dev/sdb1       2048               10487807      5242880     83       Linux
/dev/sdb2       10487808           20973567      5242880     83       Linux
/dev/sdb3       20973568           41943039      10484736    5        Extended
/dev/sdb5       20975616           33558527      6291456     83       Linux
```

6.1.2　在分区创建文件系统

创建分区后，需要格式化分区，从而实现在分区上创建指定的文件系统。只有在分区上建立了文件系统，才能存取文件。

建立文件系统的常用命令是 mkfs 命令，命令的语法格式如下。

```
mkfs  [选项]  设备文件名
```

mkfs 命令的常用选项如下。

① -t 文件系统类型：用于指定创建的文件系统类型。

② -V：用于输出建立文件系统的详细信息。

【例 6-3】　对 6.1.1 小节中已经创建的分区进行格式化，以创建文件系统。

① 对/dev/sdb1 分区进行格式化，以创建文件系统，文件系统类型为 ext4，命令如下，执行结果如图 6-3 所示。

```
[root@localhost ~]# mkfs -t ext4   /dev/sdb1
```

图 6-3　对/dev/sdb1 分区进行格式化

② 为/dev/sdb2 分区创建 ext4 类型的文件系统，mkfs 命令也可以写成以下形式。

```
[root@localhost ~]# mkfs.ext4   /dev/sdb2
```

③ 为/dev/sdb5 分区创建 ext4 类型的文件系统，mkfs 命令也可以写成以下形式。

```
[root@localhost ~]# mkfs.ext4   /dev/sdb5
```

④ 为/dev/sdb6 分区创建 ext4 类型的文件系统，mkfs 命令也可以写成以下形式。

```
[root@localhost ~]# mkfs.ext4   /dev/sdb6
```

⑤ 创建完文件系统后，可以使用 lsblk -f 命令列出磁盘分区信息，显示每个分区的文

件系统类型，命令如下。

```
[root@localhost ~]# lsblk  -f
```

⑥ 如果返回图形界面，单击"位置"菜单中的"其他位置"按钮可以看到新增加的分区对应的卷，如图 6-4 所示。

图 6-4　新增加的分区对应的卷

6.1.3　挂载和卸载文件系统

创建文件系统后，需要将文件系统挂载到 Linux 操作系统的空目录上，才可以使用。可以通过手动挂载和自动挂载两种方式挂载文件系统。两种挂载方式在挂载文件系统之前都需要先创建相应的挂载目录或者使用 Linux 操作系统的空目录。下面以/dev/sdb1 文件系统为例进行挂载操作。

1．新建挂载目录

新建挂载目录的命令代码如下。

```
[root@localhost ~]# mkdir  /music
```

2．手动挂载

使用 mount 命令实现手动挂载，mount 命令的语法格式如下。

```
mount  [-t 文件系统类型]  [-o 特殊选项]  设备文件名
```

如果省略[-t 文件系统类型]选项，系统会自动选择正确的文件系统进行挂载。常用的 Linux 文件系统见表 6-2。

表 6-2　常用的 Linux 文件系统

选项	选项说明	常用的 Linux 文件系统类型	说明
[-t 文件系统类型]	在 mount 命令中用于指定文件系统的类型	ext2/3/4	很多 Linux 发行版本默认的文件系统类型
		xfs	CentOS 7.x 默认的文件系统
		iso9660	CD-ROM 光盘标准文件系统
		ntfs	Windows NT ntfs 文件系统
		vfat	Windows 9x fat32 文件系统
		msdos	DOS fat16 文件系统
		auto	自动检测文件系统

[-o 特殊选项]可以省略，常用的特殊选项见表 6-3。

表 6-3　常用的特殊选项

选项	常用的特殊选项	说明
[-o 特殊选项]	ro	采用只读方式挂载文件系统
	rw	采用读写方式挂载文件系统
	remount	重新挂载
	sync	以同步方式执行文件系统的输入/输出动作
	usrquota	启用用户配额
	grpquota	启用组配额

① 将/dev/sdb1 文件系统挂载到/music 目录上，文件系统类型为 ext4。

方式一的命令如下。

```
[root@localhost ~]# mount  -t  ext4  /dev/sdb1  /music
```

方式二的命令如下。

```
[root@localhost ~]# mount  /dev/sdb1  /music
```

② 查看文件系统挂载情况。

命令如下，执行结果如图 6-5 所示。

```
[root@localhost ~]# df -h
```

图 6-5　查看/dev/sdb1 文件系统挂载情况

从结果可以看出，/dev/sdb1 文件系统已经挂载到/music 目录上了。根据上面操作，自行完成/dev/sdb2 文件系统、/dev/sdb5 文件系统和/dev/sdb6 文件系统的挂载（需要先创建对应的空目录）。

3．自动挂载

每次系统启动后，手动挂载的文件系统都需要重新挂载，因此可以采用自动挂载的方式来解决这一问题，即修改/etc/fstab 文件，对需要自动挂载的文件系统进行配置。

/etc/fstab 文件是用于存放文件系统的静态信息的文件，系统启动时会自动从中读取信息，并将此文件中指定的文件系统挂载到指定的目录上。

（1）修改/etc/fstab 文件

修改/etc/fstab 文件的命令如下。

```
[root@localhost ~]# vim  /etc/fstab
```

将下列配置语句添加在文件的最后一行，在各项之间使用"Tab"键进行间隔。

```
/dev/sdb1      /music     ext4      defaults        0     0
```

上述配置语句中各项的含义如下。

① 第 1 项：表示要挂载的文件系统名，如/dev/sdb1。

② 第 2 项：表示挂载至哪个目录位置，如/music 目录。

③ 第 3 项：表示挂载的文件系统的类型，如 ext4、xfs、iso9660 等。

④ 第 4 项：表示挂载文件系统时所要设定的状态，如 ro（只读）或 defaults（包括其他参数，如 rw、suid、exec、auto、nouser、async）。

⑤ 第 5 项：表示是否需要进行 dump 备份。在 Linux 操作系统中，dump 是一个用于备份的工具，可以备份文件系统。如果将 dump 的值设置为 0，表示不进行备份；如果将 dump 的值设置为 1，表示进行备份。dump 的值默认是 0。

⑥ 第 6 项：设定需要检查的文件系统的顺序，允许的值是 0、1、2。设置根目录的检查顺序的值为 1（最高优先级），其他所有需要被检查的文件系统的检查顺序的值为 2，默认值 0 表示不检查。

（2）查看挂载情况

命令如下，执行结果如图 6-6 所示。

```
[root@localhost ~]# cat  /etc/fstab
```

图 6-6　查看挂载情况

4．卸载文件系统

若要卸载已经挂载的文件系统，可以使用 umount 命令。umount 命令的语法格式如下，可以只设定文件系统的设备文件名或挂载目录。

```
umount   设备文件名 | 挂载目录
```

（1）卸载/dev/sdb1 文件系统

命令如下。

```
[root@localhost ~]# umount      /dev/sdb1
```

（2）查看挂载情况

命令如下。

```
[root@ localhost ~]# df -h
```

注意：如果卸载的文件系统已经被配置为自动挂载，则需要修改/etc/fstab 文件，将自动挂载配置项删除，防止因找不到被卸载的文件系统而影响 Linux 系统的正常启动。

6.2　磁盘配额管理

磁盘配额指在计算机中对指定磁盘的存储容量进行限制，即管理员可以对用户或用户组使用的磁盘空间进行配额限制，用户只能使用最大磁盘配额限制内的磁盘空间。这对多用户操作系统 Linux 来说，可以防止某个用户或用户组占用过多的磁盘空间。

在 Linux 操作系统中可以通过两种形式进行磁盘配额管理：一是限制用户和用户组可以创建的文件数量，二是限制用户和用户组可以使用的磁盘容量。

6.2.1　搭建磁盘配额所需环境

磁盘配额是针对整个文件系统进行规划的，为了保证操作能够正常进行，进行磁盘配额管理的磁盘分区需要保证是一个独立的分区。

① 进行磁盘配额管理的前提是创建一个新的分区，对分区进行格式化以创建文件系统（ext4）。可以使用 6.1 节中创建的文件系统/dev/sdb1。

② 默认情况下，用户的家目录会在/home 中，为了防止/home 不是独立的文件系统，新建/users 目录作为磁盘配额用户的家目录，并将/dev/sdb1 文件系统挂载到/users 目录上。命令如下，执行结果如图 6-7 所示。

```
[root@localhost ~]# mkdir   /users
[root@localhost ~]# mount  /dev/sdb1   /users
[root@localhost ~]# df  -h  /users
[root@localhost ~]# mount  | grep     /users
```

```
[root@localhost ~]# mkdir   /users
[root@localhost ~]# mount  /dev/sdb1   /users
[root@localhost ~]# df  -h  /users
[root@localhost ~]# mount  | grep     /users
/dev/sdb1 on/users type ext4 (rw,relatime,seclabel,data=ordered)
```

图 6-7　搭建磁盘配额所需环境

从执行结果中可以看出，/users 目录所在的文件系统已经是独立的。

注意：在使用 mount 命令查看/users 的文件系统类型时，如果文件系统类型是 ext2、ext3 或 ext4，则该文件系统支持 Linux 磁盘配额功能。从上面的结果来看，因为当前/users

目录所挂载的文件系统是独立的 ext4 文件系统，所以可以继续对/dev/sdb1 文件系统进行磁盘配额。

6.2.2 添加磁盘配额用户

假设需要为系统中 3 个用户 user01、user02、user03 进行磁盘配额限制，3 个用户的密码都是 userpasswd，所属组为 usergroup，其他账号属性均为默认属性，则采用 shell script（Shell 脚本）来统一创建用户。

① 创建脚本文件 addusers.sh，并输入内容，命令如下。

```
[root@localhost ~]# vim  addusers.sh
 # !/bin/bash
groupadd usergroup
for username in user01 user02 user03
do
        useradd -d  /users/$username  -g usergroup  $username
        echo "userpasswd" | passwd  --stdin $username
done
```

② 执行脚本，批量添加用户的命令如下，执行结果如图 6-8 所示。

```
[root@localhost ~]# sh  addusers.sh
```

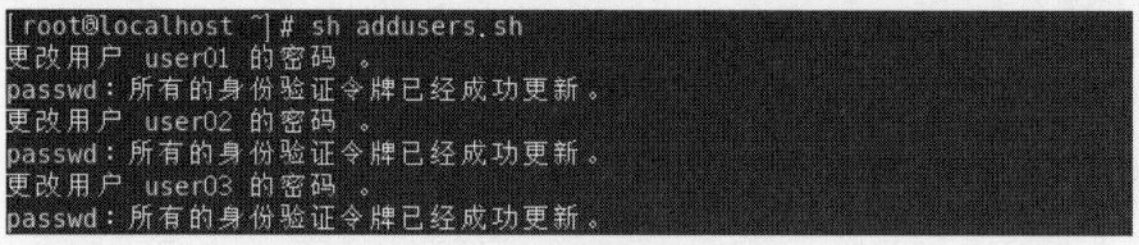

图 6-8　批量添加用户

命令执行完毕后，系统会创建 user01～user03 用户，密码均为 userpasswd，并且将用户的家目录指定到/users 目录下的以各自用户名命令的目录中。

③ 查看/etc/passwd 文件，验证是否成功添加用户，命令如下。

```
[root@localhost ~]# cat  /etc/passwd
```

6.2.3 设置用户、用户组磁盘配额

1. 启用文件系统支持磁盘配额

要使用磁盘配额的分区必须有文件系统的支持，接下来通过手动挂载的方式重新挂载分区，并启用文件系统支持磁盘配额。命令如下，执行结果如图 6-9 所示。

```
[root@localhost ~]# mount  -o  remount,usrquota,grpquota  /users
[root@localhost ~]# mount  | grep /users
```

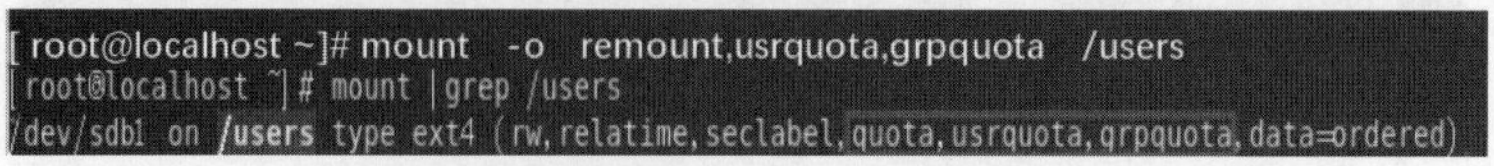

图 6-9　启用文件系统支持磁盘配额

2. 建立 quota 记录文件

quota 的实质是在用户使用磁盘时，限制用户能够使用的块数量和 inode 数量。可使

用的块数量与磁盘容量有关，inode 数量与文件数量有关，inode 包含了与文件系统中各个文件相关的一些重要信息，在 UNIX 中创建文件系统时，同时会创建大量 inode。

分析整个文件系统中的每个用户（用户组）拥有的文件总数，可以将这些数据写入 quota 记录文件，然后根据该记录文件去限制每个用户（用户组）的磁盘使用量。

使用 quotacheck 命令可以扫描文件系统并建立 quota 记录文件，该命令的语法格式如下。

```
quotacheck   [选项]   [文件系统 | 挂载点]
```

quotacheck 命令的常用选项如下。

① -a：扫描已经支持磁盘配额的所有分区，如果不带该选项，后面要指明具体的文件系统或者挂载点。

② -v：显示进度。

③ -u：仅检查用户磁盘配额，生成 aquota.user 记录文件。

④ -g：仅检查用户组磁盘配额，生成 aquota.group 记录文件。

扫描文件系统并建立 quota 记录文件。

① 第一种方式的命令如下，执行结果如图 6-10 所示。

```
[root@localhost ~]# quotacheck -avug
```

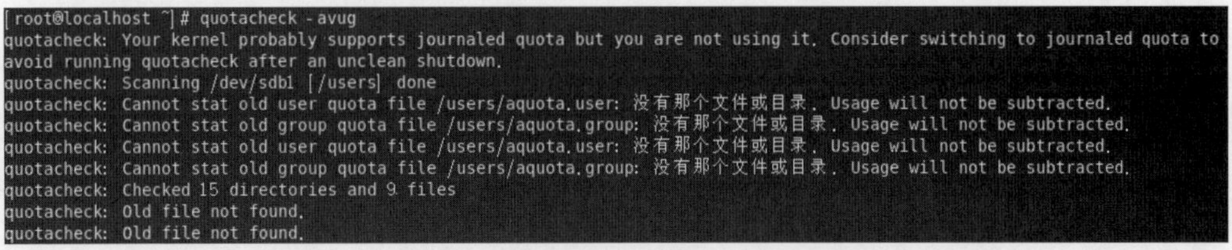

图 6-10　扫描文件系统并建立 quota 记录文件的第一种方式

② 第二种方式的命令如下，执行结果如图 6-11 所示。

```
[root@localhost ~]# quotacheck -vug              /users
```

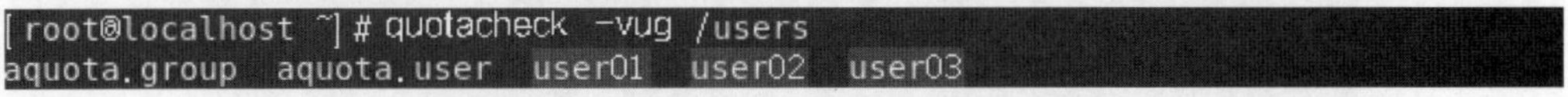

图 6-11　扫描文件系统并建立 quota 记录文件的第二种方式

从结果可以看出，在已经启用文件系统支持磁盘配额的 /users 目录下生成了 aquota.user 和 aquota.group 两个 aquota 记录文件。

需要注意的是，在执行 quotacheck 命令时，系统会担心破坏原有的记录文件，所以会产生一些错误信息警告。

3. 启动或关闭 quota 服务

生成 quota 记录文件后，可以启动或关闭 quota 服务。

① quotaon：启用磁盘配额功能，启用 quota.user 与 quota.group 这两个 aquota 记录文件。

对全部文件系统设置启用相关的磁盘配额功能，包括启用用户和用户组的磁盘配额，并显示启用过程的相关信息。命令如下，执行结果如图 6-12 所示。

```
[root@localhost ~]# quotaon  -auvg
```

```
[root@localhost ~]# quotaon -auvg
/dev/sdb1 [/users]: group quotas turned on
/dev/sdb1 [/users]: user quotas turned on
```

图 6-12 启用磁盘配额功能

② quotaoff：关闭磁盘配额。注意，在本任务完成前不要关闭磁盘配额功能。

关闭全部文件的磁盘配额，包括关闭用户和用户组的磁盘配额，并显示指令执行过程，命令如下。

```
[root@localhost ~]# quotaoff      -auvg
```

4. 配置用户、用户组的磁盘空间配额与设置宽限时间

使用 edquota 命令可以编辑用户或用户组的磁盘配额，edquota 命令的语法格式如下。

```
edquota  [选项]  用户|用户组
```

edquota 命令的常用选项如下。

① -u：表示配置用户的磁盘配额。

② -g：表示配置用户组的磁盘配额。

③ -p：将源用户的磁盘配额设置复制到其他用户中，语法格式为 edquota -p 源用户 -u 目标用户。

④ -t：设置宽限时间。

下面针对用户 user01、user02、user03 进行磁盘配额配置，上述 3 个用户都能取得大小为 1 GB 的磁盘空间使用量（hard），只要使用磁盘容量超过 800 MB，就会予以警告（soft），用户可创建的文件数量不受限制。

（1）查看用户 user01 的磁盘配额情况

查看用户 user01 的磁盘配额情况的命令如下，执行结果如图 6-13 所示。

```
[root@localhost ~]# edquota -u user01
```

图 6-13 查看用户 user01 的磁盘配额情况

（2）配置用户 user01 的磁盘配额

限制用户和用户组可以使用的磁盘容量（一般都是限制磁盘空间使用量），修改磁盘块区数后面的 soft/hard 值，单位是 KB。其中，如前文所述，soft 表示警告值，hard 表示最大值。

当磁盘使用量为 soft～hard 时，系统会发出警告（默认倒计时 7 天）。若超过警告时间，磁盘使用量依然为 soft～hard，则会禁止使用磁盘空间。

将 blocks 的 soft/hard 值分别修改为 800000/1000000（KB），即警告值为 800 MB，最大值为 1 GB，修改结果如图 6-14 所示。

图 6-14　配置用户 user01 的磁盘配额

如果限制用户和用户组可以创建的文件数量，则需要修改索引节点数后面的 soft/hard 值。

（3）将用户 user01 的磁盘配额设置复制到其他用户中

将用户 user01 的磁盘配额设置复制到其他用户中的命令如下。

```
[root@localhost ~]# edquota -p  user01 -u  user02
[root@localhost ~]# edquota -p  user01 -u  user03
```

下面针对用户组 usergroup 进行磁盘配额配置。由于系统里还有其他用户存在，可以限制用户组 usergroup 最多仅能使用 2 GB 的磁盘容量，在使用磁盘容量超过 1.8 GB 时会发出警告。也就是说，如果用户 user01 已使用了 800 MB 的磁盘容量，那么其他两个用户最多只能使用 2000 − 800= 1200 MB 的磁盘容量。这就是用户与用户组同时设定磁盘配额时产生的效果。

（1）查看用户组 usergroup 的磁盘配额情况

查看用户组 usergroup 的磁盘配额情况的命令如下，执行结果如图 6-15 所示。

```
[root@localhost ~]# edquota -g usergroup
```

图 6-15　查看用户组 usergroup 的磁盘配额情况

（2）配置用户组 usergroup 的磁盘配额

配置用户组 usergroup 的磁盘配额的执行结果如图 6-16 所示。

图 6-16　配置用户组 usergroup 的磁盘配额

下面设置用户磁盘使用容量的宽限时间。

① 查看宽限时间，命令如下，执行结果如图 6-17 所示。

```
[root@localhost ~]# edquota -ut
```

图 6-17　查看宽限时间

② 设置宽限时间：将原来的宽限时间 7 天改为 14 天，执行结果如图 6-18 所示。

图 6-18　设置宽限时间

5．针对文件系统的限额制作报表

repquota 命令能够以报表的格式输出指定分区，或者输出文件系统的磁盘配额信息。repquota 命令的语法格式如下。

```
repquota      [选项]      [参数]
```

repquota 命令的常用选项如下。

① -a：列出所有加入 quota 设置的分区的使用状况，如果不带该选项，后面参数要指明具体的文件系统或者挂载点。

② -g：列出所有用户组的磁盘空间限制。

③ -u：列出所有用户的磁盘空间限制。

④ -v：显示该用户或用户组的所有磁盘空间限制。

针对/dev/sdb1 文件系统的限额制作报表，具体如下，运行结果分别如图 6-19 所示。

```
[root@localhost ~]# repquota -vug  /dev/sdb1
```

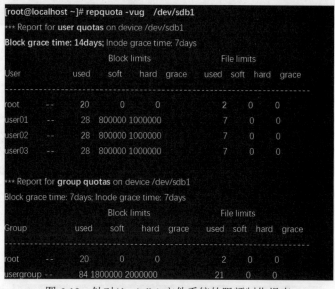

图 6-19　针对/dev/sdb1 文件系统的限额制作报表

6.2.4　测试磁盘配额

通过磁盘块区数来限制用户对磁盘空间的使用，测试如下。

① 切换用户 user01，命令如下。

```
[root@localhost ~]# su -l user01
```

② 在 user01 的家目录中写入一个大小为 500 MB 的文件 file1。命令如下，执行结果如图 6-20 所示。

```
[user01@localhost ~]$ dd if=/dev/zero of=file1 count=1 bs=500M
```

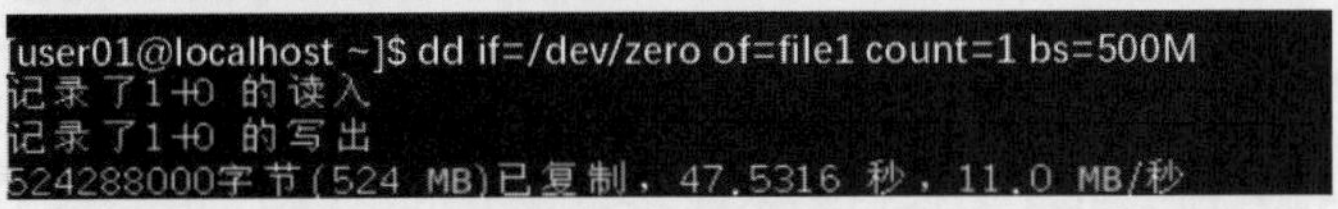

图 6-20　写入 file1

查看 file1 详细信息，命令如下，执行结果如图 6-21 所示。

```
[user01@localhost ~]$ ll
```

图 6-21　查看 file1 详细信息

③ 在 user01 的家目录中写入一个大小为 400 MB 的文件 file2。命令如下，执行结果如图 6-22 所示。

```
[user01@localhost ~]$ dd if=/dev/zero of=file2 count=1 bs=400M
```

图 6-22　写入 file2

查看 file2 详细信息，命令如下，执行结果如图 6-23 所示。

```
[user01@localhost ~]$ ll
```

图 6-23　查看 file2 详细信息

此时，file2 仍能正常写入，因 file1 和 file2 的磁盘使用容量已经超过警告值 800 MB，所以出现警告信息。

④ 在 user01 的家目录里写入一个大小为 300 MB 的文件 file3。命令如下，执行结果如图 6-24 所示。

```
[user01@localhost ~]$ dd if=/dev/zero of=file3 count=1 bs=300M
```

图 6-24　写入 file3

查看 file3 详细信息，命令如下，执行结果如图 6-23 所示。

```
[user01@localhost ~]$ ll
```

图 6-25　查看 file3 详细信息

经过以上测试发现，file3 文件已经不能按正常大小（300 MB）写入磁盘，因为超过了用户 user01 可用磁盘容量（1 GB）的限制，所以对用户的磁盘配额限制成功。另外，读者可以自行完成用户组对磁盘空间的使用测试。

6.3　LVM

6.3.1　传统磁盘管理介绍

在 Linux 操作系统中，磁盘管理机制和 Windows 操作系统的磁盘管理机制相似，都是先对磁盘进行分区，再将分区进行格式化以创建文件系统，并将文件系统进行挂载，Windows 的底层也是自动将所有的分区挂载好，用户可以直接使用。

上述这种传统的磁盘管理会带来很多问题，例如，当使用的一个分区已经不够用，没有办法通过拉伸分区来进行分区的扩充，当然也可以使用第三方磁盘管理软件进行磁盘的分区空间划分，但是这样会对文件系统造成很大的伤害，甚至会导致文件系统崩溃。所以只能增加新的磁盘，在新磁盘上创建分区，对分区进行格式化，再将之前分区中的所有内容都复制到新增加的分区中。但是新增加的磁盘是作为独立的文件系统存在的，原有文件系统并没有得到扩充。

这种操作对于生产环境中的服务器而言是不可接受的，因为要把一个分区中的内容复制到另一个分区中，需要首先卸载前面的那个分区。此时如果在服务器上运行着一个重要的服务，如 WWW 服务或者 FTP 服务，要求服务 7×24 小时正常运行，则卸载分区的操作是不可实现的，而且如果该分区内保存的内容很多，那么对分区内的内容进行复制会耗时很久。所以，传统磁盘管理的缺点是不能对磁盘进行动态管理，为了解决这个问题，便产生了 LVM 磁盘管理技术。

6.3.2　LVM 磁盘管理介绍

LVM 是在 Linux 操作系统环境中对磁盘分区进行管理的一种机制。现在不仅是在 Linux 操作系统上可以使用 LVM 这种磁盘管理机制，对于其他类 UNIX 操作系统及 Windows 操作系统而言都有类似于 LVM 的磁盘管理软件。

LVM 的工作原理如下，将底层的物理磁盘抽象地封装起来，以逻辑卷（LV）的形式呈现给上层应用。在前文提到的传统磁盘管理机制中，上层应用直接访问分区内的文件系统，从而对底层的物理磁盘进行读取。而在 LVM 中，将底层物理磁盘封装成逻辑卷，上层应用不再直接针对分区进行操作，而是通过逻辑卷来对底层磁盘进行管理操作，因为磁盘分区对上层应用是以逻辑卷的形式呈现的。

LVM 最大的特点是可以对磁盘进行动态管理。因为逻辑卷的大小是可以动态调整的，而且不会丢失现有的数据。如果新增加了硬盘，其也不会改变现有的上层逻辑卷。作为一个动态磁盘管理机制，逻辑卷技术大大提高了磁盘管理的灵活性。

6.3.3　LVM 工作原理

1．逻辑卷的概念

要想理解 LVM 的原理，需要首先掌握 4 个与 LVM 相关的基本概念。

① PE：物理拓展。

② PV：物理卷。

③ VG：卷组。

④ LV：逻辑卷。

在后文中将对它们进行介绍。

2．LVM 的工作原理

综上所述，使用 LVM 技术对磁盘进行动态管理以后，底层物理磁盘是以逻辑卷的形式呈现给上层应用的，因此需要创建一个逻辑卷，用于取代之前的磁盘分区，然后对逻辑卷进行格式化以创建文件系统，再完成挂载操作。

以两块硬盘为例，LVM 的磁盘管理工作原理如图 6-26 所示。

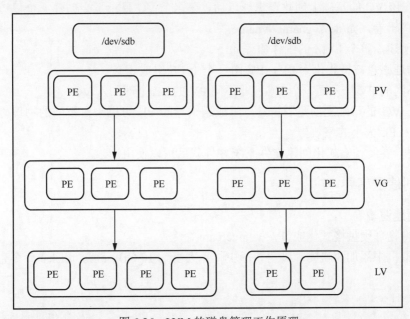

图 6-26　LVM 的磁盘管理工作原理

（1）格式化为 PV

首先将这两块物理硬盘格式化为 PV，格式化为 PV 就是将底层物理硬盘划分为若干个 PE。PE 是逻辑卷的最基本单位，大小默认为 4 MB，在将一个大小为 400 MB 的硬盘格式化成 PV 时，实际上是将这块物理硬盘划分成了 100 个 PE。

（2）创建 VG

将硬盘格式化成 PV 以后，创建一个指定名称的 VG。可以将 VG 理解为一个空间池，把一个或者多个 PV 加入 VG，因为 PV 的实质是由硬盘划分的多个 PE 组成，所以 VG 就存放了来自不同 PV 的 PE，如图 6-17 所示，VG 中的 PE 是硬盘格式化后被划分的 PE 的总和。

（3）创建 LV

PV 和 VG 属于逻辑卷底层，PV 和 VG 创建好以后并不能直接使用，需要在 VG 的基础上继续创建指定名称的逻辑卷。

创建逻辑卷就是从 VG 中取出指定数量的 PE，PE 可以来自不同的 PV，如图 6-17 所示，创建第一个逻辑卷，其大小是 4 个 PE 的大小总和，即 16 MB（因为一个 PE 的默认大小是 4 MB），在这 4 个 PE 中，有 3 个 PE 来自第一块硬盘，另外一个 PE 则来自第二块硬盘；而创建的第二个逻辑卷，最多是 2 个 PE 的大小。所以，逻辑卷的大小取决于 VG 中的 PE 数量，并且是 4 MB 的整数倍。

（4）格式化逻辑卷以创建并挂载文件系统

创建好的逻辑卷相当于传统文件管理的分区，仍然要对其进行格式化以创建文件系统，并且通过 mount 命令对其进行挂载，这样就可以像使用传统的分区一样使用逻辑卷了。

需要注意的是，每次创建 VG，系统均会在/dev 目录下创建一个以该 VG 名字命名的目录，当在该 VG 的基础上创建逻辑卷以后，在这个 VG 目录下会创建一个以该逻辑卷名字命名的逻辑卷，如/dev/vgname/lvname。

综上所述，整个 LVM 的工作原理如下。

① 物理磁盘被格式化为 PV，PV 由一个个 PE 组成。

② 不同的 PV 加入同一个 VG，即不同 PV 的 PE 全部加入 VG。

③ 在 VG 的基础上创建逻辑卷，组成逻辑卷的 PE 可以来自不同的物理磁盘，逻辑卷的大小为 PE 大小的整数倍。

④ 逻辑卷经过格式化创建文件系统并挂载后可以使用。

6.3.4　创建逻辑卷

1. 新建逻辑卷

（1）将物理硬盘格式化成 PV——pvcreate 命令

在虚拟机中添加 3 块物理硬盘，每块硬盘大小为 10 GB，通过 fdisk-l 命令查看，命令如下。

```
[root@localhost ~]# fdisk -l
[root@localhost ~]# pvcreate        /dev/sdb /dev/sdc        //将两块硬盘格式化成 PV
```

创建 PV 以后，使用 pvdisplay 命令显示详细信息，命令如下，执行结果（部分）如图 6-27 所示。

```
[root@localhost ~]# pvdisplay
```

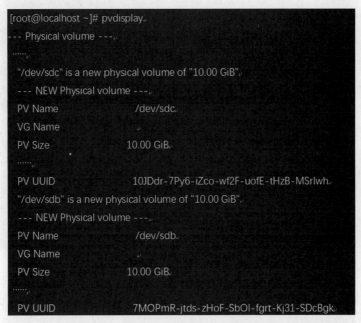

図 6-27　使用 pvdisplay 命令查看当前 PV 的信息（显示详细信息）

使用 pvs 命令查看当前 PV 的信息，命令如下，执行结果如图 6-28 所示。

```
[root@localhost ~]# pvs
```

```
[root@localhost ~]# pvs
PV          VG      Fmt   Attr PSize    PFree
......
/dev/sdb            lvm2  ---  10.00g 10.00g
/dev/sdc            lvm2  ---  10.00g 10.00g
```

図 6-28　使用 pvs 命令查看当前 PV 的信息

（2）创建 VG——vgcreate 命令

将/dev/sdb 和/dev/sdc 两块硬盘创建成 VG，指定名称为 storage，命令如下，执行结果如图 6-29 所示。

```
[root@localhost ~]# vgcreate   storage   /dev/sdb   /dev/sdc
```

```
[root@localhost ~]# vgcreate   storage   /dev/sdb   /dev/sdc
  Volume group "storage" successfully created
```

図 6-29　将两块硬盘创建成 VG 并指定名称

创建完 VG，可以使用 vgdisplay 命令显示详细信息，命令如下，执行结果（部分）如图 6-30 所示。

```
[root@localhost ~]# vgdisplay
```

```
[root@localhost ~]# vgdisplay
--- Volume group ---
  VG Name                 storage
  System ID
  Format                  lvm2
  ......
  VG Size                 19.99 GiB
  PE Size                 4.00 MiB
  Total PE                5118
  Alloc PE / Size         0 / 0
  Free   PE / Size        5118 / 19.99 GiB
  VG UUID                 4LPD9h-pzo4-Ucld-3hwv-4xOq-xGlJ-3Bzh3P
```

图 6-30　使用 vgdisplay 命令查看当前 PV 的信息（显示详细信息）

使用 vgs 命令查看当前 PV 的信息，命令如下，执行结果如图 6-31 所示。

```
[root@localhost ~]# vgs
```

```
[root@localhost ~]# vgs
  VG        #PV #LV #SN Attr   VSize  VFree
  ......
  storage     2   0   0 wz--n- 19.99g 19.99g
```

图 6-31　使用 vgs 命令查看当前 PV 的信息

（3）创建逻辑卷——lvcreate 命令

因为创建好的 PV、VG 都在逻辑卷管理系统底层，上层应用使用逻辑卷，所以要基于 VG 创建逻辑卷。命令如下，执行结果如图 6-32 所示。

```
[root@localhost ~]# lvcreate  -n  mylv  -L  2G  storage
```

```
[root@localhost ~]# lvcreate  -n  mylv  -L  2G  storage
  Logical volume "mylv" created.
```

6-32　创建逻辑卷

在上述命令中，lvcreate 命令用于创建基于卷组 storage 的逻辑卷。

其中，-n 用于指定逻辑卷的名字为 mylv，-L 用于指定逻辑卷的大小为 2 GB。也可以使用选项-l，-l 用于指定基本单元的个数为单位。例如，-l 500 表示生成大小为 500×4 MB = 2000 MB 的逻辑卷。

使用 lvdisplay 命令查看创建好的逻辑卷的信息，命令如下，执行结果（部分）如图 6-33 所示。

```
[root@localhost ~]# lvdisplay
```

```
[root@localhost ~]# lvdisplay
--- Logical volume ---
LV Path                /dev/storage/mylv
LV Name                mylv
VG Name                storage
......
```

图 6-33　使用 lvdisplay 命令查看创建好的逻辑卷的信息

使用 lvs 命令查看创建好的逻辑卷的信息，命令如下，执行结果如图 6-34 所示。

```
[root@localhost ~]# lvs
```

```
[root@localhost ~]# lvs
LV    VG      Attr      LSize    Pool Origin Data%  Meta%   Move Log Cpy%Sync Convert
......
mylv storage -wi-a----- 2.00g
```

图 6-34　使用 lvs 命令查看创建好的逻辑卷的信息

逻辑卷已经创建完成，再通过 pvs 命令查看 PV 的使用情况，命令如下，执行结果（部分）如图 6-35 所示。

```
[root@localhost ~]# pvs
```

```
[root@localhost ~]# pvs
PV          VG        Fmt   Attr PSize    PFree
......
/dev/sdb    storage lvm2 a--   <10.00g   <8.00g
/dev/sdc    storage lvm2 a--   <10.00g <10.00g
```

图 6-35　查看 PV 的使用情况

使用 vgs 命令查看 VG 的使用情况，命令如下，执行结果如图 6-36 所示。

```
[root@localhost ~]# vgs
```

```
[root@localhost ~]# vgs
VG        #PV #LV #SN Attr     VSize    VFree
storage    2   1   0 wz--n-  19.99g 17.99g
```

图 6-36　查看 VG 的使用情况

前面提到，每创建一个逻辑卷，在/dev 目录下均会出现一个以该 VG 命名的文件夹，基于该 VG 创建的所有逻辑卷都存放在这个文件夹中，命令如下，执行结果如图 6-37 所示。

```
[root@localhost ~]# ls  /dev/storage/
```

```
[root@localhost ~]# ls  /dev/storage/
mylv
```

图 6-37　基于 VG 创建的所有逻辑卷都存放在 mylv 文件夹中

2. 格式化逻辑卷

要使用逻辑卷，就必须对其进行格式化以创建相应的文件系统，命令如下，执行结果（部分）如图 6-38 所示。

```
[root@localhost ~]# mkfs -t  ext4   /dev/storage/mylv
```

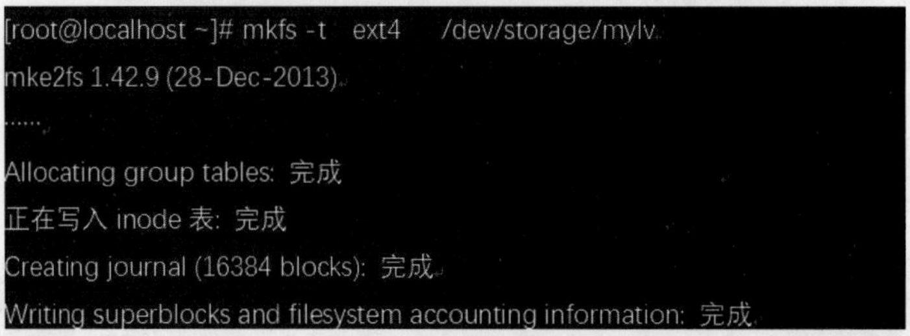

```
[root@localhost ~]# mkfs -t  ext4    /dev/storage/mylv

mke2fs 1.42.9 (28-Dec-2013).

......

Allocating group tables: 完成

正在写入 inode 表: 完成

Creating journal (16384 blocks): 完成

Writing superblocks and filesystem accounting information: 完成
```

图 6-38　格式化逻辑卷

3. 挂载逻辑卷

挂载格式化的逻辑卷后，就可以像使用分区一样去使用逻辑卷了，如将其挂载到/mnt上，命令如下。

```
[root@localhost ~]# mount /dev/storage/mylv  /mnt
```

6.3.5　LVM 扩容

LVM 扩容如图 6-39 所示。

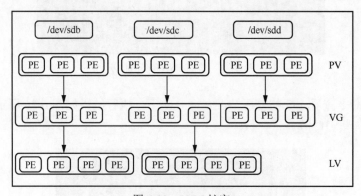

图 6-39　LVM 扩容

从图 6-4 中可以看到，当逻辑卷需要扩充时，首先检查组成该逻辑卷的 VG 容量，如果 VG 容量足够则可以直接为逻辑卷扩容，如果 VG 容量不够，就要通过为 VG 增加物理卷的方式来增加 VG 的容量。在逻辑卷的扩容过程中不会丢失原始数据，从而能够实现磁盘的动态管理。

1. VG 容量足够

① 卸载逻辑卷和挂载点的关联——umount 命令，命令如下。

```
[root@localhost ~]# umount /mnt
```

② 将逻辑卷 mylv 的大小扩充至 15 GB——lvextend 命令，命令如下，执行结果如图 6-40

所示。

```
[root@localhost ~]# lvextend  -L  15G  /dev/storage/mylv
[root@localhost ~]# lvs
```

图 6-40　将逻辑卷 mylv 的大小扩充至 15 GB

③ 检查硬盘完整性——e2fsck 命令，命令如下，执行结果如图 6-41 所示。

```
[root@localhost ~]# e2fsck -f  /dev/storage/mylv
```

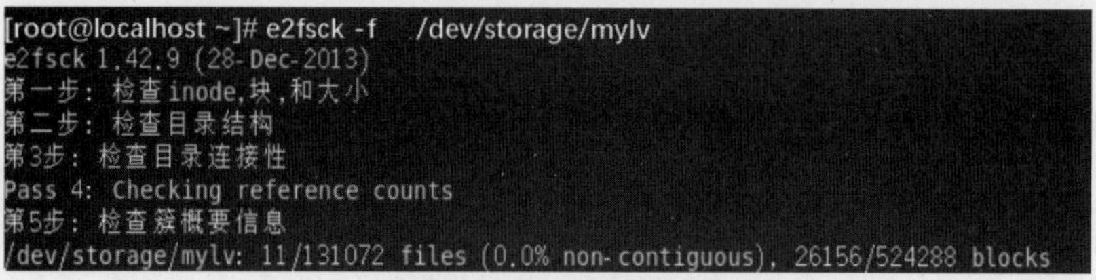

图 6-41　检查硬盘完整性

④ 重置硬盘容量——resize2fs 命令，命令如下，执行结果如图 6-42 所示。

```
[root@localhost ~]# resize2fs    /dev/storage/mylv
```

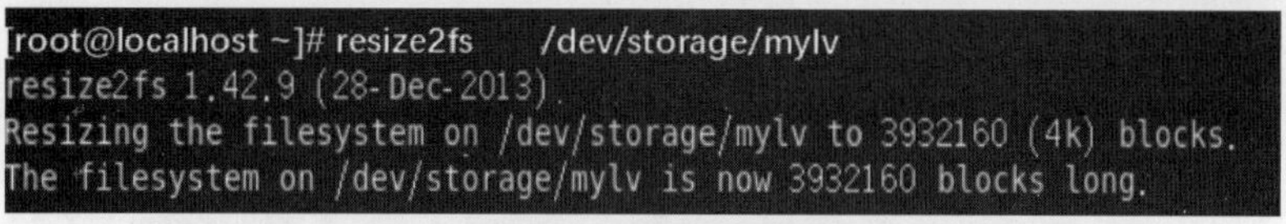

图 6-42　重置硬盘容量

⑤ 重新挂载硬盘设备并查看挂载状态，命令如下。

```
[root@localhost ~]# mount /dev/storage/mylv   /mnt
[root@localhost ~]# df -h
```

2. VG 容量不足

VG 容量不足时，可以进行以下操作扩充容量。

① 使用第 3 块新增的磁盘/dev/sdd。

② 卸载逻辑卷和挂载点间的关联，命令如下。

```
[root@localhost ~]# umount    /mnt
```

③ 将/dev/sdd 格式化为物理卷，添加到 storage 卷组中。命令如下，执行结果如图 6-43
所示。

```
[root@localhost ~]# pvcreate    /dev/sdd
[root@localhost ~]# vgextend storage /dev/sdd
[root@localhost ~]# vgs
```

```
[root@localhost ~]# pvcreate    /dev/sdd
  Physical volume "/dev/sdd" successfully created
[root@localhost ~]# vgextend storage /dev/sdd
  Volume group "storage" successfully extended
[root@localhost ~]# vgs
  VG        #PV   #LV   #SN   Attr     VSize     VFree
  centos     1     2     0    wz--n-   <19.00g       0
  storage    3     1     0    wz--n-   <29.99g   <14.99g
```

图 6-43　将/dev/sdd 格式化为物理卷

④ 将逻辑卷 mylv 的大小扩充至 25 GB。命令如下，执行结果如图 6-44 所示。

```
[root@localhost ~]# lvextend  -L  25G  /dev/storage/mylv
[root@localhost ~]# lvs
```

```
[root@localhost ~]# lvextend  -L  25G  /dev/storage/mylv
[root@localhost ~]# lvs
  LV    VG       Attr       LSize   Pool Origin Data%  Meta%  Move Log Cpy%Sync Convert
  root  centos   -wi-ao---- <17.00g
  swap  centos   -wi-ao----   2.00g
  mylv  storage  -wi-a-----  25.00g
```

图 6-44　将逻辑卷 mylv 的大小扩充至 25 GB

⑤ 检查硬盘完整性，命令如下。

```
[root@localhost ~]# e2fsck -f  /dev/storage/mylv
```

⑥ 重置硬盘容量，命令如下，执行结果如图 6-45 所示。

```
[root@localhost ~]# resize2fs  /dev/storage/mylv
```

```
[root@localhost ~]# resize2fs    /dev/storage/mylv
文件系统                         容量   已用   可用  已用% 挂载点
/dev/mapper/storage-mylv         25G    11M    24G    1%  /mnt
```

图 6-45　重置硬盘容量

⑦ 重新挂载硬盘设备并查看挂载状态，命令如下。

```
[root@localhost ~]# mount  /dev/storage/mylv    /mnt
[root@localhost ~]# df -h
```

3．删除逻辑卷

只有创建完 PE 和 VG，才能创建逻辑卷，而对于逻辑卷的删除，则要按照以下步骤完成。

① 载逻辑卷和挂载点间的关联——通过 umount 命令，命令如下。

```
[root@localhost~]# umount/mnt
```

② 删除逻辑卷——通过 lvremove 命令，命令如下。

```
[root@localhost~]# lvremove/dev/storage/mylv
```

③ 删除 VG——通过 vgremove 命令，命令如下。

```
[root@localhost~]# vgremove storage
```

④ 删除 PE——通过 pvremove 命令，命令如下。

```
[root@ localhost ~]# pvremove  /dev/sdb  /dev/sdc  /dev/sdd
```

刚创建的逻辑卷 mylv、storage，以及/dev/sdb、/dev/sdc、/dev/sdd 已经从当前操作系统上删除了，通过 lvs 命令、vgs 命令、pvs 命令可以查看，命令如下。

```
[root@localhost~]# lvs
[root@localhost~]# vgs
[root@localhost~]# pvs
```

6.4　RAID 管理

独立磁盘冗余阵列（RAID）是由很多块独立磁盘组合成的一个大容量的磁盘组，将数据切割成许多区段，分别存放在各个硬盘上。不同的存储技术可以实现对数据的冗余保护及保证数据存储的可靠性。

RAID 作为高性能的存储系统，目前在服务器领域中的应用越来越广泛。RAID 可分为软 RAID 和硬 RAID；软 RAID 通过软件实现多块硬盘的冗余，配置简单，管理也灵活，目前操作系统都已经集成了软 RAID 功能；硬 RAID 一般通过 RAID 卡来实现，RAID 卡价格低廉，具有缓存功能，不占用系统资源，效率和性能比较高，目前多数主板已集成了RAID 卡。随着磁盘技术的发展，RAID 技术更侧重于提升磁盘性能，提高磁盘容错能力与传输速率。

根据磁盘中数据的存取方式，RAID 分为多个级别，其中最常用的是 RAID 0、RAID 1、RAID 5、RAID 10 等。

6.4.1　常见的 RAID

1. RAID 0

将多个磁盘合并成一个大磁盘，所以 RAID 0 最少需要 2 块磁盘。在存放数据时，RAID 0将连续的数据在多个磁盘中分散存放，多个磁盘并行执行数据存取。优点是采用并行 I/O，读写效率高，速度最快。缺点是没有冗余，容错能力差，如果一个磁盘损坏，那么所有数据都无法使用了。RAID 0 的存储机制如图 6-46 所示。

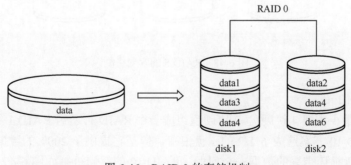

图 6-46　RAID 0 的存储机制

2. RAID 1

把 RAID 中的硬盘分成相同的两组,互为镜像,所以 RAID 1 同样最少需要 2 块磁盘。在存放数据时,RAID 1 将数据并行传输到每块磁盘上,如果其中一块磁盘损坏,可以进行数据恢复。优点是容错率高,更安全,可靠性强。缺点是读写能力与 RAID 0 相比较差,磁盘利用率低,只有 1/2,成本高。RAID 1 的存储机制如图 6-47 所示。

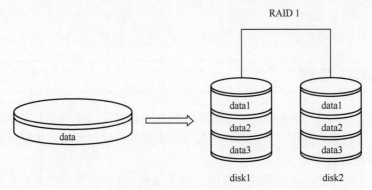

图 6-47　RAID 1 的存储机制

3. RAID 5

把数据和相对应的奇偶校验信息分别存储到各个磁盘上,并且将数据和奇偶校验信息存储于不同的磁盘上,如果其中一块磁盘损坏,可以利用剩下的数据和相应的奇偶校验信息去恢复被损坏的数据,所以 RAID 5 最少需要 3 块磁盘。优点是读能力强,数据更安全,磁盘利用率高,为$(n-1)/n$。缺点是创建过程比较复杂,只允许一块磁盘损坏。RAID 5 的存储机制如图 6-48 所示。

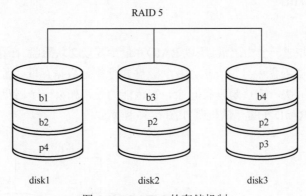

图 6-48　RAID 5 的存储机制

4. RAID 10

RAID 10 最少需要 4 块硬盘。2 块硬盘组成一个 RAID 1,两组 RAID 1 组成一个 RAID 10。虽然 RAID 10 方案造成了 1/2 的磁盘浪费,但是它提供了 200%的数据传输速度,并避免了因单磁盘损坏带来的数据安全问题。RAID 10 的存储机制如图 6-49 所示。

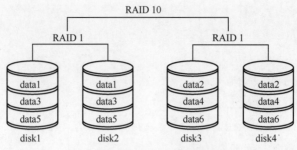

图 6-49　RAID 10 的存储机制

6.4.2　创建 RAID

下面以创建基于软件的 RAID 5 为例来讲解 RAID 的创建方法。

若要创建基于软件的 RAID 5，系统中至少要有 3 块空闲磁盘或 3 个空闲分区。可以在虚拟机中添加 4 块 SCSI 硬盘，系统重启后可以通过 fdisk -l 命令查看新增磁盘及分区情况，如图 6-50 所示。

图 6-50　查看新增磁盘及分区情况

1. 创建 4 个磁盘分区

使用 fdisk 命令创建 4 个磁盘分区/dev/sdb1、/dev/sdc1、/dev/sdd1、/dev/sde1，磁盘容量均为 1 GB，并设置分区类型 ID 为 fd（Linux raid autodetect），命令如下。

```
[root@localhost ~]# fdisk  /dev/sdb
欢迎使用 fdisk (util-linux 2.23.2)。


更改将停留在内存中，直到决定将更改写入磁盘。
使用写入命令前请三思。
命令（输入 m 获取帮助）: n
Partition type:
p primary(0 primary,0 extended,4 free)
```

```
e extended

Select(default p):p

分区号（1-4，默认1）：1

起始扇区（2048-41943039，默认为2048）

//按"Enter"键，将使用默认值2048

Last 扇区，+扇区 or +size{K,M,G} (2048-41943039，默认为 41943039)：+1G

已设置分区1为Linux类型，大小设置为1 GB


命令（输入m获取帮助）：t

已选择分区1

Hex 代码（输入L列出所有代码）：fd

已将分区"Linux"的类型更改为"Linux raid autodetect"


命令（输入m获取帮助）：p
……（此处省略部分内容）
设备 Boot      Start          End          Blocks     ID  System
/dev/sdb1     2048           2099199      1048576    fd  Linux raid autodetect


命令（输入m获取帮助）：w
```

按照上述操作分别创建其余 4 个分区，最终查到以下分区结果。

```
设备 Boot          Start      End          Blocks      ID  System
/dev/sdb1         2048       2099199      1048576     fd  Linux raid autodetect
/dev/sdc1         2048       2099199      1048576     fd  Linux raid autodetect

/dev/sdd1         2048       2099199      1048576     fd  Linux raid autodetect
/dev/sde1         2048       2099199      1048576     fd  Linux raid autodetect
```

2. 创建 RAID

在 Linux 操作系统中，使用 mdadm 命令可以创建和管理 RAID。mdadm 命令的语法格式如下。

```
mdadm  [模式]  <RAID 设备名>  [选项]  <设备文件名>
```

在 mdadm 命令中，使用-C 模式（–create 模式）创建一个新阵列。mdadm 命令常用选项见表 6-4。RAID 设备名格式为/dev/mdX，其中 X 为设备编号，该编号从 0 开始。

表 6-4　mdadm 命令常用选项

选项	说明
-l	指定 RAID 级别
-n	指定工作盘数量
-a {yes|no}	是否自动为其创建设备文件
-x	指定空闲盘/热备盘数量，可自动顶替损坏的设备

需要注意的是，在创建阵列时，阵列的总磁盘数等于-n 选项指定的工作盘数量和-x 选项指定的空闲盘数量之和。

【例 6-4】 创建名称为/dev/md0 的 RAID 5 设备，命令如下，执行结果如图 6-51 所示。

```
[root@localhost ~]# mdadm -C /dev/md0 -l 5 -n 3 /dev/sdb1 /dev/sdc1 /dev/sdd1
-x  1  /dev/sde1
```

```
[root@localhost ~]# mdadm -C /dev/md0 -l 5 -n 3 /dev/sdb1 /dev/sdc1 /dev/sdd1   -x   1   /dev/sde1
mdadm: Defaulting to version 1.2 metadata
mdadm: array /dev/md0 started.
```

图 6-51　指定 RAID 设备名为/dev/md0

在上述命令中，指定 RAID 设备名为/dev/md0，RAID 级别为 5，使用 3 台设备作为工作盘建立 RAID，1 个空余盘留作备用。上面的命令也可以写成以下形式。

```
[root@localhost ~]# mdadm -C /dev/md0 -l 5 -n 3 -x 1 /dev/sdb1 /dev/sdc1 /dev/s
dd1  /dev/sde1
```

或

```
[root@localhost ~]# mdadm -C /dev/md0  -l  5  -n  3  -x  1  /dev/sd[b-e]1
```

3．格式化创建文件系统

格式化创建文件系统的命令如下。

```
[root@localhost ~]# mkfs -t ext4  /dev/md0
```

4．查看 md0 的详细信息

查看 md0 的详细信息的命令如下，执行结果如图 6-52 所示。

```
[root@localhost ~]# mdadm -detail  /dev/md0
```

```
[root@localhost ~]# mdadm -detail   /dev/md0
/dev/md0:
           Version : 1.2
     Creation Time : Thu Nov  9 17:49:46 2023
        Raid Level : raid5    RAID级别
        Array Size : 2093056 (2044.00 MiB 2143.29 MB)  阵列总容量
     Used Dev Size : 1046528 (1022.00 MiB 1071.64 MB)  单个设备可用容量
      Raid Devices : 3   RAID设备个数
     Total Devices : 4   总设备个数
       Persistence : Superblock is persistent

       Update Time : Thu Nov  9 18:22:58 2023
             State : clean  当前RAID状态，clean表示正常
    Active Devices : 3    活动设备数量
   Working Devices : 4
    Failed Devices : 0    出错磁盘数量
     Spare Devices : 1    空闲设备数量

            Layout : left-symmetric    数据分布方式，默认是左对称
        Chunk Size : 512K

Consistency Policy : resync

              Name : localhost:0  (local to host localhost)
              UUID : 3fcf4488:69d450e5:dble959b:9e0208b0      RAID设备唯一标识
            Events : 18

    Number   Major   Minor   RaidDevice State   RAID组各成员及其状态
       0       8       17        0      active sync   /dev/sdb1
       1       8       33        1      active sync   /dev/sdc1
       4       8       49        2      active sync   /dev/sdd1
                                                            空闲设备
       3       8       65        -      spare   /dev/sde1
```

图 6-52　查看 md0 的详细信息

从终端打印的信息可以看出，3 块磁盘活动，1 块磁盘空闲。

6.4.3 挂载 RAID 设备

【例 6-5】将 RAID 设备/dev/md0 挂载到指定的目录/mnt/md0 上，并查看挂载情况。

命令如下，执行结果如图 6-53 所示。

```
[root@localhost ~]# mkdir /mnt/md0
[root@localhost ~]# mount /dev/md0 /mnt/md0
[root@localhost ~]# df - h
```

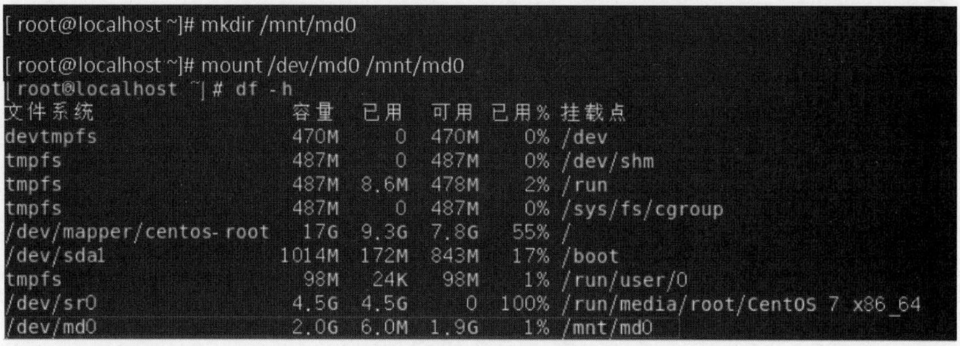

```
[root@localhost ~]# mkdir /mnt/md0
[root@localhost ~]# mount /dev/md0 /mnt/md0
[root@localhost ~]# df -h
文件系统                   容量  已用  可用 已用% 挂载点
devtmpfs                   470M     0  470M    0% /dev
tmpfs                      487M     0  487M    0% /dev/shm
tmpfs                      487M  8.6M  478M    2% /run
tmpfs                      487M     0  487M    0% /sys/fs/cgroup
/dev/mapper/centos-root     17G  9.3G  7.8G   55% /
/dev/sda1                 1014M  172M  843M   17% /boot
tmpfs                       98M   24K   98M    1% /run/user/0
/dev/sr0                   4.5G  4.5G     0  100% /run/media/root/CentOS 7 x86_64
/dev/md0                   2.0G  6.0M  1.9G    1% /mnt/md0
```

图 6-53 挂载 RAID 设备

6.4.4 测试 RAID 设备

1．向 md0 目录写入一个大小为 100 MB 的文件 testfile 供数据恢复时测试

命令如下，执行结果如图 6-54 所示。

```
[root@localhost ~]# cd /mnt/md0
[root@localhost md0]# dd if=/dev/zero of=testfile count=1 bs=100M
[root@localhost md0]#  ll | grep testfile
```

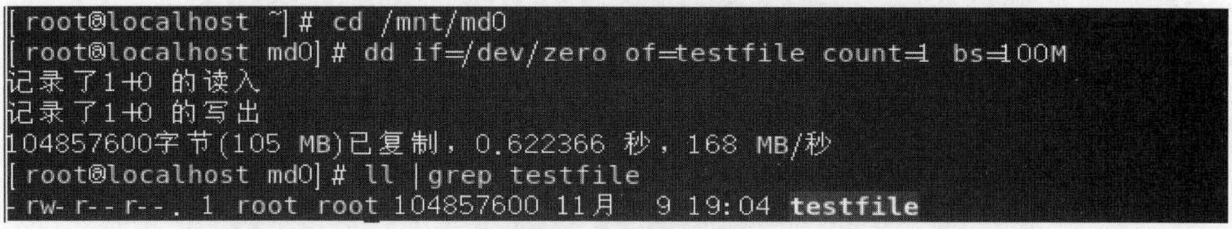

```
[root@localhost ~]# cd /mnt/md0
[root@localhost md0]# dd if=/dev/zero of=testfile count=1 bs=100M
记录了1+0 的读入
记录了1+0 的写出
104857600字节(105 MB)已复制，0.622366 秒，168 MB/秒
[root@localhost md0]# ll |grep testfile
-rw-r--r--. 1 root root 104857600 11月  9 19:04 testfile
```

图 6-54 写入 testfile

2．破坏 RAID 5 设备中的一块磁盘，让空闲磁盘工作

破坏 RAID 5 设备中的一块磁盘，系统会自动停止这块磁盘的工作，让作为后备的空闲磁盘代替损坏的磁盘继续工作。

① 模拟磁盘阵列中的/dev/sdb1 分区损坏，其中-f 选项用于标记指定磁盘失效。

命令如下。

```
[root@localhost ~]# mdadm /dev/md0  -f  /dev/sdb1
```

② 再次查看 md0 的详细信息，命令如下，执行结果如图 6-55 所示。

```
[root@localhost md0]# mdadm --detail /dev/md0
```

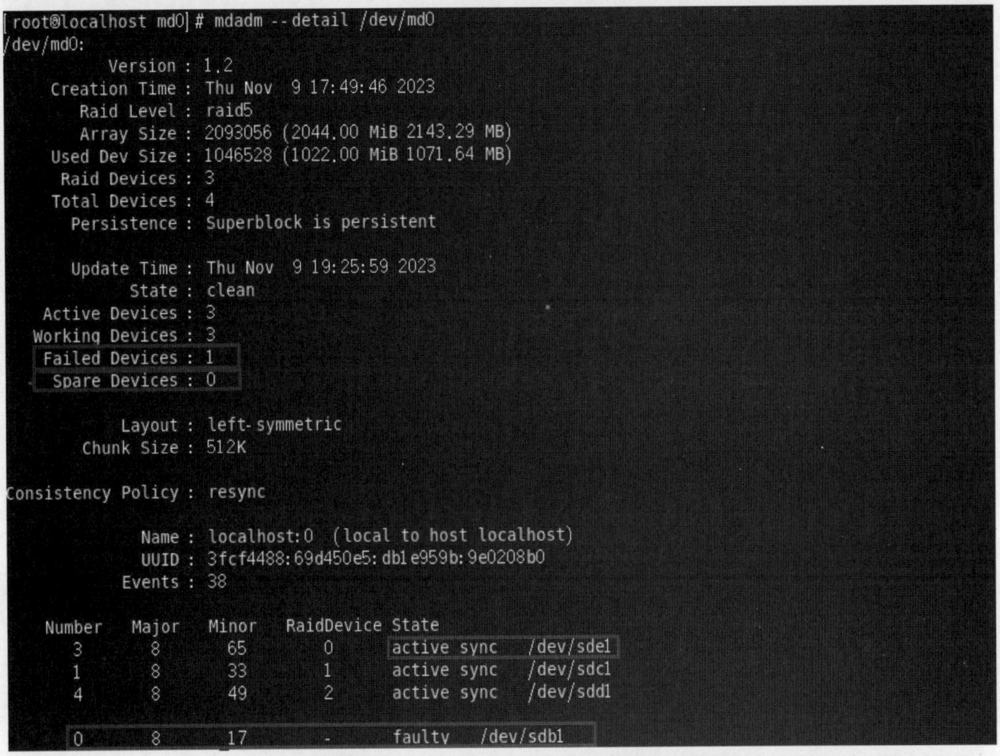

```
[root@localhost md0]# mdadm --detail /dev/md0
/dev/md0:
           Version : 1.2
     Creation Time : Thu Nov  9 17:49:46 2023
        Raid Level : raid5
        Array Size : 2093056 (2044.00 MiB 2143.29 MB)
     Used Dev Size : 1046528 (1022.00 MiB 1071.64 MB)
      Raid Devices : 3
     Total Devices : 4
       Persistence : Superblock is persistent

       Update Time : Thu Nov  9 19:25:59 2023
             State : clean
    Active Devices : 3
   Working Devices : 3
    Failed Devices : 1
     Spare Devices : 0

            Layout : left-symmetric
        Chunk Size : 512K

Consistency Policy : resync

              Name : localhost:0  (local to host localhost)
              UUID : 3fcf4488:69d450e5:db1e959b:9e0208b0
            Events : 38

    Number   Major   Minor   RaidDevice State
       3       8       65        0      active sync   /dev/sde1
       1       8       33        1      active sync   /dev/sdc1
       4       8       49        2      active sync   /dev/sdd1

       0       8       17        -      faulty   /dev/sdb1
```

图 6-55　再次查看 md0 的详细信息

使用 ls 命令列出文件或目录信息，命令如下，执行结果如图 6-56 所示。

```
[root@localhost md0]# ls
```

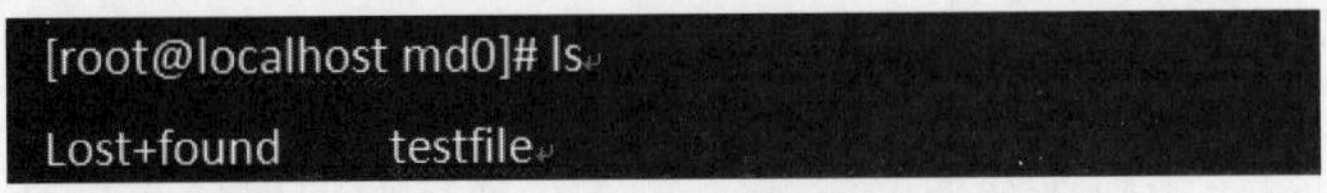

```
[root@localhost md0]# ls
Lost+found      testfile
```

图 6-56　使用 ls 命令列出文件或目录信息

从上面的结果可以看出，作为后备的空闲磁盘/dev/sde 已经代替损坏的磁盘/dev/sdb 继续工作了，并且/mnt/md0 目录中的文件 testfile 没有因为磁盘的损坏而丢失。

③ 热移除故障磁盘，其中-r 选项用于移除磁盘，命令如下。

```
[root@localhost md0]# mdadm  -r  /dev/md0   /dev/sdb1
```

6.4.5　手动恢复 RAID 5 设备的数据

如果在 RAID 5 设备中的一块磁盘损坏后，作为后备的空闲磁盘没有代替损坏的磁盘继续工作，则需要手动进行数据恢复。

① 将损坏的 RAID 设备标记为失效，命令如下。

```
[root@localhost md0]# mdadm  /dev/md0  -f /dev/sdb1
```

② 移除失效的 RAID 设备，命令如下。

```
[root@localhost md0]# mdadm  /dev/md0  -r  /dev/sdb1
```

③ 更换硬盘设备，添加一个新的 RAID 设备，命令如下。

```
[root@localhost md0]# mdadm  /dev/md0  --add  /dev/sde1
```

6.4.6 停止 RAID 设备的运行

当不再使用 RAID 设备时，可以使用下面的命令停止 RAID 设备的运行。需要注意的是，在停止 RAID 设备的运行之前应先进行卸载操作。执行结果如图 6-57 所示。

```
[root@localhost ~]# umount  /dev/md0   /mnt/md0
[root@localhost ~]# mdadm -S  /dev/md0
```

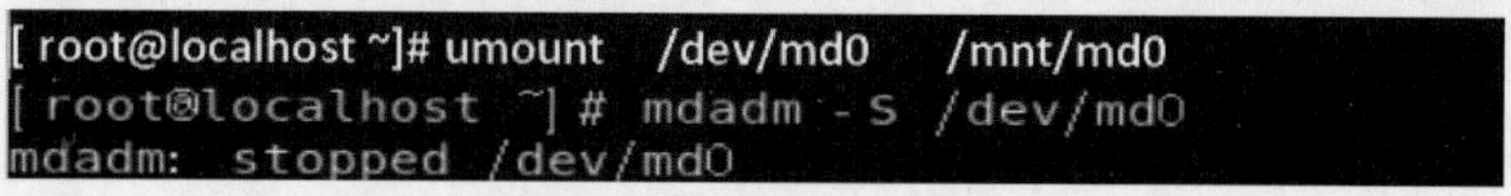

图 6-57 卸载/dev/md0 设备

停止 RAID 设备的运行后再次查看 RAID 设备详细信息时，提示已经打不开/dev/md0 设备。

执行结果如图 6-58 所示。

```
[root@localhost ~]# mdadm --detail /dev/md0
```

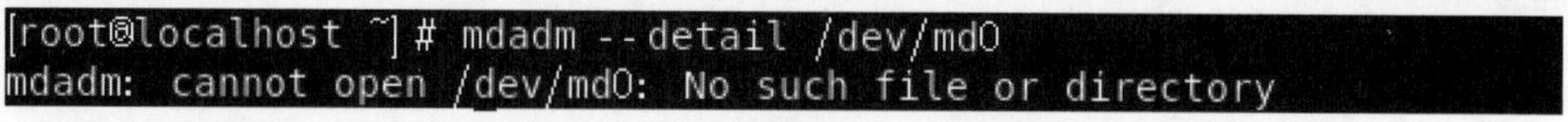

图 6-58 再次查看/dev/md0 设备

6.5 问题与思考

在信息化和数字化高速发展的今天，高效、环保地使用存储设备对于减少能耗、延长设备寿命及促进可持续发展具有重要意义。学习 Linux 磁盘管理技术不仅能够提升系统的磁盘管理效率，还能在实践中树立合理使用资源的生态文明理念和绿色低碳发展理念。

① 合理规划磁盘分区：根据实际需求合理规划磁盘分区，避免磁盘空间浪费。使用如 LVM 等工具可以灵活调整磁盘分区大小，满足未来数据增长需求。

② 选择高效文件系统：采用如 ext4、xfs 等现代文件系统，提升数据存取效率，减少磁盘 I/O 操作，从而间接减少能耗。

③ 使用绿色节能型硬盘：优先选择 SSD（固态硬盘）或低功耗的 HDD（硬盘驱动器），它们相较于传统硬盘在减少能耗上有显著优势。

6.6　本章小结

本章主要介绍在 Linux 操作系统中如何进行存储管理，包括磁盘管理、磁盘配额管理、LVM、RAID 管理。通过学习，可以掌握磁盘分区、格式化创建文件系统、挂载和卸载分区的操作；掌握配置用户或用户组磁盘空间配额和设置宽限时间的操作；掌握逻辑卷的创建和管理及创建 RAID 设备的操作。

6.7　本章习题

1．填空题

（1）在 Linux 操作系统中，对磁盘进行分区时可以使用一些常见的分区工具，如_____、parted、cfdisk、Disk Druid 等。

（2）根据要创建的文件系统类型来_____分区，建立文件系统的常用命令是_____。

（3）文件系统创建后，需要将文件系统_____到 Linux 操作系统的空目录上，才可以使用。

（4）_____选项在 mount 命令中用于指定文件系统的类型，省略该选项则自动选择正确的文件系统类型。

（5）每次系统启动后，手动挂载的文件系统都需要重新挂载，因此可以通过修改_____文件，对需要自动挂载的文件系统进行配置。

（6）为了防止某个用户或用户组占用过多的磁盘空间，可以对磁盘采用_____管理。

（7）LVM 是在 Linux 环境中对_____进行管理的一种机制。

（8）LVM 最大的特点是可以对磁盘进行_____。

（9）RAID 作为高性能的存储系统，____RAID 通过软件实现多块硬盘的冗余，____RAID 一般通过 RAID 卡来实现。

（10）创建 RAID 5 最少需要_____块磁盘。

2．选择题

（1）通过 fdisk 命令的（　　）选项可以显示指定磁盘设备的分区表信息。

A．-n　　　　　　B．-l　　　　　　C．-t　　　　　　D．-d

（2）在常用的 fdisk 交互子命令中，（　　）可以删除一个分区。

A．d　　　　　　B．n　　　　　　C．p　　　　　　D．w

（3）分区创建后只有建立了（　　），才能用于存取文件。

A．文件信息　　B．用户信息　　　C．用户系统　　D．文件系统

（4）想在一个新分区上建立文件系统，应该使用（　　）命令。

A．fdisk　　　　B．makefs　　　　C．mkfs　　　　D．format

（5）（　　）是 CD-ROM 光盘的标准文件系统。

A．ext4　　　　　　B．iso9660　　　　　C．ntfs　　　　　　　D．vfat

（6）要想将/dev/sdb1 分区挂载到/newfile 目录上，且文件系统类型为 ext4，可以使用
（　　）命令。

A．mount -t　　ext4　　/dev/sdb1　　/newfile

B．mount -o　　ext4　　/newfile　　　/dev/sdb1

C．mount -t　　ext4　　/newfile　　　/dev/sdb1

D．mount -o　　ext4　　/dev/sdb1　　/newfile

（7）在 LVM 中，（　　）表示卷组。

A．PE　　　　　　　B．PV　　　　　　　C．VG　　　　　　D．LV

（8）PE 是逻辑卷的最基本单位，如果一个大小为 800 MB 的硬盘格式化成 PV，实际
上是将这块物理硬盘划分成了（　　）个 PE。

A．100　　　　　　B．200　　　　　　C．300　　　　　　D．400

（9）根据磁盘中的数据存取方式，RAID 可分为多个级别，其中常用的 RAID 是（　　）。

A．RAID 1　　　　B．RAID 5　　　　C．RAID 10　　　D．以上都是

（10）RAID 1 把 RAID 中的硬盘分成相同的两组，互为镜像，所以 RAID 1 也最少需
要（　　）个磁盘。

A．1　　　　　　　B．3　　　　　　　C．4　　　　　　　D．2

3．简答题

（1）简述进行磁盘配额管理的两种方式。

（2）简述 LVM 的工作原理。

（3）简述 RAID 5 的原理及特点。

第 7 章 Linux 网络管理

学习目标

- 掌握常用的网络管理命令。
- 了解 Linux 网络配置文件。
- 掌握 Linux 网络相关配置。

素养目标

- 培养辩证认识问题、具体分析问题的能力。
- 塑造严格履职、爱岗敬业的职业品格。

导学词条

- NetworkManager：一个在类 UNIX 操作系统中广泛使用的网络配置和状态管理工具。其主要功能是管理计算机的网络连接，包括有线连接和无线连接。特点是具有自动连接功能，当用户启动计算机时，能够自动扫描可用的网络设备，并根据用户的网络配置自动连接合适的网络。NetworkManager 支持网络配置的图形化界面和命令行界面。
- 网络接口卡（NIC）：简称网卡，是一种计算机或其他网络设备所附带的适配器，用于连接计算机和网络设备。
- 网络接口：计算机系统或网络设备与网络之间进行通信的接口，包括硬件和软件两个方面。

7.1 网络管理命令

在进行网络配置之前首先需要了解网络管理命令的使用，本节主要介绍常用的基础网络管理命令。

7.1.1 ifconfig 命令

ifconfig 命令用于查看当前网络接口状态、配置网络接口或配置网络。ifconfig 命令也可以用于查看、启用或禁用指定网络接口，还可以用于临时配置网卡的 IP 地址、子网掩码、广播地址、网关等。在 Windows 操作系统中，类似的命令为 ipconfig 命令。

1．查看当前网络接口状态

ifconfig 命令后面不接任意参数，表示输出当前所有的网络接口状态。命令如下，执行结果如图 7-1 所示。

```
[root@localhost ~]# ifconfig
```

```
[root@localhost ~]# ifconfig
ens33: flags=4163<UP,BROADCAST,RUNNING,MULTICAST>  mtu 1500
        inet 192.168.145.128  netmask 255.255.255.0  broadcast 192.168.231.255
        inet6 fe80::2c55:42e2:fa4:bf26  prefixlen 64  scopeid 0x20<link>
        ether 00:0c:29:38:91:42  txqueuelen 1000  (Ethernet)
        RX packets 2149  bytes 681057 (665.0 KiB)
        RX errors 0  dropped 0  overruns 0  frame 0
        TX packets 86  bytes 7927 (7.7 KiB)
        TX errors 0  dropped 0 overruns 0  carrier 0  collisions 0
lo: flags=73<UP,LOOPBACK,RUNNING>  mtu 65536
        inet 127.0.0.1  netmask 255.0.0.0 ……（此处省略部分内容）
virbr0: flags=4099<UP,BROADCAST,MULTICAST>  mtu 1500
        inet 192.168.122.1  netmask 255.255.255.0  broadcast 192.168.122.255
        ether 52:54:00:1d:40:cc  txqueuelen 1000  (Ethernet)
        ……<略>
```

图 7-1　输出当前所有的网络接口状态

① ens33 表示网络接口的名称，这里将其理解为主机的以太网网卡名称。

- 第 1 行：UP 表示此网络接口为启用状态，RUNNING 表示网卡设备已连接，MULTICAST 表示支持组播，mtu 为数据包最大传输单元。
- 第 2 行：分别表示网卡 IP 地址、子网掩码、广播地址。在大多数情况下用户希望获取此行信息。
- 第 3 行：IPv6 地址。
- 第 4 行：ether 为网卡的 MAC 地址，txqueuelen 表示用于传输数据的缓冲区的储存长度，Ethernet 表示连接类型为以太网。
- 第 5 行：接收数据包数量、数据包大小统计信息。
- 第 6 行：异常接收数据包的数量、丢包量、错误等。
- 第 7 行：发送数据包数量、数据包大小统计信息。
- 第 8 行：异常发送数据包的数量、丢包量、错误等。

② lo 为本地环回接口，IP 地址固定为 127.0.0.1，子网掩码为 8 位，表示本机。一般用在需要测试一个网络程序但又不想让局域网或外网的用户看到的情况下。例如在测试本地 HTTPD 服务时，把服务器的地址指定为环回地址，在浏览器中输入 127.0.0.1，就能访问 Web 网站了，而局域网或外网的其他主机则无法访问。

③ virbr0 是 KVM 默认创建的一个 Bridge，因安装和启用了 libvirt 服务而生成，作用是为连接其上的虚拟网卡提供 NAT 访问外网的功能，默认 IP 地址为 192.168.122.1。

如果只想查看某个网络接口，如查看 ens33 的状态，则可以使用以下命令。

```
[root@localhost ~] # ifconfig  ens33
```

2．查看启用和禁用网络接口

当系统中存在多个网络接口时，执行 ifconfig 命令可以对网络接口进行启用和禁用操作。ifconfig 命令的语法格式如下。

```
ifconfig 网络接口名 up | down
```

【例 7-1】　使用 ifconfig 命令实现对网络接口的查看、启用和禁用操作，命令如下。

```
[root@localhost ~]# ifconfig ens33 down      //禁用网卡 ens33
[root@localhost ~]# ifconfig                  //查看网络接口状态，不会出现 ens33
[root@localhost ~]# ifconfig ens33 up         //启用网卡 ens33，出现 ens33
```

3．配置网络接口

使用 ifconfig 命令可以配置网络接口的 IP 地址、子网掩码、网关等，但通过这种方式为网卡指定的 IP 地址只能用于临时网络调试，并不会更改系统网卡的配置文件。在 7.2 节中会介绍具体的网络配置方法，将网卡的 IP 地址等参数固定下来。

利用 ifconfig 命令调试网络接口是通过指定参数来实现的，命令如下。

```
ifconfig 网络接口名 IP 地址 [netmask 子网掩码]  [broadcast 广播地址]  [up | down]
```

【例 7-2】　设置网卡 ens33 的 IP 地址、子网掩码、广播地址并启用 ens33，命令如下。

```
[root@localhost ~]# ifconfig  ens33  192.168.145.127  netmask  255.255.255.0  b
roadcast 192.168.231.255  up
```

上述命令配置的 ens33 网卡参数在网卡被禁用、重新启用后将会失效。

7.1.2　ping 命令

ping 命令用于检查网络是否通畅或测试网络连接速度，也可以用于测试与确定目标主机或域名是否可达。在命令执行过程中，主机向目标主机发送 ICMP 数据包，通过显示响应情况及输出信息来确定目标主机或域名是否可达。通常情况下 ping 命令的返回结果是可信的，但在实际应用中，有些服务器因安全考虑可以设置禁止 ping 命令，从而使 ping 命令的返回结果与实际网络连通情况不符。ping 命令的语法格式如下。

```
ping  [参数]      目标主机 IP 地址或域名
```

ping 命令的常用参数说明见表 7-1。

表 7-1　ping 命令的常用参数说明

选项	说明
-c	发送指定数目的数据包
-i	设定发送数据包间隔的秒数，预设值是 1 秒发送 1 次
-t	设置存活数值 TTL 的大小

【例 7-3】　请根据实际情况，ping 网络中的其他主机或域名。

① 可以 ping 通目标主机，命令如下，执行结果如图 7-2 所示。

```
[root@localhost ~]# ping  192.168.145.129
```

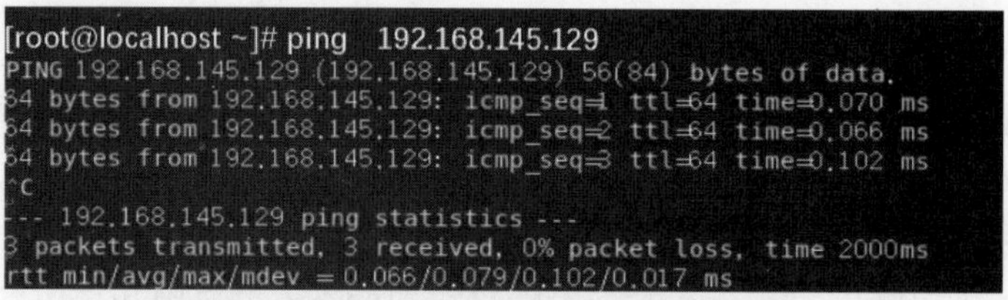

图 7-2　可以 ping 通目标主机

② 可以 ping 通域名，命令如下，执行结果如图 7-3 所示。

```
[root@localhost ~]# ping   域名
```

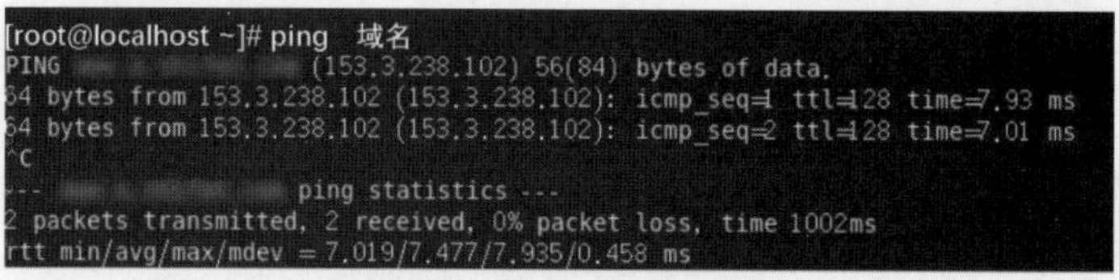

图 7-3　可以 ping 通域名

③ 向目标主机发送指定数目的数据包，命令如下，执行结果如图 7-4 所示。

```
[root@localhost ~]# ping -c 1 192.168.145.129
```

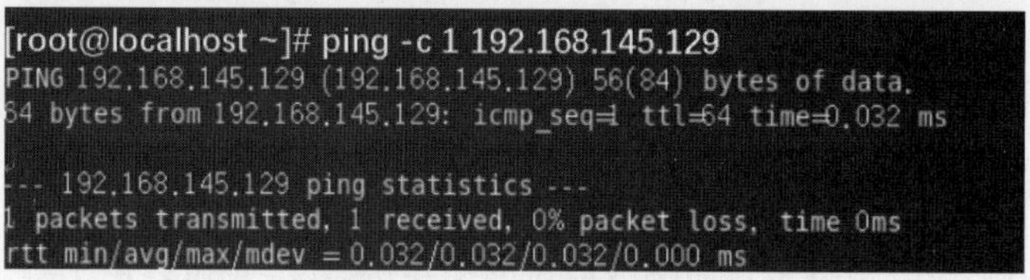

图 7-4　向目标主机发送指定数目的数据包

④ 无法 ping 通目标主机，命令如下，执行结果如图 7-5 所示。

```
[root@localhost ~]# ping 192.168.145.130
```

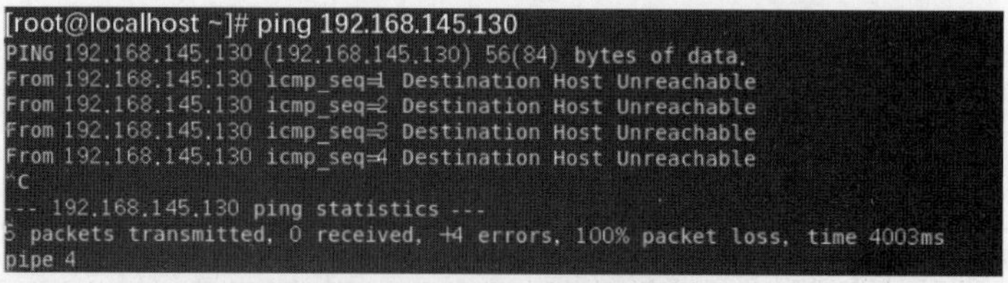

图 7-5　无法 ping 通目标主机

注意：在 Linux 操作系统中 ping 命令的执行不会自动终止，需要按 "Ctrl + C" 组合键终止或用选项 "-c" 指定发送的数据包个数。

7.1.3　netstat 命令

netstat 命令是一个非常有用的工具，用于监控 TCP/IP 网络，并且可以用于显示和管理正在运行的网络连接。它提供了各种有关网络连接的实时信息，如网络连接的状态、本地地址、远程地址、协议类型、监听端口等。netstat 命令结合各种选项的使用，能够监控网络活动，并查找与网络相关的问题。netstat 命令的常用选项见表 7-2。

表 7-2　netstat 命令的常用选项

选项	说明
-a 或--all	显示本机所有有效网络连接信息列表
-n 或--numeric	以数字 IP 地址的形式显示网络连接信息列表
-l 或--listening	显示监听中的服务器的端口
-t	显示 TCP（传输控制协议）连接
-u	显示 UDP（用户数据报协议）连接
-p	显示网络连接对应的 PID 与程序名

① 显示一个包含所有有效网络连接信息的列表，包括已建立的连接、监听连接等。命令如下，执行结果如图 7-6 所示。

```
[root@localhost ~]# netstat -a
```

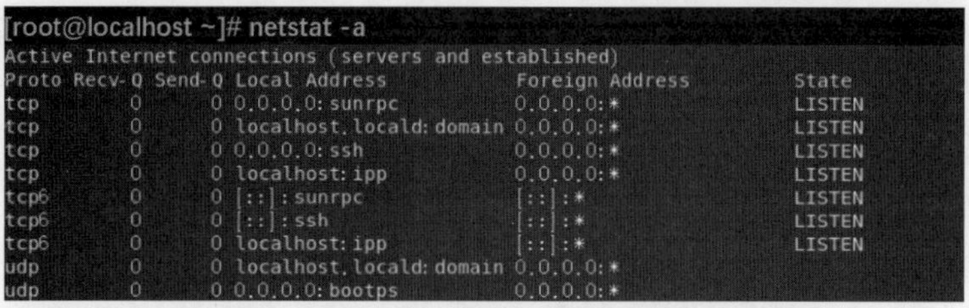

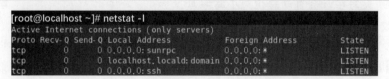

图 7-6　显示一个包含所有有效网络信息的列表

② 显示所有处于监听状态的端口，命令如下，执行结果如图 7-7 所示。

```
[root@localhost ~]# netstat -l
```

图 7-7　显示所有处于监听状态的端口

③ 显示端口号对应的进程，用于排查端口号是否被占用，如 22 号端口的占用情况。命令如下，执行结果如图 7-8 所示。

```
[root@localhost ~]# netstat -tunlp | grep 22
```

图 7-8　显示端口号对应的进程

7.2 Linux 网络配置

Linux 操作系统与网络中其他主机进行通信，首先需要进行正确的网络配置。可以采用菜单图形界面、管理工具、命令行工具等配置网络，通常包括配置主机名、IP 地址、子网掩码、默认网关、DNS 服务器等。

7.2.1 设置系统主机名

1. 使用 hostnamectl 命令配置主机名

（1）查看主机名

查看主机名的命令如下，执行结果如图 7-9 所示。

```
[root@localhost ~]# hostnamectl   status
```

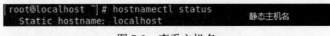

图 7-9　查看主机名

（2）修改主机名

修改主机名的命令如下。

```
[root@centos7 ~]# hostnamectl set-hostname centos7
```

基于用户图形界面重新打开终端或者基于文本界面用户注销重新登录后，可以看到修改后的主机名为 centos7，如图 7-10 所示。

图 7-10　修改主机名为 centos7

注意：使用 hostnamectl 命令修改主机名时，如果主机名包含特殊字符则会被移除，且主机名中的大写字母会自动转化为小写字母。

2. 修改主机名配置文件

CentOS 7 中的主机名配置文件为/etc/hostname 文件，可以在文件中直接修改主机名，修改后的主机名不会立即生效，需要重启 hostnamed 服务或者重启（reboot）系统。

【例 7-4】　① 修改主机名配置文件，将主机名改为 Server。命令如下，执行结果如图 7-11 所示。

```
[root@localhost ~]# vim  /etc/hostname
```

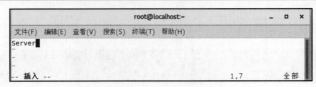

图 7-11　将主机名修改为 Server

② 重启服务，重新打开终端窗口后可以看到主机名已经被改为 Server。命令如下，执行结果如图 7-12 所示。

```
[root@localhost ~]# systemctl  restart  systemd-hostnamed
```

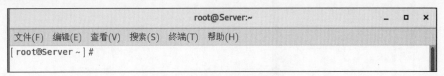

图 7-12　重新打开终端窗口

3．使用 nmtui 接口修改主机名

nmtui 接口是 NetworkManager 的图形用户界面接口，用户即使基于文本界面也可以使用该工具完成网络配置。修改后的主机名不会立即生效，需要重启 hostnamed 服务或者重启系统。

【例 7-5】　使用 nmtui 接口修改主机名，命令如下。

```
[root@localhost ~]# nmtui
```

在图 7-13 所示的 nmtui 启动界面中通过按下 "Tab" 键选择 "设置系统主机名" 选项，在图 7-14 中输入主机名 "Server"，并单击 "确定" 按钮。注意，主机名要遵从与互联网域名同样的字符限制规则，主机名不能包括无效字符，如空格。

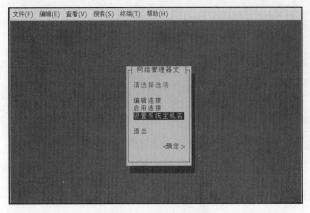

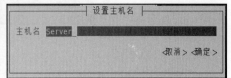

图 7-13　nmtui 启动界面　　　　　　　　图 7-14　设置主机名界面

7.2.2　设置网络连接状态

进行网络的具体配置时，如果网络未处于连接状态，需要将有线网络设置为连接状态。

1．基于系统菜单将有线网络设置为连接状态

单击桌面右上角的 "电源" 按钮，再单击 "连接" 按钮，将有线网络设置为连接状态，如图 7-15 所示。

设置完成后，右上角将出现表示有线网络连接的小图标，如图 7-16 所示。

en 星期六 11:27
有线 已关闭
连接
有线设置
开
root

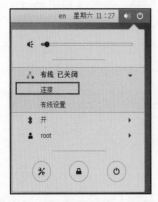

图 7-15 将有线网络设置为连接状态

en 星期六 17:12

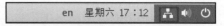

图 7-16 有线网络处于连接状态

2. 基于图形界面将有线网络设置为连接状态

【例 7-6】 在图 7-17 所示的 nmtui 启动界面中，选择“Activate a connection”选项，在有线网络“Wired”下选择“ens33”选项，移至右侧“Activate”，按“Enter”键确认，激活 ens33 有线网络连接。

① 启动 nmtui 界面，命令如下，执行结果如图 7-17 所示。

```
[root@localhost ~]# nmtui
```

NetworkManager TUI
Please select an option
Edit a connection
Activate a connection
Set system hostname
Quit
<OK>
Wired
ens33
Bridge (virbr0)
* virbr0
<Activate>
1
2

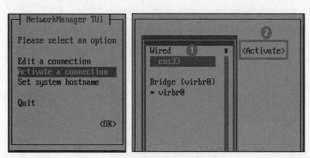

图 7-17 将有线网络设置为连接状态

② 查看 ens33 网络接口信息，命令如下，执行结果如图 7-18 所示。

```
[root@localhost ~]# ifconfig
```

[root@ localhost ~]# ifconfig
ens33: flags=4163<UP,BROADCAST,RUNNING,MULTICAST> mtu 1500
inet 192.168.145.129 netmask 255.255.255.0 broadcast 192.168.145.255
inet6 fe80::2a1c:98bf:2a4b:1361 prefixlen 64 scopeid 0x20<link>
ether 00:0c:29:38:91:42 txqueuelen 1000 (Ethernet)
RX packets 2490 bytes 157933 (154.2 KiB)
RX errors 0 dropped 0 overruns 0 frame 0
TX packets 172 bytes 18821 (18.3 KiB)
TX errors 0 dropped 0 overruns 0 carrier 0 collisions 0

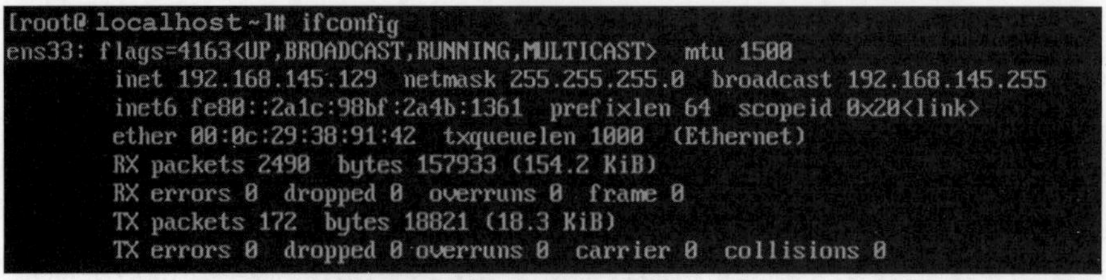

图 7-18 查看 ens33 网络接口信息

注意： 由于每台设备的硬件架构不同，需要使用 ifconfig 命令自行确认网卡的默认名称。

7.2.3　Linux 网络相关配置

在 Linux 操作系统中配置网络参数并确保网络的连通性是开展后续学习的重要内容，网络配置可以使主机在网络中与其他主机进行通信或者为其他主机提供网络服务。在图形界面上可以使用系统菜单配置网络，在文本界面上则可以使用图形菜单、网卡配置文件、nmtui 接口、nmcli 命令来配置网络。

1．使用图形菜单配置网络

在 Linux 图形界面环境中，如图 7-19 所示，①单击右上角的网络连接图标，②打开设置菜单，③单击有线设置图标按钮，④~⑧完成网络信息查询和网络配置。

【例 7-7】　完成网卡 ens33 的 IPv4 配置信息，采用手动获取的方式，将 IP 地址设置为 192.168.231.133，将子网掩码设置为 255.255.255.0，将网关设置为 192.168.231.2，将 DNS 服务器设置为 192.168.231.133，如图 7-19 所示。

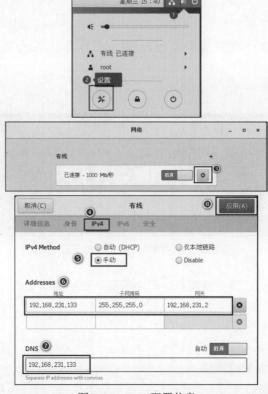

图 7-19　IPv4 配置信息

2．使用网卡配置文件配置网络

在 Linux 操作系统中一切皆文件，使用菜单配置网络实际上是将配置内容写入网卡配置文件，所以可以采用直接编辑网卡配置文件的方式进行网络配置。CentOS 7 网卡配置文件由 NetworkManager 来管理，用于存储每个网络接口的设置和应用。这些配置文件存放在/etc/sysconfig/network-scripts 目录中，前缀均为 ifcfg-，再加上网卡名称，两者共同组成了网卡配置文件的名称，如 ifcfg-ens33。

【例 7-8】 修改系统默认网卡设备（名称为 ens33）的配置文件——ifcfg-ens33，将网卡设备设置为开机自启动，并且手动配置 IP 地址、子网掩码、网关、DNS 服务器等信息。

① 切换至/etc/sysconfig/network-scripts 目录，查看信息。命令如下，执行结果如图 7-20 所示。

```
[root@localhost ~]# cd  /etc/sysconfig/network-scripts
[root@localhost network-scripts]# ls
```

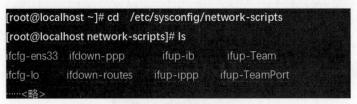

图 7-20　查看目录信息

② 使用 Vim 修改网卡配置文件 ifcfg-ens33 并保存退出。命令如下，执行结果如图 7-21 所示。

```
[root@localhost network-scripts]# vim ifcfg-ens33
```

图 7-21　修改网卡配置文件并保存退出

③ 修改配置文件后，需要重新启动网络服务，命令如下。

```
[root@localhost network-scripts]# systemctl restart network
```

④ 查看 ens33 网卡配置信息，命令如下。

```
[root@localhost network-scripts]# ifconfig
```

3. 使用 nmtui 接口配置网络

在 7.2.1 小节中，我们使用 nmtui 接口设置系统主机名，同样可以配置网络。在图 7-10 所示的 nmtui 启动界面中选择"编辑连接"选项，选择要编辑的网卡名称"ens33"，针对 IPv4 部分进行参数配置，按下"Tab"键、"Enter"键进行选择和确认。

【例 7-9】 使用 nmtui 接口配置网络，手动配置 ens33 网卡参数——IP 地址、子网掩码、网关、DNS 服务器等信息，并且将开机启动方式设置为开机自启动。

① 将"IPv4 配置"后面的"自动"改为"手动"。

在"自动"选项上按"Enter"键后，在出现的菜单中选择"手动"选项，将 IPv4 的配置方式改成手动配置，如图 7-22 所示。

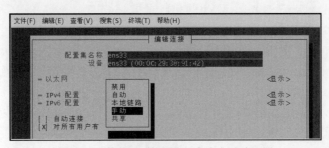

图 7-22　将 IPv4 的配置方式改成手动配置

② 在"IPv4 配置"后面的"显示"选项上按"Enter"键，显示信息配置框，依次添加 IP 地址、网关、DNS 服务器等信息，如图 7-23 所示。将"自动连接"选项前面设置为 [X]，然后选择"确认""返回"并"退出"。

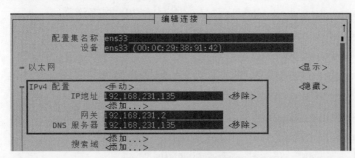

图 7-23　IPv4 配置参数

③ 配置网络连接为开机自动连接，如图 7-24 所示。

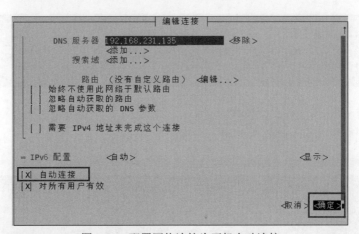

图 7-24　配置网络连接为开机自动连接

④ 重新启动网络服务后生效，命令如下。

```
[root@localhost network-scripts]# systemctl restart network
```

⑤ 查看结果。命令如下。

```
[root@localhost network-scripts]# ifconfig
```

4．使用 nmcli 命令配置网络

CentOS 7 系统与 RHEL 7 系统相同，默认网络服务由 NetworkManager 提供。NetworkManager 是一个动态网络控制和配置管理工具，在网络设备和连接可用时保持启动和激活。

nmcli 是 NetworkManager 的命令行工具，nmcli 命令功能强大，可以完成网卡上的所有配置，并将配置信息写入配置文件。

（1）常用命令——nmcli connection（连接）命令

一个网络接口可以有多个网络连接配置，即一个网卡可以有多个连接配置，但同时只有一个网络连接配置生效。

① nmcli connection show：显示所有网络连接。

② nmcli connection show 网络连接名称：显示指定网络连接。

③ nmcli connection show --active：显示所有活动的网络连接。

④ nmcli connection reload：重新加载网络连接。

⑤ nmcli connection add：创建新连接。

⑥ nmcli connection delete 网络连接名称：删除指定网络连接。

⑦ nmcli connection up 网络连接名称：启用指定网络连接。

⑧ nmcli connection down 网络连接名称：禁用指定网络连接。

⑨ nmcli connection modify：修改网络连接。

【例 7-10】 nmcli connection 命令的使用。

① 显示所有网络连接，命令如下，执行结果如图 7-25 所示。

```
[root@localhost ~]# nmcli connection show
```

```
[root@localhost ~]# nmcli connection show
NAME     UUID                                   TYPE       DEVICE
ens33    78550572-e154-41b3-88ec-e60afabdc7af   ethernet   ens33
virbr0   7529f2d2-7b7a-4531-8288-79375213cc5b   bridge     virbr0
```

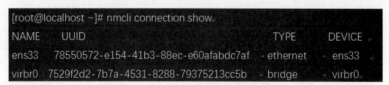

图 7-25　显示所有网络连接

② 显示名称为 ens33 的网络连接，命令如下，执行结果如图 7-26 所示。

```
[root@localhost ~]# nmcli connection show ens33
```

```
[root@localhost ~]# nmcli connection show ens33
connection.id:                          ens33
connection.uuid:                        78550572-e154-41b3-88ec-e60afabdc7af
connection.stable-id:                   --
connection.type:                        802-3-ethernet
connection.interface-name:              ens33
connection.autoconnect:                 是
```

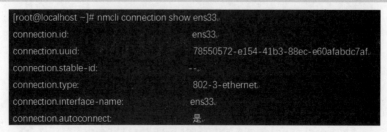

图 7-26　显示名称为 ens33 的网络连接

③ 为 ens33 网络接口创建一个新网络连接,网络连接名称为 test1,IP 地址通过 DHCP
自动获取。命令如下,执行结果如图 7-27 所示。

```
[root@localhost ~]# nmcli connection add con-name test1  type Ethernet
ifname ens33
```

```
[root@ localhost ~]# nmcli connection add con-name test1   type Ethernet   ifname ens33
连接 "test1" (0ee708ce-1a53-49aa-aa24-febcc5d365f0) 已成功添加。
```

图 7-27　为 ens33 网络接口创建网络连接 test1

注意: 此命令中的参数在下文中介绍。

④ 为 ens33 网络接口创建一个新网络连接,网络连接名称为 test2,根据实际情况指
定静态 IP 地址,不自动连接。命令如下,执行结果如图 7-28 所示。

```
[root@localhost ~]# nmcli connection add con-name test2  ipv4.method manual
ifname ens33  autoconnect no  type Ethernet  ipv4.addresses 192.168.231.100/24
gw4 192.168.231.2
```

```
[root@ localhost ~]# nmcli connection add con-name test2   ipv4.method manual ifname ens33
autoconnect no   type Ethernet   ipv4.addresses 192.168.231.100/24 gw4 192.168.231.2
连接 "test2" (bdeddd01-34f8-4d5a-8b87-6cef66b57975) 已成功添加。
```

图 7-28　为 ens33 网络接口创建网络连接 test2

此时再显示所有网络连接,出现 test1 和 test2,命令如下,执行结果如图 7-29 所示。

```
[root@localhost ~]# nmcli connection show
```

```
[root@ localhost ~]# nmcli connection show
NAME      UUID                                    TYPE       DEVICE
ens33     70b4f053-3e4d-49f4-a994-96095e394373    ethernet   ens33
virbr0    04949f74-f0e7-4cb4-84bb-9ba8e9b56fc5    bridge     virbr0
test1     0ee708ce-1a53-49aa-aa24-febcc5d365f0    ethernet   --
test2     bdeddd01-34f8-4d5a-8b87-6cef66b57975    ethernet   --
```

图 7-29　显示所有网络连接 1

nmcli connection add 命令的参数说明如下。

- con-name:指定网络连接名称。
- ipv4.method:指定获取 IP 地址的方式,manual 表示手动获取。
- ifname:指定网络连接所属的网络接口名称。
- autoconnect:指定连接是否自动启动。
- type:指定网络连接类型。
- ipv4.addresses:指定 IPv4 地址。
- gw4:指定网关。

⑤ 删除网络连接 test1,命令如下,执行结果如图 7-30 所示。

```
[root@localhost ~]# nmcli connection delete test1
```

图 7-30　删除网络连接 test1

⑥ 启用网络连接 test2，并查看结果。命令如下，执行结果如图 7-31 所示。

```
[root@localhost ~]# nmcli connection up test2
```

图 7-31　启用网络连接 test2

显示所有网络连接，命令如下，结果如图 7-32 所示。

```
[root@localhost ~]# nmcli connection show
```

图 7-32　显示所有网络连接 2

⑦ 修改网络连接设置。

- 修改 IP 地址：将网络连接 test2 连接的 IP 地址修改为 192.168.231.133；为网络连接 test2 再添加一个 IP 地址 192.168.231.134，为网络连接 test2 配置多个 IP 地址。命令如下，执行结果如图 7-33 所示。

```
[root@localhost ~]# nmcli connection modify test2 ipv4.addresses 192.168.
231.133/24
[root@localhost ~]# nmcli connection modify test2 +ipv4.addresses 192.168.2
31.134/24
[root@localhost ~]# nmcli connection show  "test2"
```

图 7-33　为网络连接 test2 添加 IP 地址

- 修改 DNS：将网络连接 test2 的 DNS 修改为 192.168.231.133，命令如下。

```
[root@localhost ~]# nmcli  connection  modify  test2  ipv4.dns  192.168.231.133
```

- 删除 DNS：将网络连接 test2 的 DNS 删除，命令如下。

```
[root@CentOS7 ~]# nmcli  connection  modify  test2  -ipv4.dns  192.168.231.133
```

- 将网络连接 test2 修改为自动连接，命令如下。

```
[root@localhost ~]# nmcli connection  modify  test2  connection.autoconnect  yes
```

- 查看是否成功，命令如下，执行结果如图 7-34 所示。

```
[root@localhost ~]# cat  /etc/sysconfig/network-scripts/ifcfg-test2
```

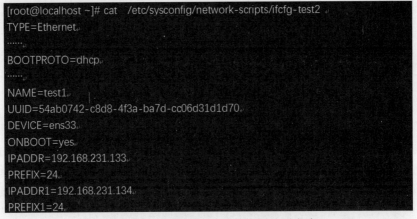

```
[root@localhost ~]# cat  /etc/sysconfig/network-scripts/ifcfg-test2
TYPE=Ethernet
……
BOOTPROTO=dhcp
……
NAME=test1
UUID=54ab0742-c8d8-4f3a-ba7d-cc06d31d1d70
DEVICE=ens33
ONBOOT=yes
IPADDR=192.168.231.133
PREFIX=24
IPADDR1=192.168.231.134
PREFIX1=24
```

图 7-34　查看修改网络连接设置是否成功

（2）常用命令——nmcli device（设备）命令

nmcli device 命令常用参数如下。

① nmcli device status：显示网络设备状态。

② nmcli device show 网络设备名：显示指定网络设备属性。

③ nmcli device disconnect 网络设备名：禁用网卡 ens33，物理网卡。

④ nmcli device connect 网络设备名：启用网卡 ens33，物理网卡。

（3）nmcli 命令与网卡配置文件的对应关系

创建网络连接后，在/etc/sysconfig/network-scripts 目录下会生成一个名为 "ifcfg-连接名称" 的网卡配置文件，通过 nmcli 命令对网络连接所进行的配置均会写入相应的网卡配置文件，具体对应内容见表 7-3。

① 查看/etc/sysconfig/network-scripts 目录，命令如下，执行结果如图 7-35 所示。

```
[root@localhost ~]# ls /etc/sysconfig/network-scripts/ifcfg-*
```

```
[root@localhost ~]# ls /etc/sysconfig/network-scripts/ifcfg-*
/etc/sysconfig/network-scripts/ifcfg-ens33
/etc/sysconfig/network-scripts/ifcfg-lo
/etc/sysconfig/network-scripts/ifcfg-test1
```

图 7-35　查看目录

② nmcli 命令与网卡配置文件的对应内容见表 7-3。

表 7-3 nmcli 命令与网卡配置文件的对应内容

nmcli 命令	/etc/sysconfig/network-scripts/ifcfg-*文件
ipv4.method manual	BOOTPROTO = none
ipv4.method auto	BOOTPROTO = dhcp
ipv4.addresses 192.168.231.133/24	IPADDR = 192.168.231.133 PREFIX = 24
gw4 192.168.231.2	GATEWAY = 192.168.231.2
ipv4.dns 192.168.231.133	DNS1 = 192.168.231.133
con-name	NAME = ens33
ifname	DEVICE = ens33
connection.autoconnect yes	ONBOOT = yes

7.3 问题与思考

① 进行 Linux 网络配置时，如何面对网络不通、服务无法访问等问题和挑战？

问题导向学习方式迫使用户主动去寻找问题的根源，并尝试不同的解决方案。在这个过程中，用户需要运用辩证思维去具体分析问题，识别关键信息，排除干扰因素，最终找到问题的症结所在。这种经历不仅能够提高用户的问题解决能力，也培养了用户的批判性思维和创新能力。

② Linux 网络配置对于用户的职业品格有什么影响？

Linux 网络配置是一项要求具有高度责任感和细致观察能力的工作。因为任何一个小错误或遗漏都可能导致网络故障或服务中断，影响业务的正常运行。因此，在进行网络配置时，用户必须严格遵守操作规范，仔细核对每一步操作，确保网络配置的准确性和完整性。这种对工作认真负责的态度，正是严格履职的体现，也培养了用户细致入微、精益求精的职业品格。

7.4 本章小结

本章介绍了 Linux 操作系统常用的网络命令，包括 ifconfig 命令、ping 命令和 netstat 命令，帮助读者掌握如何查看当前网络接口状态或者对网络接口进行调试，测试网络连接等。学习 Linux 网络配置，读者可以在图形界面上或者运用命令行工具进行 Linux 网络配置，如配置主机名、配置网络连接状态等。

7.5 本章习题

1. 填空题

（1）_____命令用于显示当前网络接口状态或配置网络。

（2）当系统中存在多个网络接口时，_____命令可以对网络接口进行启用和禁用。

（3）通过使用 ifconfig 命令为网卡指定的 IP 地址只能用于_____网络调试，_____（会/不会）更改系统网卡的配置文件。

（4）_____命令用于检查网络是否通畅或测试网络连接速度，也可以用于测试目标主机或域名是否可达。

（5）在 ping 命令的执行过程中，主机向目标主机发送_____数据包，通过显示响应情况及输出信息来确定目标主机或域名是否可达。

（6）_____命令是一个非常有用的工具，用于监控 TCP/IP 网络，提供了各种有关网络连接的实时信息，如网络连接状态、本地地址、远程地址、协议类型等。

（7）使用 hostnamectl 命令可以配置系统的_____。

（8）CentOS 7 中的主机名配置文件为_____，可以在该文件中直接修改主机名。

（9）_____是 NetworkManager 的图形用户界面接口，用户即使在文本界面上也可以使用该工具完成网络配置。_____是 NetworkManager 的命令行工具，可以完成网卡上的所有配置，并写入配置文件。

（10）存储每个网络接口设置和应用的配置文件存放在_____目录中，前缀均为_____。

2．选择题

（1）（　　）命令可以用于查看、启用或禁用指定网络接口，可用于临时配置网卡的 IP 地址、子网掩码、广播地址、网关等。

A．ping　　　　　　B．netstat　　　　　　C．ifconfig　　　　　　D．hostname

（2）（　　）命令用于显示主机当前正在监听的端口。

A．ifconfig　　　　B．netstat　　　　　　C．iptables　　　　　　D．ping

3．简答题

请将下表中的 nmcli 命令与含义补充完整。

	显示所有网络连接
nmcli connection show --active	
	显示网络连接 ens33 的配置
	重新加载网络连接
	启用名称为 test1 的网络连接
nmcli connection down test1	
nmcli device status	
	显示网卡 ens33 设备属性
nmcli device connect ens33	
	禁用网卡 ens33

第8章 Linux 路由管理

8.1 认识路由

路由是一种机制，用于指导报文在网络中的传输路径，确保数据包能够从源地址被顺利地传输到目的地址。传输过程包括确定数据包传输的最优路径，以及通过网络节点转发数据包。使用路由器设备，或在 Linux 或 Windows 操作系统中，都可以实现路由。

8.1.1　路由的基本概念

　　IP 网络最基本的功能是实现处于网络中不同位置上的设备之间的数据互通。为了实现这个功能，网络中的设备具备将 IP 报文从源地址转发到目的地址的能力。以路由器为例，一台路由器收到一个 IP 报文时，它会在自己的路由表中执行路由查询，寻找匹配该 IP 报文的目的 IP 地址的路由条目（路由表项），如果找到匹配的路由条目，路由器便按照该路由条目所指示的出接口及下一跳 IP 地址转发该报文；如果没有任何路由条目匹配该 IP 报文的目的 IP 地址，则意味着路由器没有相关的路由信息可用于指导报文转发，因此该报文会被丢弃。上述行为就是路由。

　　路由过程如图 8-1 所示，路由器 A 接收到一个 IP 报文时，会解析出该 IP 报文的 IP 头部中的目的 IP 地址，然后在自己的路由表中查询到该目的 IP 地址是 4.0.0.1，而在路由表中存在到达 4.0.0.0/24 的路由，因此路由器 A 根据路由条目所指示的出接口及下一跳 IP 地址将该 IP 报文转发出去。

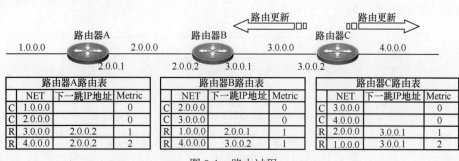

图 8-1　路由过程

　　每一台具备路由功能的设备都会维护路由表，路由表相当于路由器的"地图"，得益于这张"地图"，路由器才能够正确地转发 IP 报文。路由表中装载着路由器通过各种途径获知的路由条目，每一个路由条目均包含目的 IP 地址/网络掩码、路由协议（路由的来源）、出接口、下一跳 IP 地址、路由优先级及度量值等信息。路由表是每台支持路由功能的设备进行数据转发的依据和基础。

　　值得注意的是，路由是一种逐跳的行为，也就是说，在数据从源地址被转发到目的地址的过程中，沿途的每一台路由器都会执行独立的路由表查询及报文转发动作，因此处于传输路径上的路由器都需要拥有到达目的网段的路由，否则将中途丢弃该报文。

8.1.2　路由的原理

　　路由以数据包的形式沿着任意网络传输数据。每个数据包都有一个标头，其中包含有关数据包预定目的地址的信息。当数据包向目的地址移动时，多台路由器可能会对其进行多次路由。

　　当数据包到达路由器时，路由器首先在路由表中查找其目的 IP 地址。然后，路由器将数据包转发或移动到网络中的下一个点。

例如，当用户从连接办公室网络的计算机访问网站时，数据包首先会被发送到办公室网络路由器上。路由器查找标头数据包并确定数据包的目的地址。然后，路由器会查找其内部路由表并将数据包转发到网络内部的下一个路由器或另一台设备（如打印机）上。

路由工作包含以下两个基本动作。

① 确定最佳数据传输路径。

② 通过网络传输信息。

在路由的过程中，后者也称为（数据）交换。交换相对来说比较简单，而选择最佳数据传输路径则很复杂。

8.1.3　Linux 操作系统中的路由表

路由表是路由器转发数据的关键，路由表存储着指向特定网络地址的路径相关数据。路由表并不直接参与数据包的转发，但是路由器在转发数据包时需要根据路由表中的相关路径数据来决定数据包的转发路径。每个路由器都包含一张路由表，路由表由不同的路由信息构成，如果用户使用 Linux 操作系统实现路由功能，则可以使用 route 命令来查看 Linux 操作系统中的路由表，如图 8-2 所示。

```
[root@localhost ~]# route
Kernel IP routing table
Destination     Gateway         Genmask         Flags Metric Ref    Use Iface
default         gateway         0.0.0.0         UG    100    0        0 ens33
192.168.122.0   0.0.0.0         255.255.255.0   U     0      0        0 virbr0
192.168.231.0   0.0.0.0         255.255.255.0   U     100    0        0 ens33
```

图 8-2　Linux 路由表

在图 8-2 中，命令输出了两个路由条目，第一个路由条目是指向默认网关的默认路由，第二个路由条目是与计算机直接相连的子网路由。命令输出的 Flags 字段中的 U 表示路由条目可用，G 表示正在使用的网关。

8.1.4　静态路由和动态路由

路由器想要转发数据必须先配置路由，通常根据不同网络规模可设置静态路由或动态路由。

1. 静态路由

静态路由是一种路由方式，指网络管理员在路由器上手动配置路由信息，用于指定数据包在网络中的传输路径。静态路由不需要通过在路由器之间交换路由信息来自动适应网络拓扑结构，而是由网络管理员根据网络设计和规划直接在路由器上设置路由条目。

静态路由的优点是配置简单方便，对系统硬件资源要求低，适用于拓扑结构简单并且稳定的小型网络。静态路由的缺点不能自动适应网络拓扑的变化，需要人工干预。

2. 动态路由

动态路由指在网络通信过程中，根据当前网络的状态和网络拓扑结构等信息，动态计算出最优的数据传输路径。动态路由不需要网络管理员手动配置路由信息，而是通过路由器之间的路由协议来自动交换和更新路由信息。动态路由协议有自己的路由算法，能够自动适应网络拓扑的变化，适用于具有一定数量的三层设备的网络。

　　动态路由的优点是扩展性好，可以适应网络拓扑的变化和网络负载的波动，从而提高网络的可靠性、稳定性。动态路由的缺点是配置时对用户要求比较高，对系统的要求高于静态路由对系统的要求，并将占用一定的网络资源。

　　常见的动态路由协议包括 RIP、OSPF、IS-IS 协议、IGRP、EIGRP、BGP 等。RIP、OSPF、IS-IS 协议、IGRP、EIGRP 是内部网关协议（IGP），适用于单个 ISP 的统一路由协议的运行，一般由一个 ISP 运营的网络位于一个 AS（自治系统）内，有统一的 AS number（自治系统号）。BGP 是自治系统间的路由协议，是一种外部网关协议，多用于互联网上，在不同运营商之间交换路由信息，在某些大型企业的内部网络中，有时也会用到 BGP。

1. RIP

　　RIP（路由信息协议）是一种较为简单的 IGP，主要应用在规模较小的网络中，如校园网及结构较简单的地区性网络。更复杂的网络环境和大型网络一般不使用 RIP。

　　RIP 是一种基于距离、矢量算法的路由协议，它通过 UDP 报文进行路由信息的交换，使用的端口号为 520。RIP 使用跳数来衡量到达目的 IP 地址的距离，跳数被称为度量值。在 RIP 中，默认情况下，路由器到与它直接相连的网络的跳数为 0，通过一个路由器可达的网络的跳数为 1，其余以此类推。也就是说，度量值等于从本网络到达目的网络间的路由器数量。为限制收敛时间，RIP 规定度量值为 0～15 的整数，大于或等于 16 的跳数被定义为无穷大，即代表该目的网络或主机不可达。

　　由于限制收敛时间，RIP 不可能在大型网络中得到应用。由于 RIP 的实现较为简单，在配置和维护管理方面也远比 OSPF 和 IS-IS 协议容易，因此在实际组网中仍得到了广泛的应用。

2. OSPF

　　OSPF（开放最短通路优先协议）是一种典型的链路状态路由协议。OSPF 将链路状态公告（LSA）数据包传送给某一区域内的所有路由器，当所有路由器拥有相同的 LSDB（链路状态数据库）后，把自己放进 SPF（最短通路优先）算法树的 Root 中，然后根据每条链路的耗费，选出耗费最小的链路作为最佳路径，最后把最佳路径放进路由表里。RIP 广播的是路由表，OSPF 广播的是链路状态。

3. IS-IS 协议

　　IS-IS（中间系统到中间系统）协议，最初是国际标准化组织（ISO）为它的无连接网络协议（CLNP）设计的一种动态路由协议。

　　IS-IS 协议属于 IGP，用于自治系统内部。IS-IS 协议也是一种链路状态协议，使用 SPF 算法进行路由计算，与 OSPF 有很多相似之处。

4. IGRP

　　IGRP（内部网关路由协议）由思科于 20 世纪 80 年代独立开发，属于思科私有协议。IGRP 和 RIP 一样，同属于距离-矢量路由协议，因此在诸多方面有着相似点，如 IGRP 也是周期性的广播路由表，也存在最大跳数（最大跳数默认为 100，跳数达到或超过 100 则认为目标网络不可达）。IGRP 最大的特点是使用混合度量值，同时考虑了链路的带宽、时延、负载、MTU、可靠性 5 个方面来计算路由的度量值，而不像其他 IGP 一样只考虑某一个方面来计算度量值。目前 IGRP 已经被思科独立开发的 EIGRP 取代，版本号为 12.3

及更高版本的 Cisco IOS（思科的网络操作系统）已经不支持该协议，现在已经罕有运行 IGRP 的网络。

5. EIGRP

由于 IGRP 的种种缺陷及不足，Cisco 开发了 EIGRP（增强型内部网关路由协议），以取代 IGRP。EIGRP 属于高级距离–矢量路由协议（混合型路由协议），继承了 IGRP 使用的混合度量值，最大的特点在于引入了非等价负载均衡技术，并拥有极快的收敛速度。EIGRP 在思科设备网络环境中得到广泛部署。

6. BGP

BGP（边界网关协议）用于处理各 ISP（互联网服务提供商）之间的路由传递。BGP 是一种外部网关协议（EGP），与 OSPF、RIP 等 IGP 不同，其着重点不在于发现和计算路由，而在于控制路由的传播和选择最佳路由。

8.2 设置 Linux 静态路由

在 Linux 操作系统中，可以使用 route 命令或者 ip 命令来设置静态路由。本节将简要介绍如何在 Linux 操作系统中设置静态路由。

8.2.1 接口 IP 地址与直连路由

在 CentOS 7 系统安装完成后，需要为网络接口配置 IP 地址、子网掩码、网关、DNS 等。系统配置好 IP 地址、接入网络后，通过 route 命令可以查看相应的路由信息，路由信息如图 8-3 所示。

```
[root@localhost ~]# route -n
\Kernel IP routing table
Destination     Gateway         Genmask         Flags Metric Ref    Use Iface
192.168.122.0   0.0.0.0         255.255.255.0   U     0      0        0 virbr0
192.168.130.0   0.0.0.0         255.255.255.0   U     0      0        0 ens33
[root@localhost ~]# \
```

图 8-3　路由信息

直连路由指通过直接连接的网络接口自动生成的路由信息。图 8-3 中的 192.168.130.0 是子网的直连路由，如果接口 ens33 的配置发生变化，路由表信息也会发生相应变化。路由更新信息如图 8-4 所示，在接口 ens33 下再添加一个子接口，路由表信息随之发生变化。

```
[root@localhost ~]# ifconfig ens33:2 192.168.131.100/24 up
[root@localhost ~]# route -n
Kernel IP routing table
Destination     Gateway         Genmask         Flags Metric Ref    Use Iface
192.168.122.0   0.0.0.0         255.255.255.0   U     0      0        0 virbr0
192.168.130.0   0.0.0.0         255.255.255.0   U     0      0        0 ens33
192.168.131.0   0.0.0.0         255.255.255.0   U     0      0        0 ens33
[root@localhost ~]#
```

图 8-4　路由更新信息

8.2.2 route 命令

在 Linux 操作系统中，使用 route 命令查看、添加、删除路由。其添加、删除路由时的基本语法格式如下。

```
route  [add|del]  [-net|-host]  ipaddress1  netmask  gw  ipaddress2|dev
```

各项参数含义如下。

① [add|del]：表示添加或删除一个路由条目。

② [-net|-host]：路由条目的目的地是一个子网或一台主机。

③ ipaddress1：目标子网的子网号或目标主机的 IP 地址。

④ netmask：目标子网或主机的子网掩码，当目标为主机时，子网掩码长度应为 32 位。

⑤ gw：用于指定下一跳 IP 地址或下一跳设备。通常在将 Linux 作为一台路由器使用时才会使用下一跳设备。

除以上列举的参数之外，还有一个用于显示路由表时使用的选项-n，使用选项-n 可以快速显示路由表。快速显示路由表信息，如图 8-5 所示。

```
[root@localhost ~]# route -n
Kernel IP routing table
Destination     Gateway         Genmask         Flags Metric Ref    Use Iface
0.0.0.0         192.168.221.1   0.0.0.0         UG    100    0        0 ens33
192.168.122.0   0.0.0.0         255.255.255.0   U     0      0        0 virbr0
192.168.221.0   0.0.0.0         255.255.255.0   U     100    0        0 ens33
192.168.222.0   0.0.0.0         255.255.255.0   U     100    0        0 ens33
[root@localhost ~]#
```

图 8-5　快速显示路由表信息

图 8-5 所示的命令输出了系统内核的路由表，路由表中的几个字段的含义如下。

① Destination：目标网络号或目标主机 IP 地址，default 表示这是一条默认路由。

② Gateway：网关地址即下一跳 IP 地址，0.0.0.0 或"*"表示主机与该子网直接相连，无须下一跳 IP 地址（直连路由）。

③ Genmask：子网对应的子网掩码。

④ Flags：路由标记。

⑤ Metric：路由条目的代价值。该数值越大，代价越大。该值一般在有多条到达目标网络的路由时才起作用。

⑥ Ref：路由条目被引用的次数。

⑦ Use：路由条目被路由软件查找的次数。

⑧ Iface：到达目标网络使用的本地接口。

在上面的字段中，Flags 用于指示路由条目的状态。常见路由条目的状态标记及含义如下。

① U：当前路由处于活动状态（可用状态）。

② H：路由条目的目标是主机而不是子网。

③ G：指向默认网关的路由。

④ R：恢复动态路由产生的路由。

⑤ D：路由条目由后台程序动态产生。

⑥ M：此路由条目已经过后台程序修改。

⑦ C：缓存的路由条目。

⑧ !：拒绝路由。

route 命令还可以用于添加默认路由（通常称为默认网关），但更多的是用于添加静态路由，路由使用方法如图 8-6 所示。

```
#添加、删除默认路由
[root@localhost ~]#route add default gw 192.168.100.1
[root@localhost ~]#route del default gw 192.168.100.1
#添加、删除到网络的路由
[root@localhost ~]#route add -net 192.168.222.0/24 gw 172.16.1.1
[root@localhost ~]#route del -net 192.168.222.0/24
#添加、删除到主机的路由
[root@localhost ~]#route add -host 192.168.100.100 gw 172.16.1.1
[root@localhost ~]#route del -host 192.168.100.100
```

图 8-6　路由使用方法

8.3　配置 Linux 策略路由

策略路由是指以网络管理员根据需要定下的一些策略为主要依据进行 IP 包的路由。传统路由是一个指向目标子网的"指路牌"，任何人来"问路"，路由都会明确指向目标。传统路由这种"不问来人情况"的处理策略越来越不适合现代计算机网络。策略路由可以根据多种不同的策略决定数据包通过的路径。例如，可以有这样的策略："所有来自网 A 的数据包，选择 X 路径；其他数据包选择 Y 路径"。

思科从 Cisco IOS 11.0 开始就采用新的策略路由机制。而 Linux 是从 Linux Kernel 2.1 开始采用策略路由机制的。策略路由机制与传统的路由算法相比，策略路由机制的主要优势是引入了多路由表以及规则的概念。本节将简要介绍 Linux 操作系统中的路由表及策略路由的使用。

8.3.1　路由表管理

在 Linux 操作系统中，策略路由可以通过路由表来实现，但 Linux 操作系统中的路由表与普通路由器中的路由表并不一样。默认情况下，Linux 操作系统中并非只有一个路由表，如果 Linux 操作系统中只有一个路由表，策略路由的许多功能将无法实现。转发数据包时，数据包使用哪个路由表中的路由，取决于系统设定的规则。

查看系统默认规则，使用 ip rule list 命令或 ip rule show 命令，如图 8-7 所示。

```
[root@localhost ~]# ip rule list
0:      from all lookup local
32766:  from all lookup main
32767:  from all lookup default
```

图 8-7　查看系统默认规则

图 8-7 输出了 3 个路由表 local、main 及 default。每条规则前面的数字表示规则的优先级，数值越小，表明优先级越高，而"from all"表明所有的数据包都需要经过路由表的匹配。内核转发的数据包先使用路由表 local 转发，如果没有匹配的路由条目再依次使用路由表 main 和路由表 default。

在系统默认规则中并没有决定哪些数据包应该使用具体的哪个路由表。可以创建路由表和相关规则，如创建一个名称为 test1 的路由表，命令如下。

```
[root@localhost ~]# echo 100 test1 >> /etc/iproute2/rt_tables
```

创建好路由表后可以建立一个规则，如规定所有来自 192.168.19.0/24 的数据包都使用路由表 test1 中的条目路由，命令如下。

```
[root@localhost ~]# ip rule add from 192.168.19.0/24 table test1
```

创建好规则后再次使用 ip rule list 命令发现多了一条路由规则，命令如下，执行结果如图 8-8 所示。

```
[root@localhost ~]# ip rule list
```

图 8-8　查看创建的路由规则

添加路由表 test1 时，使用了数字 100 作为保留值（保留值为 table ID，test1 相当于 table ID 的别名，此值与优先级无关，优先级将自动分配），通常建议这个值小于 253 且不重复。用户也可以使用指定 table ID 的方法添加路由表，如添加一个 table ID 为 2 的路由表，并指定其优先级为 1500。命令如下。

```
[root@localhost ~]# ip rule add from 192.168.18.0/24 table 2 pref 1500 prohibit
```

8.3.2　规则与路由管理

1．规则

在策略路由中，规则如同一个筛选器，将数据包按预先的设置"送给"路由表，完成路由过程。使用命令 ip 以添加一条规则，语法格式如下。

```
ip rule [add|del] SELECTOR ACTION
```

在以上语法格式中，"[add|del]"表示添加或删除一条规则，"SELECTOR"表示选择数据包，"ACTION"表示执行的操作。"SELECTOR"可以选择数据包的多种选项，常见的选项说明如下。

① from：源地址。

② to：目的地址。

③ tos：数据包的 ToS（服务类型）域，用于标明数据包的用途。

④ fwmark：防火墙参数。

⑤ Dev：用于指定参与路由决策的设备，具体包括 iif（输入接口，即数据包进入网络的接口）和 oif（输出接口，即数据包离开网络的接口）两个选项。

⑥ pref：指定优先级。

在以上选项中，from 和 to 是常用选项。除以上选项外，还有一些其他选项，读者可阅读相关文档了解或参考 ip-rule 命令的手册页。

与"SELECTOR"一样，"ACTION"执行的动作如下。

① table：指明使用的 table ID 或路由表名。

② nat：透明网关，与 NAT 相似。

③ prohibit：丢弃数据包并返回"Communication is administratively prohibited"错误消息。

④ unreachable：丢弃数据包并返回"Network is unreachable"错误消息。

⑤ realms：指定数据包分类。

在"ACTION"执行的动作中，table 和 nat 是较常用的，prohibit 和 unreachable 主要用于禁止通信，因此使用较少。

2. 路由管理

与之前介绍的使用 route 命令添加路由这一方法相比，策略路由的路由管理稍复杂一些，其语法格式如下。

```
[root@localhost ~]# ip route add ipaddress via ipaddress1 table table_name
```

其中，ipaddress 参数表示网络号，via 选项指定的参数 ipaddress1 表示网关 IP 地址，即下一跳 IP 地址，table_name 表示路由表名。一些比较常见的路由条目如图 8-9 所示。

```
#添加到test1的默认路由
[root@localhost ~]# ip route add default via 192.168.11.1 table test1
#发往192.168.15.0/24网络的包下一跳IP地址是192.168.11.1
[root@localhost ~]# ip route add 192.168.15.0/24 via 192.168.11.1 table test1
```

图 8-9　常见的路由条目

8.3.3　策略路由的应用实例

前面几节介绍了 Linux 操作系统的策略路由的运作机制及配置方法，本节将通过实例来介绍策略路由的具体应用。在本实例中，Linux 主机连接的内网有两个。Linux 主机连接的互联网出口有两个，互联网出口 1 的 IP 地址为 10.100.0.10/24，网关为 10.100.0.1，互联网出口 2 的 IP 地址为 10.100.1.10/24，网关为 10.100.1.1。策略路由拓扑如图 8-10 所示。

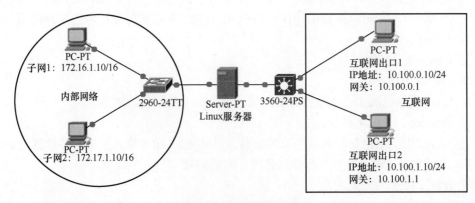

图 8-10　策略路由拓扑

　　图 8-10 中有两个互联网出口，其中互联网出口 1 为所有内部子网的默认出口，但互联网出口 2 的速度比互联网出口 1 的速度快，仅供内部网络中的付费用户使用。假定付费用户的 IP 地址为 172.16.1.10/16 和 172.17.1.10/16，现需要配置这两个 IP 地址的流量，使付费用户通过互联网出口 2 连接互联网以获得更快的速度。

1．配置默认路由

　　根据以上信息先配置各接口的 IP 地址、默认网关等信息，互联网出口 2 正确设置 IP 地址及子网掩码即可，无须设置默认网关。

2．配置策略路由

　　在上一步的配置中，已将所有内部子网的数据包的转发出口设置为互联网出口 1，现在需要配置付费用户的数据包从互联网出口 2 进行转发，策略路由如图 8-11 所示。

```
#建立路由表 table1
[root@localhost ~]# echo 200 table1 >> /etc/iproute2/rt_tables
#设置付费用户的数据包，使用路由表 table1 路由
[root@localhost ~]# ip rule add from 172.16.1.10/16  table1
[root@localhost ~]# ip rule add from 172.17.1.10/16  table1
[root@localhost~]# ip rule ls 0:from all lookup local
32764：from 172.16.1.10 lookup table1
32765：from 172.17.1.10 lookup table1
32766：from all lookup main
32767：from all lookup default
#为路由表 table1 添加互联网出口 2 的默认路由
[root@localhost~]# ip route add default via 10.100.1.1 table table1
[root@localhost~]# ip route list table table1 default via 10.100.1.1
```

图 8-11　策略路由

8.4　问题与思考

　　Linux 操作系统通过合理的网络规划，包括规划网络架构、设置静态路由和动态路由、使用 NAT 转发和端口转发，以及定期管理和维护路由配置等措施，可以确保各网络间的数据流通顺畅，同时降低网络时延和故障率。这种规划本身就是一种合作共赢的体现，也类似于在实际工作中与不同部门之间进行的业务沟通和需求表达，最终确保了网络中每个部分的稳定运行和高效协作。

8.5　本章小结

　　路由是 Linux 操作系统中相当重要的内容，本章从实际应用出发主要介绍了 Linux 操作系统的路由相关内容，通过实例介绍了传统路由的设置、数据包转发等内容。对于 Linux 操作系统上的策略路由问题，剖析了 Linux 策略路由的运作机制，并通过实例介绍了策略路由的应用。

8.6 本章习题

1．填空题

（1）路由用于指导_____在网络中的传输信息，实现将一个_____从一个网络发送到另外一个网络。

（2）每一台具备路由功能的设备都会维护_____，路由表相当于_____的"地图"，得益于这张"地图"，路由器才能够正确转发 IP 报文。

（3）路由器要转发数据必须先_____，通常根据不同网络规模可设置_____或_____。

2．选择题

（1）完成路由功能除了使用路由器外，还可以使用（　　）。

A．交换机　　　　　　　　　　B．集线器

C．网桥　　　　　　　　　　　D．Linux 操作系统

（2）路由表中装载着路由器通过各种途径获知的路由条目，路由条目中不包含（　　）。

A．目的地址　　　　　　　　　B．设备名称

C．出接口及下一跳 IP 地址　　D．路由协议（路由的来源）

（3）可以使用（　　）命令来查看 Linux 操作系统中的路由表。

A．route　　　　　　　　　　B．Shell

C．ipconfig　　　　　　　　　D．show

（4）以下（　　）不是静态路由的特点。

A．不能自动适应网络变化　　　B．结构简单、稳定

C．适用于大规模网络　　　　　D．配置方便、对硬件要求较低

（5）直接在命令行下执行 route 命令来添加路由不会出现（　　）情况。

A．命令不会被永久保存　　　　B．系统重启之后信息会丢失

C．在/etc/rc.local 中添加 route 命令　　D．命令会被永久保存

3．简答题

（1）简述路由的基本概念。

（2）简述路由的原理。

（3）简述什么是路由表。

第 9 章 Linux 防火墙管理

学习目标

- 了解防火墙的概念与类型。
- 了解防火墙的设计策略和技术。
- 掌握 firewalld 的配置管理技巧。
- 掌握 iptables 的工作原理与工作方式。

素养目标

- 认识规则约束的重要性，树立规则意识。
- 建立正确的安全防范意识，培养维护网络空间安全的社会责任感。

导学词条

- ICMP（互联网控制报文协议）：TCP/IP 协议族的一个子协议，用于在 IP 主机和路由器之间传递控制报文。
- 端口：在 TCP/IP 协议族中，端口是传输层协议（如 TCP 或 UDP）的一部分，用于标识发送或接收网络数据的应用程序或服务。
- 源地址和目的地址：网络数据包头部的两个字段，分别用于指示数据包的发送和接收的网络地址。当一台设备（如计算机或服务器）发送数据包时，它会将自己的 IP 地址作为源地址，并将接收设备的 IP 地址作为目的地址放入数据包的头部。网络中的路由器会根据目的地址来决定数据包的下一跳，即数据包应该被发送到哪个设备。

9.1 Linux 防火墙

随着现代社会对信息网络的依赖与日俱增，网络攻击对互联网的发展构成了很大的威胁，防火墙是防御网络攻击、保护数据安全的最基本措施。它作为外网（公网）与内网之间的保护屏障，通过定义一组规则来过滤不合法的数据包，还可以跟踪、监控已经放行的数据包，判定网络中的远程用户有权访问计算机上的哪些资源，防止未经授权的用户进入系统，同时能够阻止内部用户不适当的外网访问，从而提高内网的安全性。

9.1.1　防火墙概述

1．防火墙简介

在计算机网络中，防火墙实际上是一种隔离技术，是在外网和本地网络（内网）之间建立安全屏障的一种软件或硬件产品。它在两个网络之间通信时执行一种访问控制，能够根据环境要求的安全政策，控制（允许、拒绝、监视、记录）通信流进出网络的访问行为。防火墙示意如图 9-1 所示。

图 9-1　防火墙示意

从逻辑角度来看，防火墙是隔离本地网络与外网的一套防御系统，是不同网络之间通信的唯一通道。从物理角度来看，防火墙是一种置于不同网络之间的一系列部件的组合，通常是一组用于安全管理和筛选的硬件设备和软件的组合。

2．防火墙的功能

随着防火墙技术的发展，其功能越来越强大，主要体现在以下几个方面。

① 过滤、筛选和屏蔽有害的信息和服务，保护内网中的网络服务。所有出站和入站的网络流量都必须经过防火墙。只允许被授权的网络流量通过，不被授权的网络流量将被丢弃或拒绝。一方面能够防止受到外网的攻击，另一方面可以限制用户对特殊站点的访问，防止内部信息泄露。

② 实施安全策略，对网络存储和访问进行监控和审计。防火墙能够将所有的访问都记录在日志中，同时也能提供对网络使用情况的统计数据，提供网络是否受到监测和攻击的详细信息。

③ 防火墙可以与其他安全技术（如加密技术、入侵防御技术）结合使用，以强化安全策略，提供更强大的保护能力。

9.1.2　防火墙类型

按照实现方式可以将防火墙分为硬件防火墙与软件防火墙。

1．硬件防火墙

硬件防火墙是一种专用的网络安全硬件设备，使用专用硬件和操作系统，不需要像软件一样占用 CPU 资源，工作效率较高。它通常通过网线连接在外部网络接口与内部网络之间，对经过的数据包进行检查，过滤非法数据，将相对安全的数据发送给后端的网络或服务器。

2．软件防火墙

软件防火墙是一段特殊程序，它安装在网关服务器或者个人计算机上，实现网络数据包的检查、过滤和转发功能。相对于硬件防火墙，软件防火墙不需要更改硬件设备，但由于它是软件，在运行时需要占用 CPU 资源，在一些大流量的网络中，工作效率会下降。因此软件防火墙并不是企业构建网络防御措施的首选。

9.1.3　防火墙技术

1. 防火墙的设计策略

防火墙的设计策略是利用规则来定义哪些数据包或服务请求被允许/拒绝通过防火墙。在制定规则时通常有以下两个策略可供选择。

（1）默认允许一切数据包或服务请求通过防火墙

在允许接收所有数据包或服务请求的基础上，禁止那些不希望收到的数据包。从逻辑的观点来看，指定一个较大的规则列表禁止数据包或服务请求通过防火墙并不容易实现，且这种方式存在更多安全隐患。

（2）默认禁止一切数据包或服务请求通过防火墙

在禁止所有数据包或服务请求通过防火墙的基础上，允许需要的数据包通过防火墙。从逻辑的观点来看，指定一个较小的规则列表允许数据包或服务请求通过防火墙更容易实现。在 Linux 操作系统中，通常采用这种防火墙策略，如添加可信任的服务及端口号。

2. 防火墙技术的分类

在构造防火墙时，所采用的技术可以分为 3 种，即包过滤、应用代理、状态检测。防火墙无论多么复杂，都是在这 3 种技术的基础上进行功能扩展。这里将针对包过滤和应用代理这 2 种防火墙技术进行简单介绍。

（1）包过滤技术

包过滤指在数据包进出的通道上建立包过滤规则，当有数据包到来时，对包头中的源 IP 地址、目的 IP 地址、端口、协议类型、消息类型等信息进行分析，并与预先设定好的过滤规则进行匹配，如果有匹配的过滤规则便丢弃数据包，如果没有匹配的过滤规则便放行数据包。

对数据包进行过滤是防火墙所具备的最基本的功能，目前防火墙所使用的包过滤技术都是动态包过滤技术。动态包过滤技术在包过滤技术和规则的基础上，会对已经放行的数据包进行跟踪，一旦判断该数据包会对系统构成威胁，防火墙就会自动产生新的过滤规则再次对数据包进行过滤，从而阻止有害数据包的继续传输。基于动态包过滤技术的防火墙被称为动态包过滤防火墙，在管理小规模网络方面能够发挥良好作用。

（2）应用代理技术

基于应用代理技术的防火墙被称为应用代理型防火墙，其工作在应用层上，将位于内网和外网之间的代理设备作为中转，代理用户进、出网各种服务的连接请求。代理设备包含一个服务端、代理服务器、客户端。服务端接收来自用户的请求，调用自身的客户端模拟用户的请求，将请求发送到目标服务器上，再把目标服务器返回的数据转发给用户。代理服务器工作于服务端与客户端之间，类似于过滤器，对服务端和客户端传送的数据包进行过滤。应用代理型防火墙的工作流程如图 9-2 所示。

与包过滤技术相比，应用代理技术的安全级别更高，但如果数据流量比较大，防火墙会因为占用很多资源而成为整个网络的瓶颈，因此应用代理型防火墙的普及程度远不如动态包过滤防火墙。

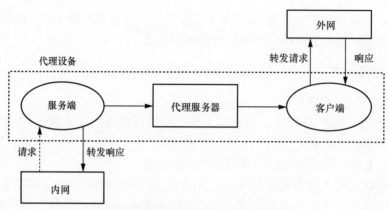

图 9-2　应用代理型防火墙的工作流程

9.2　firewalld 防火墙管理工具

CentOS 7 集成了多款防火墙管理工具，其中 firewalld 是默认的防火墙配置管理工具。与传统的防火墙配置管理工具相比，firewalld 支持动态更新技术，增加了区域（zone）的概念，并提供命令行工具和图形界面配置工具。

9.2.1　firewalld 简介

1. firewalld 和 iptables 之间的关系

在 CentOS 7 中，firewalld 虽然是默认的防火墙配置管理工具，但它只是替代了 iptables service 部分，底层仍然使用 iptables 作为防火墙规则管理入口，支持传统的 iptables 命令。

2. firewalld 特性

firewalld 采用动态模式管理防火墙规则：即任何规则的变更都不需要对整个防火墙规则列表进行重新加载，只需要将规则变更部分保存并更新到运行的 iptables 中。从而解决了使用 iptables 时即使只修改了 1 条规则，也要重新载入整个防火墙规则列表的问题，避免修改规则时对整个系统网络造成影响。

3. firewalld 区域模型

如前文所述，firewalld 增加了区域的概念，区域指 firewalld 通过对底层 iptables 自定义链的使用，针对各种规则统一成几套默认的防火墙策略集合，从而抽象出区域的概念。这类似于 Windows 操作系统中的防火墙，用户可以根据不同的生产环境来选择不同的区域，从而允许/拒绝不同类型的网络服务和入站流量，实现防火墙策略之间的快速切换。区域模型提高了防火墙的配置效率，使防火墙在易用性和通用性上得到提升。

9.2.2　firewalld 的常见区域

firewalld 的常见区域有 9 个，即 public、home、work、trusted、internal、external、block、dmz、drop。在 CentOS 7 中，默认区域被设置为 public。不同区域之间的差异表现在对待数据包的相应策略不同。firewalld 的常见区域及相应的策略见表 9-1。

表 9-1　firewalld 的常见区域及相应的策略

区域	策略
public（公共）	默认区域，拒绝所有流量传入，若与 ssh 服务相关，则允许流量通过
home（家庭）	拒绝所有流量传入，若与 ssh、ipp-client、mdns-client、samba-client 服务相关，则允许流量通过
work（工作）	拒绝所有流量传入，若与 ssh、dhcpv6-client 服务相关，则允许流量通过
trusted（信任）	默认允许所有流量传入、传出
internal（内部）	等同于 home 区域
external（外部）	拒绝所有流量传入，若与 ssh 服务相关，则允许流量通过
dmz（隔离区）	拒绝所有流量传入，若与 ssh 服务相关，则允许流量通过
block（限制）	拒绝所有流量传入
drop（丢弃）	拒绝所有流量传入，任何接收的数据包都会被丢弃，没有回复

9.2.3　firewalld 的使用

1．firewalld 服务管理

在 CentOS 7 中，默认开启 firewalld 服务，使用 systemctl 命令可以对 firewalld 服务进行开启服务、停止服务、重启服务、设置开机启动服务、设置禁止开机启动服务、查看服务状态等管理，相应的命令如下。

【例 9-1】　对 firewalld 服务进行操作。

```
[root@localhost ~]# systemctl start firewalld.service        #开启服务
[root@localhost ~]# systemctl stop firewalld.service         #停止服务
[root@localhost ~]# systemctl restart firewalld.service      #重启服务
[root@localhost ~]# systemctl status firewalld.service       #查看服务状态
[root@localhost ~]# systemctl enable firewalld.service       #设置开机启动服务
[root@localhost ~]# systemctl disable firewalld.service      #设置禁止开机启动服务
```

上述命令在执行过程中，服务名 firewalld.service 的后缀.service 可以省略。

2．firewalld 命令行管理

firewalld 使用 firewall-cmd 命令管理配置防火墙，命令所使用的参数基本是长格式形式，即以两个短横线（--）开头，后面加上参数的名称。长格式形式通常可以提供更清晰的参数名，使命令的可读性更强。

【例 9-2】　firewalld 命令行的使用。

（1）区域管理

① 查看所有支持区域，命令如下，执行结果如图 9-3 所示。

```
[root@localhost ~]# firewall-cmd  --get-zones
```

```
[root@localhost ~]# firewall-cmd  --get-zones
block dmz drop external home internal public trusted work
```

图 9-3　查看所有支持区域

② 查看当前默认区域，命令如下，执行结果如图 9-4 所示。

```
[root@localhost ~]# firewall-cmd  --get-default-zones
```

```
[root@localhost ~]# firewall-cmd  --get-default-zones
public
```

图 9-4　查看当前默认区域

③ 设置新的默认区域，命令如下，执行结果如图 9-5 所示。

```
[root@localhost ~]# firewall-cmd --set-default-zone=work
```

```
[root@localhost ~]# firewall-cmd --set-default-zone=work
success
```

图 9-5　设置新的默认区域

设置完成后，所有新的网络连接都会应用 work 区域的防火墙规则。

④ 查看当前区域的配置参数、资源、服务等信息，命令如下，执行结果如图 9-6 所示。

```
[root@localhost ~]# firewall-cmd  --list-all
```

```
[root@localhost ~]# firewall-cmd  --list-all
public (active)
  target: default
  icmp-block-inversion: no
  interfaces: ens33
  sources:
  services: dhcpv6-client ssh
  ports: 3306/tcp
  protocols:
  masquerade: no
  forward-ports:
  source-ports:
  icmp-blocks:
  rich rules:
```

图 9-6　查看当前区域的信息

⑤ 查看指定区域的端口列表，命令如下，执行结果如图 9-7 所示。

```
[root@localhost ~]# firewall-cmd --zone=public --list-ports
```

```
[root@localhost ~]# firewall-cmd --zone=public --list-ports
3306/tcp
```

图 9-7　查看指定区域的端口列表

（2）服务管理

① 列出所有支持的服务，命令如下，执行结果如图 9-8 所示。

```
[root@localhost ~]# firewall-cmd --get-services
```

```
[root@localhost ~]# firewall-cmd --get-services
RH-Satellite-6 amanda-client amanda-K5-client amqp amqps apcupsd audit bacula bacula-client bgp bitcoin bitcoin-rpc bitcoin-testnet bitcoin-testnet-rpc ceph
ceph-mon cfengine condor-collector ctdb dhcp dhcpv6 dhcpv6-client distcc dns docker-registry docker-swarm dropbox-lansync elasticsearch etcd-client etcd-serv
er finger freeipa-ldap freeipa-ldaps freeipa-replication freeipa-trust ftp ganglia-client ganglia-master git gre high-availability http https imap imaps ipp
ipp-client ipsec irc ircs iscsi-target isns jenkins kadmin kerberos kibana klogin kpasswd kprop kshell ldap ldaps libvirt libvirt-tls lightning-network llmnr
 managesieve matrix mdns minidlna mongodb mosh mountd mqtt mqtt-tls ms-wbt mssql murmur mysql nfs nfs3 nmea-0183 nrpe ntp nut openvpn ovirt-imageio ovirt-sto
rageconsole ovirt-vmconsole plex pmcd pmproxy pmwebapi pmwebapis pop3 pop3s postgresql privoxy proxy-dhcp ptp pulseaudio puppetmaster quassel radius redis rp
c-bind rsh rsyncd rtsp salt-master samba samba-client samba-dc sane sip sips slp smtp smtp-submission smtps snmp snmptrap spideroak-lansync squid ssh steam-s
treaming svdrp svn syncthing syncthing-gui synergy syslog syslog-tls telnet tftp tftp-client tinc tor-socks transmission-client upnp-client vdsm vnc-server w
bem-http wbem-https wsman wsmans xdmcp xmpp-bosh xmpp-client xmpp-local xmpp-server zabbix-agent zabbix-server
```

图 9-8　列出所有支持的服务

② 列出当前区域中加载的服务，命令如下，执行结果如图 9-9 所示。

```
[root@localhost ~]# firewall-cmd --list-services
```

```
[root@localhost ~]# firewall-cmd --list-services
dhcpv6-client ssh
```

图 9-9　列出当前区域中加载的服务

（3）查询管理

① 查询服务协议流量，如查询 public 区域是否允许 FTP（文件传输协议）流量通过，命令如下，执行结果如图 9-10 所示。

```
[root@localhost ~]# firewall-cmd --zone=public --query-service=ftp
```

```
[root@localhost ~]# firewall-cmd --zone=public --query-service=ftp
no
```

图 9-10　查询服务协议流量

② 查询端口开放情况，如查询 1024 端口开放情况，命令如下，执行结果如图 9-11 所示。

```
[root@localhost ~]# firewall-cmd --zone=public --query-port=1024/tcp
```

```
[root@localhost ~]# firewall-cmd --zone=public --query-port=1024/tcp
no
```

图 9-11　查询端口开放情况

（4）基本操作

① 更新防火墙规则。firewalld 配置防火墙规则时有两个模式，即运行时模式（runtime）和永久模式（permanent）。默认采用运行时模式，即配置规则立即生效。当命令中使用 --permanent 参数时，配置防火墙规则处于永久模式。在永久模式下配置的规则需要重启系统后才能生效。如果要使在永久模式下配置的规则立即生效，则需要手动更新防火墙规则，命令如下。

```
[root@localhost ~]# firewall-cmd -reload
```

② 开放端口。将访问 1024 端口的流量设置为始终允许通过，即永久开放 1024 端口，并使该设置立即生效，再查看端口列表，或者查看 1024 端口的开放情况。命令如下，执行结果如图 9-12 所示。

```
[root@localhost ~]# firewall-cmd --zone=public --add-port=1024/tcp --permanent
```

```
[root@localhost ~]# firewall-cmd --reload
[root@localhost ~]# firewall-cmd --zone=public --list-ports
[root@localhost ~]# firewall-cmd --zone=public --query-port=1024/tcp
```

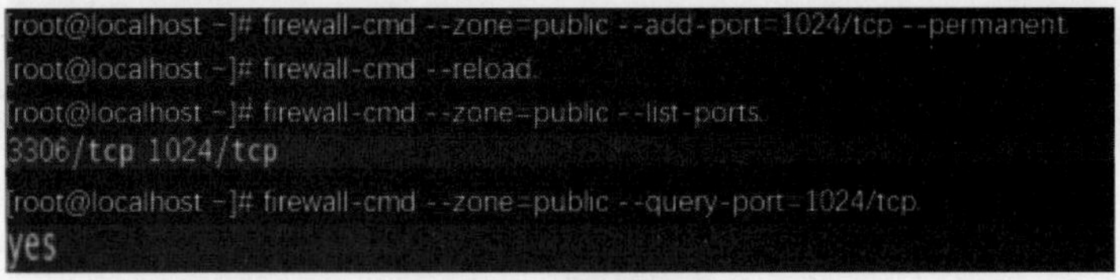

```
[root@localhost ~]# firewall-cmd --zone=public --add-port=1024/tcp --permanent
[root@localhost ~]# firewall-cmd --reload
[root@localhost ~]# firewall-cmd --zone=public --list-ports
3306/tcp 1024/tcp
[root@localhost ~]# firewall-cmd --zone=public --query-port=1024/tcp
yes
```

图 9-12　开放端口

③ 关闭端口。将访问 1024 端口的流量设置为始终拒绝通过，即永久关闭 1024 端口，并使该设置立即生效，查看端口列表，再查看 1024 端口的开放情况。命令如下，执行结果如图 9-13 所示。

```
[root@localhost ~]# firewall-cmd  --zone=public  --remove-port=1024/tcp  --permanent
[root@localhost ~]# firewall-cmd --zone=public --query-port=1024/tcp
[root@localhost ~]# firewall-cmd --reload
[root@localhost ~]# firewall-cmd --query-port=1024/tcp
```

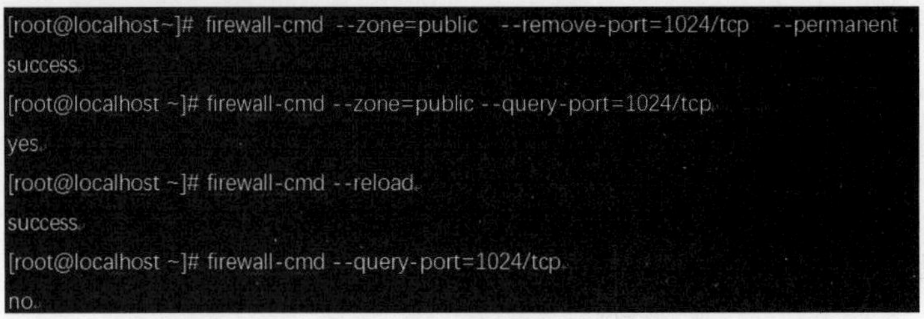

```
[root@localhost~]# firewall-cmd --zone=public  --remove-port=1024/tcp  --permanent
success
[root@localhost ~]# firewall-cmd --zone=public --query-port=1024/tcp
yes
[root@localhost ~]# firewall-cmd --reload
success
[root@localhost ~]# firewall-cmd --query-port=1024/tcp
no
```

图 9-13　关闭端口

④ 允许 FTP 流量通过。将 FTP 流量设置为允许通过，并查看生效情况，命令如下，执行结果如图 9-14 所示。

```
[root@localhost ~]# firewall-cmd --zone=public --add-service=ftp
[root@localhost ~]# firewall-cmd --zone=public --query-service=ftp
```

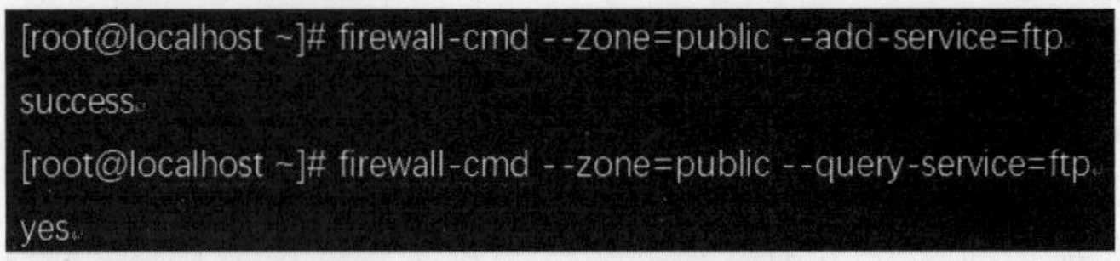

```
[root@localhost ~]# firewall-cmd --zone=public --add-service=ftp
success
[root@localhost ~]# firewall-cmd --zone=public --query-service=ftp
yes
```

图 9-14　允许 FTP 流量通过

9.2.4 firewalld 图形界面管理

如果系统安装了图形化界面，则可以使用 firewall-config 进行图形界面的配置管理，firewall-config 图形界面管理能够实现大部分命令行操作，通过它来配置防火墙更加易学便捷。

【例 9-3】　在 firewalld 图形界面中设置永久开放 1024 端口。

① 输入 firewall-config 命令打开图 9-15 所示的"防火墙配置"界面，在"运行时"模式下选择"public"区域，选择"端口"选项，单击"添加"按钮。

```
[root@localhost ~]# firewall-config
```

图 9-15　"防火墙配置"界面

② 在"端口和协议"窗口中，输入"端口/端口范围"的端口号：1024，单击"确定"按钮，如图 9-16 所示。

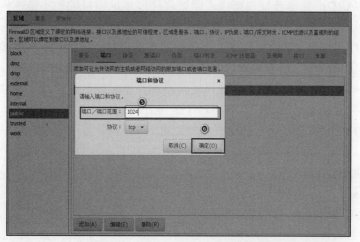

图 9-16　防火墙配置添加端口界面

③ 在终端窗口中验证设置是否生效，命令如下，执行结果如图 9-17 所示。

```
[root@localhost ~]# firewall-cmd --zone=public --list-port
```

```
[root@localhost ~]# firewall-cmd --zone=public --list-port
3306/tcp   1024/tcp
```

图 9-17   在终端窗口中验证设置是否生效

9.3 iptables 防火墙管理工具

前文提到在 CentOS 7 中，默认使用的防火墙管理工具是 firewalld，而在 CentOS 7 之前的 Linux 操作系统中，默认使用的防火墙管理工具是 iptables。实际上 firewalld 的配置规则都源于 iptables，且仍有许多企业使用 iptables，所以本节介绍 iptables 的使用。

9.3.1 iptables 简介

在 Linux 操作系统中，通常所说的 iptables 其实包含了两个部分，即 netfilter 与 iptables，由这两部分共同合作完成系统的防护工作。其中，netfilter 位于系统内核中，用于存放规则；iptables 位于用户空间中，作为配置工具，用于定义规则，并将规则传递到系统内核中，用户可以通过 iptables 命令作用到系统内核的 netfilter 上。

1．5 个规则链

数据包在传输过程中，会经历很多过滤点，每个过滤点都有可能匹配多种不同的规则集。为了方便管理这些过滤点，链的概念被提出。netfilter 将 iptables 定义的规则按功能分为 5 个规则链。

① INPUT：处理入站数据包，匹配目标 IP 地址为本机的数据包，定义数据包由外部发往内部的规则。

② OUTPUT：处理出站数据包，定义数据包由内部发往外部的规则，一般不在此链上进行配置。

③ FORWARD：处理转发数据包，即处理经过本地但目的地不是本机的数据包，定义了数据包通过防火墙时可以被转发或阻止的规则。

④ PREROUTING：处理进行路由选择前的数据包，定义到达本机的数据包在被路由到目标主机之前的规则，所有进入内部的数据包都要先由这个链进行处理。

⑤ POSTROUTING：处理路由选择后即将离开本机的数据包，定义数据包将要出去的规则，所有发送出去的数据包都要由这个链进行处理。

以上 5 个规则链，存储在内核中不同的位置（过滤点）上，配置防火墙即在链中添加、删除、修改规则。

2．4 个规则表

在 iptables 中，这 5 个规则链又组成了 4 个表，分别为 filter（过滤规则表）、nat（地址转换规则表）、mangle（修改数据标记规则表）和 raw（跟踪数据规则表）。这些规则表包含多个规则链，以实现不同的功能。

① filter：默认规则表，针对 INPUT、FORWARD 和 OUTPUT 规则链，负责数据包过滤（放行、丢弃或拒绝）功能。防火墙具有转发过滤功能，只有 filter 体现了过滤功能。

② nat：针对 PREROUTING、POSTROUTING 和 OUTPUT 规则链，负责数据包的网络地址（源地址或目的地址）转换功能。需要区分的是，nat 的 PREROUTING 用于更改

数据包的目标地址，而使用 filter 的 FORWARD 仅用于数据包过滤（丢弃/接收）。

③ mangle：针对 INPUT、PREROUTING、FORWARD、POSTROUTING 和 OUTPUT 规则链，负责数据包的标记、拆解、修改、再封装等功能。

④ raw：针对 PREROUTING 和 OUTPUT 规则链，负责去除数据包上的链接追踪机制（iptables 默认开启对数据包的链接追踪机制）。

3．数据包处理

当数据包到达防火墙时，如果 MAC 地址匹配，则会由内核里相应的驱动程序接收，然后数据包遵循一定的顺序通过对防火墙表和链的处理，决定数据包继续发往本地还是转发给其他主机。数据包在通过防火墙时一般按以下 3 种情况进行处理。

（1）以本机程序为目的地址的数据包

一个数据包进入防火墙后，如果目的地址是本机程序，则数据包被防火墙处理的顺序见表 9-2。如果在这个过程中的某个步骤数据包被丢弃，就不会执行后面的步骤了。

表 9-2　以本机程序为目的地址的数据包处理顺序

步骤	表	链	说明
1	—	—	在链路上传输数据包
2	—	—	MAC 地址匹配，数据包进入网络接口
3	mangle	PREROUTING	这个链用于 mangle 数据包，如对 mangle 数据包进行改写或做标记
4	nat	PREROUTING	这个链主要用于进行 DNAT 目标地址转换
5	—	—	路由判断，判断数据包是发往本地的还是要转发的
6	mangle	INPUT	路由之后，在被送往本地程序之前，对数据包进行改写或做标记
7	filter	INPUT	所有以本机程序为目的地址的数据包都需要经过 INPUT 的过滤规则进行处理
8	—	—	数据包到达本地程序，如服务程序或客户程序

表 9-2 中如果忽略 mangle 的处理，可以简单地将以本机程序为目的地址的数据包的处理顺序理解为 PREROUTING→INPUT。

（2）由本机转发的数据包

需要通过防火墙转发的数据包被防火墙处理的顺序见表 9-3。

表 9-3　由本机转发的数据包处理顺序

步骤	表	链	说明
1	—	—	在链路上传输数据包
2	—	—	MAC 地址匹配，数据包进入网络接口
3	mangle	PREROUTING	mangle 数据包，如对 mangle 数据包进行改写或做标记
4	nat	PREROUTING	这个链主要用于进行 DNAT 目标地址转换
5	—	—	路由判断，判断数据包是发往本地的还是要转发的

续表

步骤	表	链	说明
6	mangle	FORWARD	数据包继续被发送至 mangle 的 FORWARD 上
7	filter	FORWARD	所有需要转发的数据包都要经过这里，并且针对这些数据包的所有过滤规则也在这里
8	mangle	POSTROUTNG	这个链也是针对一些特殊类型的数据包。这一步 mangle 是在所有更改数据包的目的地址的操作完成之后做的，但这时数据包还在本地
9	nat	POSTROUTING	用于作为 SNAT
10	—	—	离开网络接口
11	—	—	在链路上传输数据包

在表 9-3 中，如果忽略 mangle 的处理，可以简单地将本机转发的数据包的处理顺序理解为 PREROUTING→FORWARD→POSTROUTING。

注意：在进行数据包转发时，需要启用 Linux 操作系统的网络转发功能，两种操作方法如下。

① 修改 ip_forward 文件，将文件内容中的 "0" 改为 "1"，命令如下。

```
[root@localhost ~]# vim  /proc/sys/net/ipv4/ip_forward
```

② 直接使用 echo 命令将 "1" 写入 ip_forward 文件，命令如下。

```
[root@localhost ~]# echo 1 > /proc/sys/net/ipv4/ip_forward
```

（3）由本地程序发出的数据包

本地程序发出的数据包，被防火墙检查的顺序见表 9-4。

表 9-4　由本地程序发出的数据包处理顺序

步骤	表	链	说明
1	—	—	本地程序，如服务程序或客户程序
2	—	—	路由判断
3	mangle	OUTPUT	用于 mangle 数据包，如对数据包进行改写或做标记
4	nat	OUTPUT	对发出的数据包进行 DNAT 操作
5	filter	OUTPUT	对本地发出的数据包进行过滤，数据包的过滤规则设置在此
6	mangle	POSTROUTING	进行数据包的修改
7	nat	POSTROUTING	在这里进行 SNAT 源地址转换
8	—	—	离开网络接口
9	—	—	在链路上传输数据包

在表 9-3 中，如果忽略 mangle 的处理，可以简单地将由本机发出数据包的处理顺序理解为 OUTPUT→POSTROUTING。

上面 3 种数据包在网络传输过程中通过防火墙的规则表和规则链的处理顺序，可以看出 iptables 数据包的流向，如图 9-18 所示。

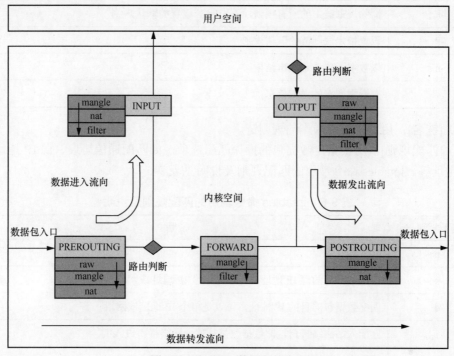

图 9-18　iptables 数据包的流向

9.3.2　iptables 命令

iptables 命令主要用于对表、链和规则进行管理。iptables 命令的语法格式如下。

```
iptables  [-t 表名]  命令选项  [链名]  [匹配规则]  [-j 目标动作]
```

其中选项说明如下。

① [-t 表名]：用于指定所操作的规则表，当未指定规则表时，默认规则表是 filter。

② 命令选项：用于管理 iptables 规则的方式，如添加规则、删除规则、插入规则、修改规则、查看规则等。iptables 命令常用的命令选项及说明见表 9-5。

表 9-5　iptables 命令常用的命令选项及说明

命令选项	说明
-A	在指定规则链的最后增加一条新规则
-D	从指定规则链中删除一条规则，可以直接指定规则编号或输入完整规则
-I	在指定规则链中插入一条新规则，默认在第一行添加
-R	替换指定规则链中的某条规则
-L	列出指定规则链中的所有规则

续表

命令选项	说明
-F	清除规则链中的所有规则，不影响-F 设置的默认规则
-P	设置指定规则链的默认规则
-n	以数字形式显示输出结果
-v	查看规则表的详细信息

③ [链名]：用于指定所操作的规则链。

④ [匹配规则]：用于指定数据包的操作匹配选项，如匹配通信协议、源 IP 地址、目的 IP 地址等。iptables 命令常用的匹配规则及说明见表 9-6。

表 9-6　iptables 命令常用的匹配规则及说明

匹配规则	说明
-p	匹配通信协议
-s	匹配数据包的源 IP 地址，可以是单个 IP 地址或网段
-d	匹配数据包的目的 IP 地址，可以是单个 IP 地址或网段
-i	匹配入站网络接口，即数据包是从哪个网络接口进入的
-o	匹配出站网络接口，即数据包要从哪个网络接口发出的
--sport	匹配数据包的源端口，可以进行多端口匹配
--dport	匹配数据包的目的端口，可以进行多端口匹配
-m	使用-m multiport 匹配不连续的多个源端口或目的端口； 使用-m state 匹配网络状态
--src-range	匹配数据包的源 IP 地址范围
--dst-range	匹配数据包的目的 IP 地址范围
--mac-source	匹配数据包的 MAC 地址
--state	匹配状态，如 NEW、ESTABLISHED、INVALID、RELATED 连接状态

⑤ [-j 目标动作]：用于指定数据包的处理方式，如拒绝数据包、丢弃数据包等。iptables 命令常用的目标动作及说明见表 9-7。

表 9-7　iptables 命令常用的目标动作及说明

目标动作	说明
ACCEPT	放行数据包
REJECT	拒绝数据包，返回数据包并通知对方

续表

目标动作	说明
DROP	直接丢弃数据包，且不通知对方
REDIRECT	将数据包重新定向到另一个端口上，进行完此处理后，数据包会继续匹配其他规则
MASQUERADE	用于动态分配 IP 地址时的地址伪装，实现自动寻找外网地址，隐藏内网的真实 IP 地址，类似于实现 SNAT
SNAT	将数据包来源 IP 地址改写为某特定 IP 地址或 IP 地址范围，可以指定端口对应的 IP 地址范围，进行完此处理后，将直接跳往下一个规则链
DNAT	将数据包目的 IP 地址改写为特定的 IP 地址或 IP 地址范围，可以指定端口对应的 IP 地址范围，进行完此处理后，将直接跳往下一个规则链

9.3.3　iptables 配置

1. iptables 的安装

在 Linux 操作系统中，iptables 和 firewalld 是用于管理网络防火墙规则的两个工具。它们可以同时安装和运行在同一个系统上，但它们不能同时处理相同的配置，否则可能会导致冲突。

CentOS 7 默认没有安装 iptables 服务单元，所以在使用 iptables 之前，需要先安装 iptables-services，还要将默认使用的 firewalld 服务停止。

【例 9-4】　安装 iptables 防火墙管理工具。

① 查看光盘挂载情况，命令如下，执行结果如图 9-19 所示。

```
[root@localhost ~]# df -h
```

图 9-19　查看光盘挂载情况

② 重新挂载光盘，命令如下。

```
[root@localhost ~]# mount /dev/sr0 /mnt
```

③ 安装 iptables-services，命令如下，执行结果如图 9-20 所示。

```
[root@localhost ~]# yum install iptables-services
```

图 9-20　安装 iptables-services

④ 停止 firewalld 运行，命令如下。

```
[root@localhost ~]# systemctl stop firewalld
```

2．iptables 命令的基本配置

虽然在表 9-5、表 9-6、表 9-7 中分别列出了常见的 iptables 的命令选项、匹配规则和目标动作，但根据实际网络环境的要求，iptables 命令的配置方法有很多种，下面介绍几种常见配置操作。

【例 9-5】 ① 查看表 filter 的所有规则，命令如下，执行结果如图 9-21 所示。

```
[root@localhost ~]# iptables -nL
```

图 9-21　查看表 filter 的所有规则

上面只截取了 filter 中 FORWARD 的输出。policy ACCEPT 表示该链的默认规则为 ACCEPT 操作。

对于一个数据包，源 IP 地址为 192.168.100.100，目的 IP 地址为 83.6.63.100，协议为 TCP，目的端口号为 80，当该数据包通过 FORWARD 时，从上往下开始匹配。

- 检查第 1 条规则：这条规则的 source 是 anywhere，即任何源地址的数据包都可以匹配这个规则；destination 是 192.168.122.0/24，意味着目标地址是这个特定 IP 地址范围内的数据包可以匹配这个规则。因此，此规则允许所有类型协议并且目标地址是 192.168.122.0/24 这个范围内的数据包通过防火墙。所以，目的地址为 83.6.63.100 的数据包则无法匹配此规则。
- 检查第 2 条规则：这条规则的 source 为 192.168.122.0/24，所以，源地址为 192.168.100.100 的数据包无法匹配此规则。
- 检查第 3 条规则：这条规则的 source 为 anywhere，destination 为 anywhere，协议为 all，端口为任意，因此对该数据包的动作为 ACCEPT，放行该数据包。

② 查看 nat 表的所有规则，命令如下。

```
[root@localhost ~]# iptables -t nat -Nl
```

③ 清除规则链的所有规则，命令如下。

```
[root@localhost ~]# iptables -F
```

3．NAT 配置

将网络中的数据包从 IP 源地址发到目的 IP 地址，通常需要进行 NAT（网络地址转换）。

NAT 分为两种不同的类型，即 SNAT（源 IP 地址转换）和 DNAT（目的 IP 地址转换）。SNAT 通常用于使用了私有 IP 地址的局域网访问互联网。DNAT 指修改数据包的目的 IP 地址、端口转发、负载均衡等。如发出数据包的主机 IP 地址是内网的私有 IP 地址，并不能在互联网上传输该数据包，就需要进行 SNAT，从而使内网能够访问互联网。

注意：SNAT 只能在 POSTROUTING 上进行，DNAT 只能在 PREROUTING 上进行。

【例 9-6】　使用 iptables 命令实现 NAT。

① 向表 nat 的 PREROUTING 中插入一条规则，将来自 ens33 网络接口、目的 IP 地址是 81.6.63.10、目的端口是 53 的数据包的目的 IP 地址转换为 192.168.100.10。命令如下，执行结果如图 9-22 所示。

```
[root@localhost ~]# iptables -t nat -I PREROUTING -p tcp -i ens33 -d 81.6.63.10
--dport 53 -j DNAT --to 192.168.100.10
[root@localhost ~]# iptables -t nat -nL
```

图 9-22　向 PREROUTING 中插入一条规则

② 向表 nat 的 POSTROUTING 中插入一条规则，将发送至 ens34 网络接口的数据包的源 IP 地址转换为 81.6.63.10。命令如下，执行结果如图 9-23 所示。

```
[root@localhost ~]# iptables -t nat -I POSTROUTING -o ens34 -j SNAT --to
81.6.63.10
[root@localhost ~]# iptables -t nat -nL
```

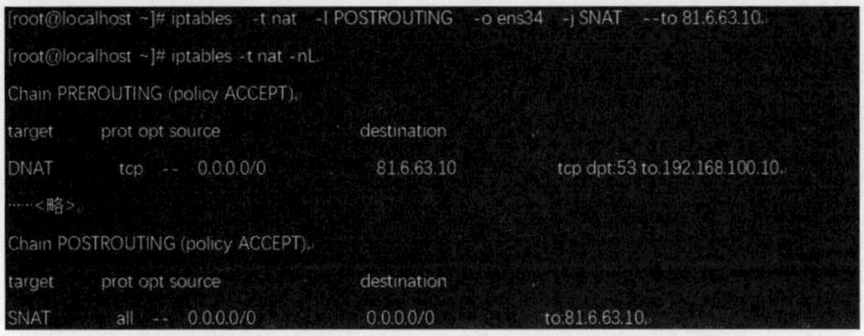

图 9-23　向 POST ROUTING 中插入一条规则

4．过滤配置

【例 9-7】　① 修改 filter 中 INPUT 的默认规则为接收数据包，命令如下。

```
[root@localhost ~]# iptables -t filter -P INPUT ACCEPT
```

② 向 filter 中插入一条入站规则，丢弃 192.168.100.100 主机发送给本机的所有数据，命令如下。

```
[root@localhost ~]# iptables -A INPUT -s 192.168.100.100 -j DROP
```

执行完这个命令后，凡是从 192.168.100.100 主机发送来的数据包都会被丢弃。

③ 拒绝进入防火墙的所有 ICMP 数据包，命令如下。

```
[root@localhost ~]# iptables -I INPUT -p icmp -j REJECT
```

④ 拒绝来自 192.168.145.0/24 的网络主机连接 SSHD 服务，命令如下，执行结果如图 9-24 所示。

```
[root@localhost ~]# iptables -F INPUT
[root@localhost ~]# iptables -A INPUT -p tcp -s 192.168.145.0/24 --dport 22 -j REJECT
[root@localhost ~]# iptables -nL
```

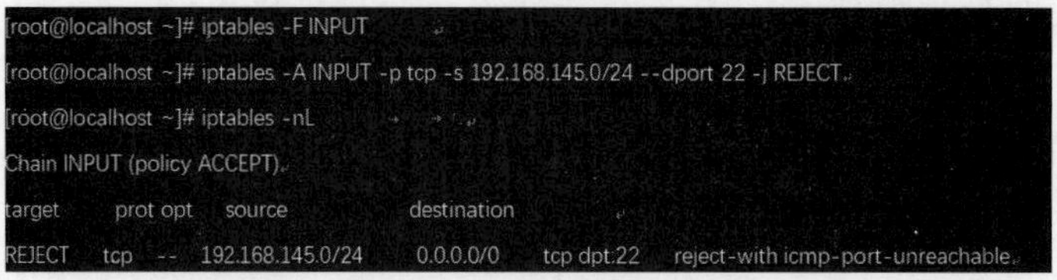

```
[root@localhost ~]# iptables -F INPUT
[root@localhost ~]# iptables -A INPUT -p tcp -s 192.168.145.0/24 --dport 22 -j REJECT
[root@localhost ~]# iptables -nL
Chain INPUT (policy ACCEPT)
target     prot opt source               destination
REJECT     tcp  --  192.168.145.0/24     0.0.0.0/0      tcp dpt:22   reject-with icmp-port-unreachable
```

图 9-24　拒绝来自 192.168.145.0/24 的网络主机连接 SSHD 服务

在 192.168.145.129 主机上进行测试，发现连接被拒绝，运行结果如图 9-25 所示。

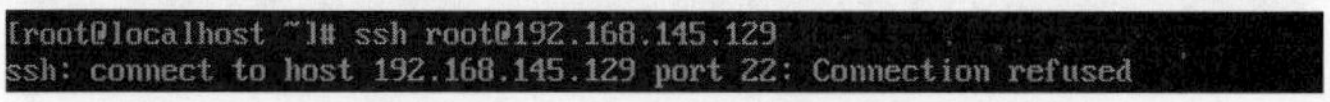

```
[root@localhost ~]# ssh root@192.168.145.129
ssh: connect to host 192.168.145.129 port 22: Connection refused
```

图 9-25　测试发现连接被拒绝

⑤ 指定数据包的入站网络接口为 ens33，指定数据包的出站网络接口为 ens34，命令如下。

```
[root@localhost ~]# iptables -t filter -A FORWARD -p tcp -i ens33 -o ens34
--dport 80 -j ACCEPT
```

注意：在 INPUT 中不能使用-o 选项，在 OUTPUT 中不能使用-i 选项。

5．保存 iptables 配置文件

在 Linux 操作系统中，要保存 iptables 规则，可以使用 iptables-save 命令将规则导出到一个文件中，然后备份这个文件，命令如下。

```
[root@localhost ~]# iptables-save > /etc/sysconfig/iptables.rules
```

这里的/etc/sysconfig/iptables.rules 是自定义保存 iptables 规则的文件路径。

要恢复规则，可以使用 iptables-restore 命令，具体如下。

```
[root@localhost ~]# iptables-restore < /etc/sysconfig/iptables.rules
```

9.4 问题与思考

在网络安全领域中，需要充分利用 Linux 防火墙等安全工具和技术手段来保护系统安全，而规则意识是确保 Linux 防火墙有效运行和发挥作用的关键因素之一。只有用户和管理员均具备强烈的规则意识，才能正确地配置和管理 Linux 防火墙，确保系统的安全性和稳定性。同时，树立规则意识不仅关系到对法律法规的遵守，还涉及道德准则、职业规范及日常生活中的良好习惯的培养，是维护社会秩序、促进职业发展和个人成长的重要基石。

9.5 本章小结

本章主要介绍了 Linux 防火墙的基本概念，包括对 Linux 防火墙的概述、介绍 Linux

防火墙的类型和使用的技术；并详细介绍了两种防火墙管理工具——firewalld 和 iptables 间的关系和特点。在 firewalld 中，对常见区域和命令的使用进行了讲解；在 iptables 中，详细介绍了防火墙的规则及常用命令的使用和具体配置；使读者了解和掌握 Linux 操作系统中防火墙的原理及配置技术。

9.6 本章习题

1．填空题

（1）在计算机网络中，_____实际上是一种隔离技术，是在外网和本地网络（内网）之间建立安全屏障的一种软件或硬件产品。

（2）从物理角度来看，防火墙是一种置于_____之间的一系列部件的组合，通常是一组用于安全管理和筛选的硬件设备和软件的组合。

（3）按照实现方式可以将防火墙分为_____防火墙与_____防火墙。

（4）软件防火墙是一段_____，它安装在网关服务器或者个人计算机上，实现网络数据包的检查、过滤和转发功能。

（5）防火墙的设计策略是利用_____来定义哪些数据包或服务请求被允许/拒绝通过防火墙。

（6）CentOS 7 集成了多款防火墙配置管理工具，其中_____是默认的防火墙配置管理工具。

（7）firewalld 采用_____模式管理防火墙规则。

（8）在 Linux 操作系统中，通常所说的 iptables 其实包含了两个部分，即_____与_____，由这两部分共同合作完成系统的防护工作。

（9）netfilter 将 iptables 定义的规则按功能分为 5 个_____。

（10）在 iptables 中，由规则链组成了 4 个_____，分别是 filter、nat、mangle 和 raw。

2．选择题

（1）在 iptables 的 5 个规则链中，（   ）用于处理入站数据包。

A．PREROUTING   B．FORWARD

C．INPUT   D．POSTROUTING

（2）在常见的 firewalld 区域中，默认区域被设置为（   ），不同区域之间的差异表现在对待数据包的策略不同。

A．public   B．home

C．drop   D．block

（3）（   ）负责数据包的 NAT（转换源 IP 地址或转换目的 IP 地址）功能。

A．filter   B．nat

C．mangle   D．raw

（4）在 Linux 操作系统中，要保存 iptables 规则，可以使用（   ）命令将规则导出到一个文件中，然后备份这个文件。

A．iptables   B．iptables-save

C．iptables-restore　　　　　　　　D．iptables -F

3．简答题

（1）简述防火墙的功能。

（2）简述 firewalld 防火墙配置管理工具的特性。

（3）使用 iptables 命令实现下面的 NAT 地址转换。

① 向 nat 的 PREROUTING 规则链中插入一条规则，将来自 ens33 网络接口、目的地址是 81.6.63.10、目的端口是 53 的数据包的目的地址转换为 192.168.100.10。

② 向 nat 的 POSTROUTING 规则链中插入一条规则，将发送至 ens34 网络接口数据包的源地址转换为 81.6.63.10。

第10章 Linux 网络服务器的搭建

学习目标

- 掌握 NFS 服务的配置与管理方法。
- 掌握 DHCP 服务的配置与管理方法。
- 掌握 DNS 服务的配置与管理方法。
- 掌握 FTP 服务的配置与管理方法。

素养目标

- 通过了解服务器的功能，树立责任意识，培养钻研精神。
- 通过配置服务器，提升劳动素养、专业的认可度与专注度。

导学词条

- 网络服务器：在网络环境中为客户端提供特定服务的高性能计算机设备。它的主要作用是响应客户端的请求，处理网络中的数据，并将处理结果返回给客户端。根据不同的应用场景，服务器可以扮演多种角色，提供 NFS 服务、DHCP 服务、DNS 服务、FTP 服务、Web 服务等。

10.1 NFS 服务

NFS（网络文件系统）是一种允许在网络上的计算机之间共享文件的协议。它最初由 Sun Microsystems 公司开发，并于 1984 年发布。NFS 的主要功能是通过网络连接，使不同的机器和操作系统可以共享彼此的文件，从而提高文件存储和访问的效率。

NFS 虽然简单好用，但是缺乏用户认证机制，数据在网络上采用明文传输，故安全性较差，一般只能在局域网中使用。

10.1.1 NFS 服务的工作原理

NFS 服务器允许计算机将网络中的 NFS 服务器共享的目录挂载到本地端的文件系统上。在本地文件系统中，远程主机的目录就像一个磁盘分区，使用起来非常方便。在 NFS 服务器上设置好一个共享目录后，有权访问 NFS 服务器的 NFS 客户端可以将这个目录挂载到自己文件系统的某个挂载点上。挂载后，NFS 客户端可以在本地看到 NFS 服务器共享的所有数据。如果将 NFS 服务器端配置为只读，那么 NFS 客户端只能读取 NFS 服务器数据。如果将 NFS 服务器端配置为读写，NFS 客户端就能对 NFS 服务器数据进行读写。具体工作原理主要包括以下几个步骤。

（1）NFS 服务启动

NFS 服务首先会在 NFS 服务器上启动，同时启动 RPC 服务并开启 111 端口。

（2）NFS 服务注册

NFS 服务会向 RPC 服务注册自己的端口信息。

（3）NFS 客户端启动 RPC 服务

NFS 客户端也会启动 RPC 服务，并通过 NFS 服务器的 RPC 服务请求 NFS 服务端的 NFS 端口信息。

（4）NFS 服务器反馈端口信息

NFS 服务器的 RPC 服务会将 NFS 端口信息反馈给 NFS 客户端。

（5）NFS 客户端建立连接

NFS 客户端通过获取的 NFS 端口来建立和 NFS 服务器的 NFS 连接，并进行数据的传输。

10.1.2　NFS 服务的配置和使用

NFS 服务只有分别在 NFS 服务器和 NFS 客户端上进行相应配置，才能完成 NFS 服务器的搭建和使用。

1. 设置 NFS 服务器和 NFS 客户端的 IP 地址

将 NFS 服务器的 IP 地址设置为 192.168.113.143，将 NFS 客户端的 IP 地址设置为 192.168.113.144。

2. 设置服务端

CentOS 7 默认自带 NFS 服务，NFS 服务器无须安装相应程序。但 NFS 客户端需要安装负责接收 NFS 协议的工具 nfs-utils。

① 修改配置文件/etc/exports，写入需要共享的目录，如/nfsServer、客户信息及具体权限，命令如下。

```
[root@localhost ~]# vim /etc/exports
```

在文件中写入图 10-1 所示的信息。

图 10-1　设置共享权限

配置语句中的具体权限如下，若要配置多个权限，则需要用逗号隔开。

a. ro：只读。

b. rw：读写。

c. sync：同步刷新到磁盘。

d．async：先保存到内存中。

e．root_squash：当 NFS 客户端为以 root 用户身份登录时，映射为 NFS 匿名用户使用。

f．no_root_squash：当 NFS 客户端为 root 用户身份登录时，映射为 root 用户使用。

g．all_squash：无论 NFS 客户端使用什么账户，都映射为 root 用户使用。

在图 10-1 所示的/etc/exports 文件中添加的内容表示 NFS 共享的目录被设置在/nfsServer 下，192.168.113.0 网段的主机皆可实现 NFS 共享，权限为可读可写。

② 创建共享目录/nfsServer，并让所有用户都具备读写该目录的权限，命令如下。

```
[root@localhost ~]# mkdir   /nfsServer
[root@localhost ~]# chmod   777  /nfsServer
```

③ 启动 NFS 服务和 rpcbind 服务，关闭防火墙且关闭 SELinux，命令如下。

```
[root@localhost ~]# systemctl  start  nfs
[root@localhost ~]# systemctl  start  rpcbind
[root@localhost ~]# systemctl  stop  firewalld.service
[root@localhost ~]# setenforce 0
```

注意：开启 rpcbind 服务是为了确保 NFS 服务成功，提升 NFS 服务的共享程度和加载速度。

④ 查看共享存储配置和共享目录信息，命令如下，执行结果如图 10-2 所示。

```
[root@localhost ~]# exportfs
[root@localhost ~]# showmount  -e  192.168.113.143
```

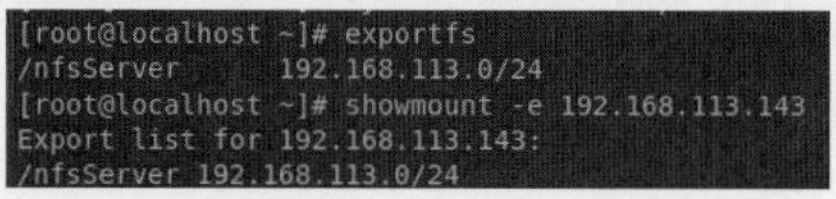

```
[root@localhost ~]# exportfs
/nfsServer      192.168.113.0/24
[root@localhost ~]# showmount -e 192.168.113.143
Export list for 192.168.113.143:
/nfsServer 192.168.113.0/24
```

图 10-2　查看共享存储管理和共享目录信息

3．配置 NFS 客户端

① NFS 客户端需要安装负责接收 NFS 协议的工具 nfs-utils，命令如下，执行结果如图 10-3 所示。

```
[root@localhost ~]# yum install -y nfs-utils
```

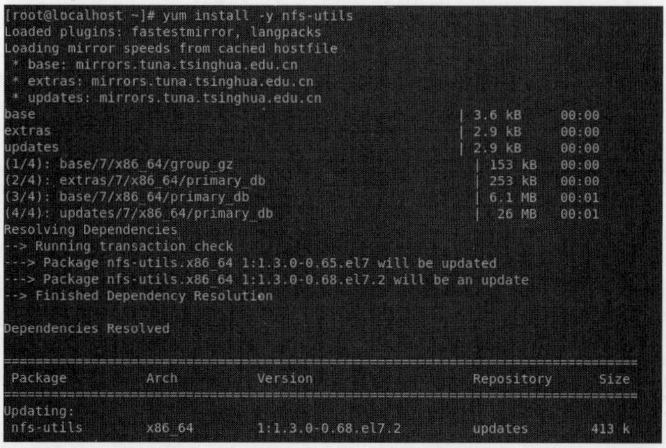

```
[root@localhost ~]# yum install -y nfs-utils
Loaded plugins: fastestmirror, langpacks
Loading mirror speeds from cached hostfile
 * base: mirrors.tuna.tsinghua.edu.cn
 * extras: mirrors.tuna.tsinghua.edu.cn
 * updates: mirrors.tuna.tsinghua.edu.cn
base                                                     | 3.6 kB     00:00
extras                                                   | 2.9 kB     00:00
updates                                                  | 2.9 kB     00:00
(1/4): base/7/x86_64/group_gz                              | 153 kB   00:00
(2/4): extras/7/x86_64/primary_db                          | 253 kB   00:00
(3/4): base/7/x86_64/primary_db                            | 6.1 MB   00:01
(4/4): updates/7/x86_64/primary_db                         |  26 MB   00:01
Resolving Dependencies
--> Running transaction check
---> Package nfs-utils.x86_64 1:1.3.0-0.65.el7 will be updated
---> Package nfs-utils.x86_64 1:1.3.0-0.68.el7.2 will be an update
--> Finished Dependency Resolution

Dependencies Resolved

================================================================================
 Package          Arch          Version                   Repository      Size
================================================================================
Updating:
 nfs-utils        x86_64        1:1.3.0-0.68.el7.2        updates        413 k
```

图 10-3　安装接收 NFS 协议的工具

② 创建一个目录作为和服务端共享的目录，如/nfsClient，并为它设置权限，命令如下。

```
[root@localhost ~]# mkdir    /nfsClient
[root@localhost ~]# chmod  777  /nfsClient
```

③ 连接 NFS 服务器实现共享，即挂载 NFS 服务器的共享目录，并用 **df -h** 命令进行验证，具体如下。执行结果如图 10-4 所示。

```
[root@localhost ~]# mount -t nfs  192.168.113.143:/nfsServer  /nfsClient
[root@localhost ~]# df -h
```

```
[root@localhost ~]# mount -t nfs 192.168.113.143:/nfsServer /nfsClient
[root@localhost ~]# df -h
Filesystem                    Size  Used Avail Use% Mounted on
devtmpfs                      480M     0  480M   0% /dev
tmpfs                         496M     0  496M   0% /dev/shm
tmpfs                         496M  8.1M  488M   2% /run
tmpfs                         496M     0  496M   0% /sys/fs/cgroup
/dev/mapper/centos-root        17G  4.0G   14G  24% /
/dev/sda1                    1014M  171M  844M  17% /boot
tmpfs                         100M  4.0K  100M   1% /run/user/42
tmpfs                         100M   32K  100M   1% /run/user/1000
/dev/sr0                      4.4G  4.4G     0 100% /run/media/student/CentOS 7 x86_64
192.168.113.143:/nfsServer     17G  4.0G   14G  24% /nfsClient
```

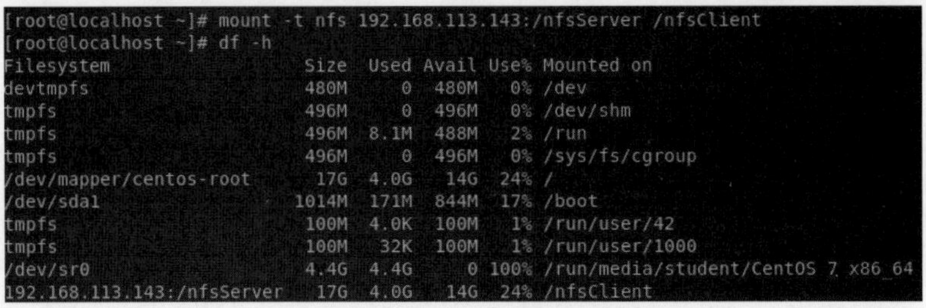

图 10-4　连接 NFS 服务器实现共享

4. 测试

① 在 NFS 服务器的共享目录/nfsServer 下创建一个文件 file1，命令如下。

```
[root@localhost ~]# cd  /nfsServer
[root@localhost nfsServer]# touch  file1
```

② 在 NFS 客户端的共享目录/nfsClient 下查看共享文件，命令如下，执行结果如图 10-5 所示。

```
[root@localhost ~]# cd  /nfsClient
[root@localhost nfsServer]# ls
```

```
[root@localhost ~] # cd  /nfsClient
[root@localhost nfsServer] # ls
file1
```

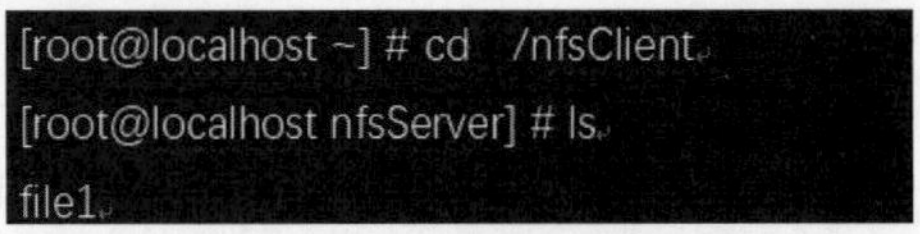

图 10-5　查看共享文件

从上面的结果可以看出，已经成功实现 NFS 共享。

10.2　DHCP 服务

DHCP（动态主机配置协议）是一个局域网的网络协议，使用 UDP 工作。它主要有两个用途：为内网或网络服务供应商自动分配 IP 地址；为用户提供作为内网管理员对所有计算机进行中央管理的手段。

10.2.1　DHCP 服务的工作原理

DHCP 服务的工作原理如图 10-6 所示。DHCP 客户端找到 DHCP 服务器进行 IP 地址请求，DHCP 服务器提供 IP 地址信息，DHCP 客户端接收并广播（DHCP 客户端选择 IP 地址），服务器确认 IP 地址租约（DHCP ACK）。如果 DHCP 客户端无法找到 DHCP 服务器，将从 TCP/IP 的 B 类网段 169.254.0.0/16 中挑选一个 IP 地址作为自己的 IP 地址，每隔 5 分钟继续尝试与 DHCP 服务器通信。具体步骤如下。

图 10-6　DHCP 服务的工作原理

（1）发现阶段

当 DHCP 客户端首次启动并连接到网络时，它会以 UDP 68 端口广播发送 DHCP DISCOVER 请求报文，目的是发现 DHCP 服务器，请求 IP 地址租约。

（2）提供阶段

DHCP 服务器接收到 DHCP DISCOVER 请求报文后，会通过 DHCP OFFER 报文为 DHCP 客户端提供一个预分配的 IP 地址。

（3）选择阶段

DHCP 客户端接收到多个 DHCP 服务器回应的 DHCP OFFER 报文后，会选择其中一个 DHCP 服务器，并通过广播发送 DHCP REQUEST 报文确认选择，请求 IP 地址自动分配服务。

（4）确认阶段

被选择的 DHCP 服务器接收到 DHCP REQUEST 报文后，会通过 DHCP ACK 报文把在 DHCP OFFER 报文中准备的 IP 地址租约给对应 DHCP 客户端。

注意：以上过程是基于 UDP 进行的，因此可能会存在一些不确定性，如网络时延或其他原因可能会导致 DHCP 客户端接收不到 DHCP 服务器的回应。在这种情况下，DHCP 客户端通常会重新发送 DHCP DISCOVER 请求报文，直到成功获取 IP 地址。

10.2.2　DHCP 服务的配置

1. 在服务器上安装 DHCP 服务器

① 首先检测系统是否已经安装了 DHCP 相关软件，命令如下。

```
[root@localhost ~]# rpm -qa | grep  dhcp
```

② 如果系统还没有安装 DHCP 相关软件包,可以使用 yum 命令安装所需的 DHCP 软件包,具体如下。

```
[root@localhost ~]# yum install dhcp -y
```

2. DHCP 主配置文件

DHCP 主配置文件为/etc/dhcp/dhcpd.conf,需要为它设定一个 IP 作用域(即一个 IP 地址或多个 IP 地址范围),为客户端分配的是 IP 作用域中的一个未被使用的 IP 地址。

① 将样例文件复制到 DHCP 主配置文件中。默认的 DHCP 主配置文件/etc/dhcp/dhcpd.conf 中并没有任何实质内容,可以通过复制"/usr/share/doc/dhcp*/dhcpd.conf.example"覆盖原文件,命令如下。

```
[root@localhost ~]# cp /usr/share/doc/dhcp*/dhcpd.conf.example /etc/dhcp/
dhcpd.conf
```

② 查看/etc/dhcp/dhcpd.conf 主配置文件的整体框架,命令如下。

```
#全局配置
参数或选项;                      #全局配置生效
#局部配置
声明 {
      参数或选项;                #局部配置生效
      }
```

注意:主配置文件中的声明一般用于指定 IP 作用域、为客户分配的 IP 地址池等,具体如下。

```
subnet 192.168.1.0 netmask 255.255.255.0 {
          ……<略>
  }
```

/etc/dhcp/dhcpd.conf 主配置文件的常用参数介绍见表 10-1。

表 10-1 /etc/dhcp/dhcpd.conf 主配置文件的常用参数

参数	作用
ddns-update-style	DNS 服务动态更新的类型,包括 none(不支持动态更新)、interim(互动更新模式)等
[allow | ignore] client-updates	允许/忽略客户端更新 DNS 记录
default-lease-time	指定默认租约时间长度,单位是秒
max-lease-time	指定最大租约时间长度,单位是秒
option domain-name-servers	设置 DNS 服务器的 IP 地址
option domain-name	设置 DNS 域名
range	提供动态分配的 IP 地址池
option subnet-mask	为客户端设置子网掩码
option routers	为客户端设置网关地址

续表

参数	作用
broadcast-address	为客户端设置广播地址
ntp-server	为客户端设置网络时间协议（NTP）服务器
nis-servers	为客户端设置 NIS 域服务器的地址
hardware	某个特定主机的网卡接口类型及 MAC 地址
server-name	DHCP 服务器的主机名
fixed-address	将某个固定的 IP 地址分配给指定主机

③ 租约数据库文件。租约数据库文件/var/lib/dhcpd/dhcpd.leases，用于保存一系列的租约声明，其中包括 DHCP 客户器的主机名、MAC 地址、分配到的 IP 地址，以及该 IP 地址的有效期等信息。这个文件是可编辑的文本文件，当租约发生变化时，会在该文件的尾部追加新的租约。

10.2.3　配置 DHCP 的应用案例

1．案例需求

某公司有 100 台计算机，各计算机的 IP 地址如下。

① DHCP 服务器和 DNS 服务器的 IP 地址都是 192.168.113.1/24，有效 IP 地址段为 192.168.113.1～192.168.113.254，子网掩码是 255.255.255.0，网关为 192.168.113.254。

② 192.168.113.1～192.168.113.30 是服务器的固定 IP 地址。

③ 客户端可以使用的 IP 地址段为 192.168.113.31～192.168.113.200，其中 192.168.113.100 保留给客户端 Client2。

④ 客户端 Client1 模拟所有其他客户端，采用自动获取的方式配置 IP 地址等信息。

2．网络环境搭建

DHCP 服务器和客户端的 IP 地址及 MAC 地址见表 10-2，用户可以使用 ifconfig 命令自行查看服务器和客户端的 MAC 地址。

表 10-2　DHCP 服务器和客户端的 IP 地址及 MAC 地址

主机名称	操作系统	IP 地址	MAC 地址
服务器	CentOS 7	192.168.113.1	00:0C:29:24:74:C1
客户端：Client1	CentOS 7	自动获取	00:0C:29:59:77:C3
客户端：Client2	Windows10	保留地址	A8:93:4A:D5:C8:81

3．服务器配置

① 修改主配置文件/etc/dhcp/dhcpd.conf 的内容，命令如下。

```
ddns-update-style none;
ignore client-updates;
subnet 192.168.113.0 netmask 255.255.255.0 {
```

```
    range 192.168.113.31 192.168.113.99;
    range 192.168.113.101 192.168.113.200;
    option domain-name-servers 192.168.113.1;
    option routers 192.168.113.254;
    option broadcast-address 192.168.113.255;
    default-lease-time 600;
     max-lease-time 7200;
}
host Client2{
        hardware ethernet A8:93:4A:D5:C8:81;
        fixed-address 192.168.113.100;
}
```

② 配置完成后保存并退出，重启 DHCPD 服务，并设置开机自动启动，命令如下。

```
[root@localhost ~]# systemctl restart dhcpd
[root@localhost ~]# systemctl enable dhcpd
```

4. 在客户端 Client1 上进行测试

① 设置虚拟机网络模式为 NAT。

② 配置网络的 IPv4 模式为自动（DHCP）。

③ 重启客户端网络服务，命令如下。

```
[root@localhost ~]# systemctl  restart  NetworkManager
```

或者

```
[root@localhost ~]# systemctl  restart  network
```

④ 查看 IP 地址，命令如下。

```
[root@localhost ~]# ip addr
```

或

```
[root@localhost ~]# ifconfig
```

5. 在客户端 Client2 上进行测试

Client2 客户端运行的是 Windows 操作系统，设置很简单，只需在 TCP/IP 属性中设置为自动获取 IP 地址。查看获取的 IP 地址，可在"命令提示符"中使用 ipconfig/all 命令。

10.3 DNS 服务

DNS（域名系统）服务是互联网的核心服务之一，主要用于相互映射域名和 IP 地址。互联网是基于 TCP/IP 进行通信和连接的，网络上的每台主机都有一个唯一的、标识固定的 IP 地址，以区分网络中成千上万台主机。然而 IP 地址是数字标识，难以记忆，因此需要通过更直观的域名来访问互联网资源，而不必记住复杂的 IP 地址。

DNS 服务器是最重要的互联网基础设施之一，几乎所有的互联网通信都离不开 DNS 服务。例如，当用户在浏览器中输入一个网址时，浏览器会首先尝试解析这个网址，如果解析失败，则用户无法访问这个网站。因此，选择一个快速、可靠的 DNS 服务是非常重要的。

10.3.1　DNS 服务的工作原理

DNS 服务基于一个分布式全球数据库，这个数据库包含了所有已注册的域名及其对应的 IP 地址。当用户输入一个网址时，浏览器首先会检查本地 DNS 缓存（存储在本地 DNS 服务器中的解析记录），如果找不到对应的 IP 地址，则会向本地 DNS 服务器发送查询请求。本地 DNS 服务器收到查询请求后，也会查询自己的 DNS 缓存，如果其缓存中没有该域名的记录，则会向根 DNS 服务器发起请求。根 DNS 服务器负责存储顶级域名服务器的信息，它会告诉本地 DNS 服务器所查询域名对应的顶级域名服务器地址。

DNS 域名解析的过程（即 DNS 服务器的查询方式）可以分为递归查询和迭代查询两种方式。

在递归查询中，本地 DNS 服务器负责解析整个域名，并将最终的 IP 地址返回给客户端。

而在迭代查询中，本地 DNS 服务器只返回下一级 DNS 服务器的地址，客户端需要继续向下一级 DNS 服务器发起请求，直到找到最终的 IP 地址。

下面以递归查询为例，对 DNS 域名进行解析的关键步骤如下。

（1）客户端进行本地查询

客户机本机操作系统中存在一个 hosts 文件，可以用来解析域名。当用户在浏览器中输入该网址后，操作系统会首先检查在 hosts 文件中是否存在该网址的映射记录。如果有，则直接使用这个 IP 地址进行网络通信。

（2）本地 DNS 缓存查询

若在本地 hosts 文件中未能找到与输入网址对应的映射关系，那么操作系统就会检查在本地 DNS 服务器缓存中是否存在该网址的映射记录。如果有，则直接使用缓存中的 IP 地址。

（3）本地 DNS 服务器查询

如果在本地缓存中没有找到与输入网址对应的映射关系，则操作系统将查询请求发送给本地 DNS 服务器。

本地 DNS 服务器通常由 ISP（互联网服务提供商）提供或自主搭建而成，它会尝试在自己的数据库中查找该网址的映射关系。

（4）根 DNS 服务器查询

若本地 DNS 服务器及其转发的 DNS 服务器依然无法解析这个网址，那么本地 DNS 服务器会向根 DNS 服务器发送查询请求。而根 DNS 服务器只能返回负责管理这个顶级域名（如.com、org 等）的 DNS 服务器的地址。

（5）顶级域 DNS 服务器查询

本地 DNS 服务器会继续向顶级域（比如.com）DNS 服务器发送进一步的查询请求。顶级域名 DNS 服务器在自己的缓存中查找相应的域名记录，若存在该记录，则返回该结果；否则，将二级域 DNS 服务器的相关信息返回给本地 DNS 服务器。

（6）二级域 DNS 服务器查询

本地 DNS 服务器得到查询结果后，接着向二级域 DNS 服务器发出查询具体主机 IP 地址的请求。

（7）返回结果

一旦找到能够解析输入网址的 DNS 服务器，它会将对应的 IP 地址返回给本地 DNS 服务器，然后本地 DNS 服务器再将这个 IP 地址返回给用户的操作系统，从而使客户端能够和远程主机通信。

10.3.2 DNS 服务的配置

在 CentOS 7 下架设 DNS 服务器，通常使用 BIND 程序，BIND 是一款实现 DNS 服务器的开放源码软件，其守护进程是 named。

1. 安装和启动 BIND

① 使用 yum 命令安装 BIND，命令如下。

```
[root@localhost ~]# yum  install  bind  bind-chroot -y
```

② 安装后再次查询，发现 BIND 已安装成功，命令如下。

```
[root@localhost ~]# rpm -qa | grep bind
```

③ 设置 DNS 服务的启动、停止与重启，将 DNS 服务设置为开机自启动，命令如下。

```
[root@localhost ~]# systemctl  start    named
[root@localhost ~]# systemctl  stop     named
[root@localhost ~]# systemctl  restart named
[root@localhost ~]# systemctl  enable  named
```

2. DNS 配置文件

DNS 配置文件分为全局配置文件、扩展配置文件和正反向解析区域声明文件。

（1）全局配置文件/etc/named.conf

全局配置文件在安装 BIND 时自动生成，可以通过 cat 命令查看。

配置文件的主体部分及说明如下。

```
options {
    listen-on port 53 { 127.0.0.1; };                      //DNS 服务的侦听 IP 地址及端口
    listen-on-v6 port 53 { ::1; };                         //同上（限于 IPv6）
    directory "/var/named";                                //区域配置文件所在的路径
    dump-file  "/var/named/data/cache_dump.db";            //解析过的内容的缓存
    statistics-file "/var/named/data/named_stats.txt";     //静态缓存
    memstatistics-file "/var/named/data/named_mem_stats.txt";
    allow-query { localhost; };                            //允许连接的客户端
    recursion yes;                                         //允许递归查询
    dnssec-enable    yes;
    dnssec-validation    yes;                              //若改为no,则可以忽略 SELinux 影响
    dnssec-lookaside    auto;

};
logging {
    channel default_debug {
        file "data/named.run";                             //运行状态文件
        severity dynamic;
    };
```

```
};
zone "." IN {                                         //用于指定根 DNS 服务器的配置信息，一般不能改动
  type hint;
  file "named.ca";
};

include "/etc/named.rfc1912.zones";                   //包含的扩展配置文件，可根据需要修改
include "/etc/named.root.key";                        //包含 named 进程使用的密钥
```

注意： 根据需要设置上述参数，另外这样配置的本地 DNS 服务器可解析的域名数量有限，故在上述文件中一般还会加入定义 DNS 转发器的内容，举例如下。

```
options{
……<略>
  forwarders { 114.114.114.114;8.8.8.8; };                    //设置 DNS 服务器的转发器
  forward first;                              //将域名查询请求先转发给 forwarders 设置的转发器
……<略>
};
```

（2）扩展配置文件/etc/named.rfc1912.zones

扩展配置文件是对全局配置文件 named.conf 的扩展说明。网络管理员添加正反向解析区域声明文件时，需要在此文件中添加引用项。用 zone 语句来指定需要引用的相关区域解析文件，其主体部分及说明如下。

```
zone "localhost.localdomain" IN {                           //正向解析区域
  type master;                                              //区域类型为主域
  file "named.localhost";                                   //指定正向解析区域声明文件名
  allow-update { none; };                                   //不允许客户端更新
};
……<略>
zone "1.0.0.127.in-addr.arpa" IN {                          //反向解析区域
  type master;
  file "named.loopback";                                    //指定反向解析区域声明文件
  allow-update { none; };
};
```

（3）正反向解析区域声明文件

正反向解析区域声明文件为一组文件，位于/var/named 目录下。默认文件有 named.ca、named.localhost 和 named.loopback 等。新建的正反向解析区域声明文件也需要保存在该目录下，文件的名称应与在扩展配置文件中定义的一致。现在以文件 named.localhost 为例，其主体部分及说明如下。

```
$TTL 1D                                                     //更新时间最长为 1 天
@      IN       SOA      @   rname.invalid. (
                        0    ; serial                       //序列号
                        1D   ; refresh                      //刷新时间为 1 天
                        1H   ; retry                        //重试时间最长为 1 小时
                        1W   ; expire                       //过期时间为 1 周
                        3H ) ; minimum                      //最短生存时间为 3 小时
```

```
        NS   @                                  //域名服务器名称
        A.   127.0.0.1                          //正向解析记录
        AAA.      ::1                            //IPv6 正向解析记录
```

10.3.3 配置主 DNS 服务器的应用案例

1. 环境及需求

假设要为某校园网架设一台 DNS 服务器，负责 test.com 的域名解析工作。DNS 服务器的 FQDN（全称域名）为 dns.test.com。要求为以下域名实现正反向域名解析服务。

以下域名非真实网址。

① dns.test.com：192.168.113.1。

② mail.test.com　MX 记录：192.168.113.2。

③ www.test.com：192.168.113.3。

④ ftp.test.com：192.168.113.4。

⑤ web.test.com：192.168.113.5。

2. 编辑全局配置文件、扩展配置文件和正反向解析区域声明文件

① 编辑全局配置文件/etc/named.conf 文件，命令如下。

```
options {
    listen-on port 53 { any; };
    listen-on-v6 port 53 { any; };
    directory       "/var/named";
        ……<略>
    allow-query     { any; };
    recursion yes;
dnssec-enable  no;
    dnssec-validation   no;
        ……<略>
};
```

② 编辑扩展配置文件/etc/named.rfc1912.zones，命令如下。

```
zone "test.com" IN {
    type master;
    file "named.test.com";
    allow-update { none; };
};

zone "113.168.192.in-addr.arpa" IN {
    type master;
    file "named.192.168.113";
    allow-update { none; };
};
```

③ 在/var/named 目录下，创建并编辑 named.test.com 正向解析区域声明文件，命令如下。

```
[root@localhost ~]# cd /var/named
```

```
[root@localhost named]# cp  -p  named.localhost  named.test.com
[root@localhost named]# vim named.test.com
```

对 named.test.com 文件的修改结果如图 10-7 所示。

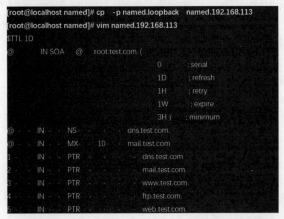

```
[root@localhost ~]# cd /var/named
[root@localhost named]# cp  -p  named.localhost  named.test.com
[root@localhost named]# vim named.test.com
$TTL 1D
@       IN SOA    @ root.test.com. (
                                    0        ; serial
                                    1D       ; refresh
                                    1H       ; retry
                                    1W       ; expire
                                    3H )     ; minimum
@       IN     NS        dns.test.com.
@       IN     MX   10   mail.test.com.
dns         IN    A           192.168.113.1
mail        IN    A       192.168.113.2
www         IN    A       192.168.113.3
ftp         IN    A       192.168.113.4
web         IN    A       192.168.113.5
```

图 10-7　对 named.test.com 文件的修改结果

④ 在/var/named 目录下，创建并编辑 named.192.168.113 反向解析区域声明文件，命令如下。

```
[root@localhost named]# cp  -p named.loopback  named.192.168.113
[root@localhost named]# vim named.192.168.113
```

对 named.192.168.113 文件的修改结果如图 10-8 所示。

```
[root@localhost named]# cp  -p named.loopback  named.192.168.113
[root@localhost named]# vim named.192.168.113
$TTL 1D
@       IN SOA    @    root.test.com. (
                                    0       ; serial
                                    1D      ; refresh
                                    1H      ; retry
                                    1W      ; expire
                                    3H )    ; minimum
@   IN   NS        dns.test.com.
@   IN   MX   10   mail.test.com.
1   IN   PTR       dns.test.com.
2   IN   PTR       mail.test.com.
3   IN   PTR       www.test.com.
4   IN   PTR       ftp.test.com.
5   IN   PTR       web.test.com.
```

图 10-8　对 named.192.168.113 文件的修改结果

⑤ 配置防火墙，命令如下。

```
[root@localhost named]# firewall-cmd --permanent --add-service=dns
[root@localhost named]# firewall-cmd -reload
```

或者直接将防火墙关闭，命令如下。

```
[root@localhost named]# systemctl stop firewalld
```

⑥ 重新启动 DNS 服务，设置开机启动，命令如下。

```
[root@localhost ~]# systemctl  restart named
[root@localhost ~]# systemctl  enable named
```

3．配置 DNS 客户端

（1）配置 Windows 客户端

打开图 10-9 所示的"Internet 协议版本 4（TCP/IPv4）属性"对话框，输入首选 DNS 服务器和备用 DNS 服务器的地址即可。

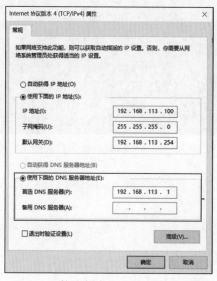

图 10-9　"Internet 协议版本 4（TCP/IPv4）属性"对话框

（2）配置 Linux 客户端

在 Linux 操作系统中，有很多设置 DNS 客户端的方法，这里采用修改文件 /etc/resolv.conf 来实现。命令如下，执行结果如图 10-10 所示。

```
[root@localhost ~]# vim /etc/resolv.conf
```

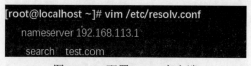

图 10-10　配置 Linux 客户端

4．测试 DNS 服务

（1）使用 nslookup 命令

① 使用 nslookup 命令测试 DNS 服务的语句如下，执行结果如图 10-11 所示。

```
[root@localhost ~]# nslookup
> server
```

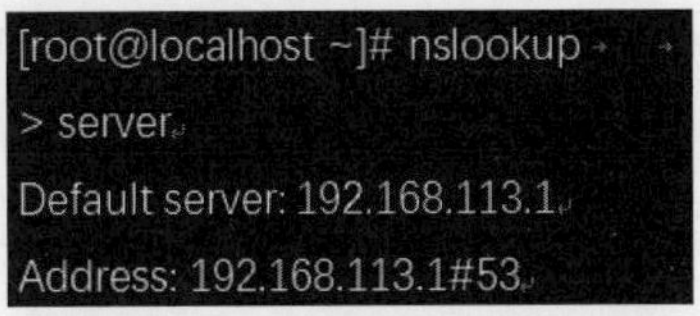

```
[root@localhost ~]# nslookup
> server
Default server: 192.168.113.1
Address: 192.168.113.1#53
```

图 10-11   使用 nslookup 命令

② 正向查询，查询其对应的域名，命令如下，执行结果如图 10-12 所示。

```
[root@localhost ~]# nslookup
> www.test.com
```

```
[root@localhost ~]# nslookup
> www.test.com
Server:    192.168.113.1
Address:    192.168.113.1#53
Name:   www.test.com
Address:    192.168.113.4
```

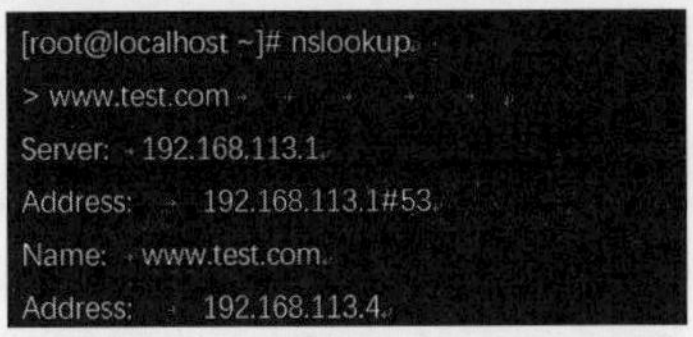

图 10-12   正向查询对应的域名

③ 反向查询，查询其对应的域名，命令如下，执行结果如图 10-13 所示。

```
[root@localhost ~]# nslookup
> 192.168.113.2
```

```
[root@localhost ~]# nslookup
> 192.168.113.2
Server:    192.168.113.1
Address:    192.168.113.1#53
2.113.168.192.in-addr.arpa  name = mail.test.com.
```

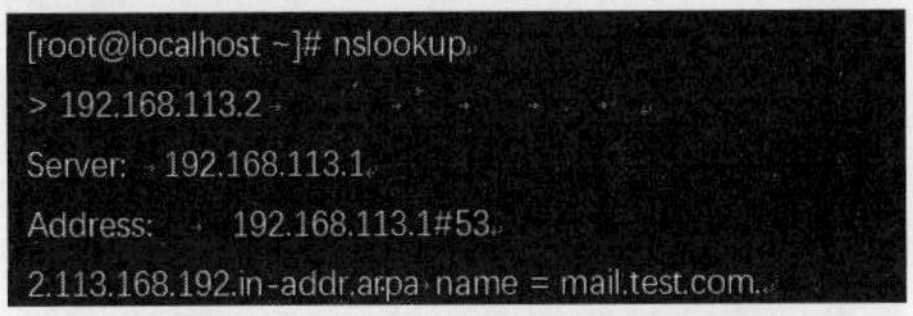

图 10-13   反向查询对应的域名

（2）使用 dig 命令

dig 命令用于域名查询，可以从 DNS 服务器中获取特定的信息。

【例 10-1】使用 dig 命令查看域名 www.test.com 的信息，命令如下。

```
[root@localhost ~]# dig www.test.com
```

（3）使用 host 命令

host 命令用于进行简单的主机名称等信息查询。

① 正向查询主机地址，命令如下。

```
[root@localhost ~]# host dns.test.com
```

② 反向查询 IP 地址对应的域名，命令如下。

```
[root@ localhost ~]# host 192.168.113.3
```

③ 查询不同类型的资源记录配置，-t 参数后可以为 NS、MX、CNAME、A、PTR 等，命令如下。

```
[root@ localhost  ~]# host -t NS test.com
```

④ 列出整个 test.com 域的信息，命令如下。

```
[root@ localhost ~]# host -l test.com
```

⑤ 列出与指定的主机资源记录相关的详细信息，命令如下。

```
[root@ localhost ~]# host -a web.test.com
```

10.4 FTP 服务

FTP（文件传输协议）是一种在 TCP/IP 网络和互联网上的两台计算机之间传输文件的基于客户端–服务器模型的应用层协议。FTP 允许用户通过网络连接远程服务器，并进行文件的上传和下载操作。

10.4.1 FTP 服务的工作原理

FTP 传输采用 TCP 而非 UDP。这意味着 FTP 客户端在与 FTP 服务器建立连接的过程中，要经过一个"三次握手"过程，这确保了 FTP 客户端与 FTP 服务器之间的连接是可靠的。正因为是面向连接的，所以 FTP 为数据的传输提供了可靠的保证。

1．FTP 的工作流程

FTP 在 FTP 客户端和 FTP 服务器之间建立了两个连接，一个连接用于发送命令和接收响应（控制连接），另一个连接用于传输数据（数据连接），如图 10-14 所示。

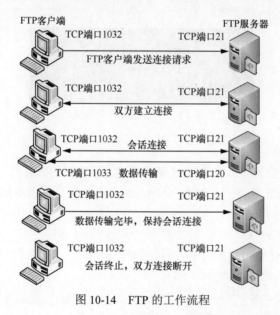

图 10-14　FTP 的工作流程

当用户通过 FTP 客户端访问 FTP 服务器时，需要输入用户名和密码进行身份验证。身份验证通过后，用户可以浏览 FTP 服务器上的文件，并下载或上传文件。

2．FTP 的特性

FTP 服务使用 FTP 协议来进行文件的上传和下载，可以非常方便地进行远程文件传输，还支持断点续传，可以大幅度减少 CPU 和网络带宽的开销，并实现相应的安全控制。

FTP 使用两个 TCP 连接来传输文件，一个是控制连接，另一个是数据连接。如前文所述，控制连接用于发送命令和接收响应，数据连接用于传输数据。控制连接默认使用 TCP 端口 21，数据连接则使用 TCP 端口 20 或其他端口。

总体来说，FTP 提供了一种可靠且高效的方式以在不同的计算机之间传输文件，同时具有较高的安全性和灵活性。

3．vsftpd 的认证模式

在 Linux 操作系统环境下运行的 FTP 服务器软件很多，其中使用得最多的是 vsftpd。vsftpd 允许用户以 3 种认证模式登录 FTP 服务器，具体如下。

（1）匿名开放模式

匿名开放模式是一种最不安全的认证模式，任何人不需要通过密码验证便可以直接登录 FTP 服务器。

（2）本地用户模式

本地用户模式是通过 Linux 操作系统本地的账户密码信息进行认证的认证模式，相较于匿名开放模式更安全，配置也很简单。但是如果黑客破解了账户密码，黑客可以畅通无阻地登录 FTP 服务器，从而完全控制整台 FTP 服务器。

（3）虚拟用户模式

虚拟用户模式是 3 种认证模式中最安全的认证模式，它需要为 FTP 服务器单独建立用户数据库文件，虚拟用于进行口令验证的账户信息，而这些账户信息在 FTP 服务器系统中实际上是不存在的，仅供 FTP 服务程序进行认证使用。这样，即使黑客破解了账户密码也无法登录 FTP 服务器，从而有效缩小了破坏影响范围。

10.4.2　FTP 服务的配置

1．安装和启动 VSFTP

VSFTP 是一款基于 GPL（通用性公开许可证）协议发布的类 UNIX 操作系统上的 FTP 服务器软件。该软件的主要目标是实现高度安全的文件传输服务，因此在其设计过程中特别注重代码的安全性。

① 安装 vsftpd，命令如下。

```
[root@localhost ~]# yum install vsftpd -y
[root@localhost ~]# rpm -qa | grep vsftpd
```

② vsftpd 的启动、重启，设置 vsftpd 服务为开机自启动，命令如下。

```
[root@localhost ~]# systemctl restart vsftpd
[root@localhost ~]# systemctl enable vsftpd
```

2．vsftpd 的配置文件

（1）主配置文件/etc/vsftpd/vsftpd.conf

主配置文件包含大量的选项，用于控制 FTP 服务器的行为。以 "#" 开头的行被视为注释，因此被忽略。

选项的格式为 option=value，其中 option 是配置选项名称，value 是对应的值，等号两边不能有任何空白。vsftpd 服务的常用参数及作用见表 10-3。

表 10-3　vsftpd 服务的常用参数及作用

参数	作用
listen=[YES|NO]	是否以独立运行的方式监听 FTP 服务
listen_address=IP 地址	设置要监听的 IP 地址
listen_port=21	设置 FTP 服务的监听端口
download_enable＝[YES|NO]	是否允许下载文件
userlist_enable=[YES|NO] userlist_deny=[YES|NO]	设置用户列表中的用户为"允许"还是"禁止"操作
max_clients=0	最大客户端连接数，如为 0 则代表不限制
max_per_ip=0	同一个 IP 地址的最大连接数，如为 0 则代表不限制
anonymous_enable=[YES|NO]	是否允许匿名用户访问
anon_upload_enable=[YES|NO]	是否允许匿名用户上传文件
anon_umask=022	设置匿名用户的文件权限掩码
anon_root=/var/ftp	设置匿名用户的 FTP 服务器根目录
anon_mkdir_write_enable=[YES|NO]	是否允许匿名用户创建目录
anon_other_write_enable=[YES|NO]	是否开放匿名用户的其他写入权限（包括重命名、删除等操作权限）
anon_max_rate=0	匿名用户的最大传输速率（字节/秒），如为 0 则代表不限制
local_enable=[YES|NO]	是否允许本地用户登录 FTP 服务器
local_umask=022	设置本地用户文件权限掩码
local_root=/var/ftp	设置本地用户的 FTP 根目录
chroot_local_user=[YES|NO]	是否将用户权限禁锢在 FTP 服务器目录下，以确保安全
local_max_rate=0	本地用户最大传输速率（字节/秒），0 为不限制

（2）/etc/vsftpd/ftpusers

所有位于此文件内的用户都不能访问 vsftpd 服务，此文件不受任何配置项的影响，总是有效的，相当于一个黑名单。为了安全起见，这个文件中默认已经包括 root 用户账号、bin 用户账号和 daemon 用户账号。

（3）/etc/vsftpd/user_list

此文件与主配置文件中的 userlist_enable 和 userlist_deny 紧密相关。

① 当 userlist_enable=YES，userlist_deny=YES（默认）时，拒绝文件列表中的用户访问 FTP 服务器。

② 当 userlist_enable=YES，userlist_deny=NO 时，仅允许文件列表中的用户访问 FTP

服务器。

（4）/var/ftp 文件夹

这个文件夹是 vsftpd 提供服务的根目录，包含一个 pub 子目录。默认情况下，这些目录是只读的，只有 root 用户具有写权限。

10.4.3　配置匿名用户 FTP 的应用案例

1．环境及需求

搭建一台 FTP 服务器，允许匿名用户登录 FTP 服务器、上传和下载文件，将匿名用户的根目录设置为/var/ftp，FTP 服务器的 IP 地址为 192.168.113.1。

2．编辑/etc/vsftpd/vsftpd.conf

修改下面 4 行，切记每行语句前后一定不要有空格。

```
anonymous_enable=YES                        #允许匿名用户登录 FTP 服务器

write_enable=YES                            #开启写权限

anon_upload_enable=YES                      #允许匿名用户上传文件

anon_mkdir_write_enable=YES                 #允许匿名用户创建文件夹
```

3．设置本地系统权限，为 pub 目录赋予其他用户写权限

① 查看其他用户对 pub 目录的写权限，命令如下，执行结果如图 10-15 所示。

```
[root@localhost ~]# ll   /var/ftp/pub
```

```
[root@localhost ~]# ll    /var/ftp/pub
drwxr-xr-x. 2 root 6 Mar 23  2017 /var/ftp/pub
```

图 10-15　查看其他用户对 pub 目录的写权限

从图 10-15 中可以看出，其他用户对 pub 目录没有写权限。

② 赋予其他用户对 pub 目录的写权限并查看结果，命令如下，执行结果如图 10-16 所示。

```
[root@localhost ~]# chmod o+w /var/ftp/pub
[root@localhost ~]# ll   /var/ftp/pub
```

```
[root@localhost ~]#  chmod  o+w  /var/ftp/pub
[root@localhost ~]#  ll   /var/ftp/pub
drwxr-xrwx. 2 root root 6 Mar 23  2017 /var/ftp/pub
```

图 10-16　赋予其他用户对 pub 目录的写权限并查看结果

从图 10-16 中可以看出，其他用户对 pub 目录已经具备写权限。

4．让防火墙放行 FTP 服务

让防火墙放行 FTP 服务的命令如下，执行结果如图 10-17 所示。

```
[root@localhost ~]# firewall-cmd --permanent --add-service=ftp
[root@localhost ~]# firewall-cmd --reload
```

```
[root@localhost ~]# firewall-cmd --list-all
```

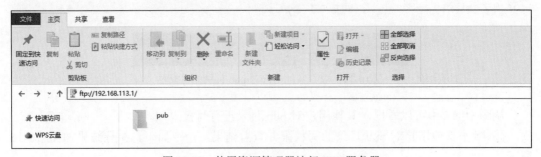

图 10-17　让防火墙放行 FTP 服务

5. 关闭 SELinux 安全设置，重启 vsftpd 服务

关闭 SELinux 安全设置，重启 vsftpd 服务的命令如下。

```
[root@localhost ~]# setenforce 0
[root@localhost ~]# systemctl restart vsftpd
```

6. Windows 客户端测试

① 在 Windows 客户端的资源管理器或浏览器中输入 ftp://192.168.113.1/，打开 pub 目录，即可正常使用 FTP 共享资源，如图 10-18 所示。

| 文件 | 主页 | 共享 | 查看 |

固定到快速访问	复制	粘贴	复制路径 粘贴快捷方式	移动到 复制到	删除 重命名	新建文件夹	新建项目 轻松访问	属性	打开 编辑 历史记录	全部选择 全部取消 反向选择
		剪切								
	剪贴板			组织		新建		打开		选择

← → ↑ 　ftp://192.168.113.1/

★ 快速访问　　　　　　　pub

● WPS云盘

图 10-18　使用资源管理器访问 FTP 服务器

② 在 Windows 客户端中打开命令提示符窗口，访问 FTP 服务器，命令如下。

```
C:\Users\Administrator\ftp                              #输入 ftp 命令
ftp> open 192.168.113.1                                 #连接 FTP 服务器
连接到 192.168.113.1
220（vsFTPd 3.0.2）
200 Always in UTF8 mode
用户（192.168.113.1:(none)）: anonymous                 #输入匿名用户 anonymous
331 Please specify the password
密码: 按"Enter"键
230 Login successful
ftp> cd pub                                             #进入 pub 目录
250 Directory successfully changed
```

```
ftp> put a.txt                                        #上传 a.txt
200 PORT command successful. Consider using PASV
150 Ok to send data
226 Transfer complete
ftp> mkdir a                                          #创建目录 a
257 "/pub/a"  created
ftp> ls                                               #列出/var/ftp/pub 目录的内容
200 PORT command successful. Consider using PASV
150 Here comes the directory listing
a
a.txt
b.txt
226 Directory send OK.
ftp: 收到 20 字节，用时 0.00 秒  20.00 千字节/秒
ftp> get b.txt                                            #下载 b.txt
200  PORT  command  successful.  Consider  using  PASV
150  Opening  BINARY  mode  data  connection  for  b.txt  (0  bytes)
226  Transfer  complete.
ftp> bye                                              #断开连接
221  Goodbye.
```

7. Linux 客户端测试

在 CentOS 7 图形化桌面环境中，同样可以用系统自带的文件浏览器或火狐浏览器访问 FTP 共享资源，方法类似于 Windows 操作系统。

除此之外，也可以在 Linux 客户端中安装 FTP 工具，使用命令来访问 FTP 共享资源，命令如下。

```
[root@localhost ~]# ftp 192.168.113.1
```

10.5 问题与思考

Linux 服务器具有强大的功能，可满足从基本的网络服务到复杂的企业级应用的需求。各司其职，支持并完成各种服务。在实际工作和生活中，我们要树立责任意识，明确职责范围、制订计划和目标，积极主动面对挑战。同时，在配置服务器的过程中，我们需要认真钻研，深入学习技术细节、探索新技术和工具、解决复杂问题，从而提升专业的认可度与专注度。

10.6 本章小结

本章主要介绍了几种常用的 Linux 网络服务，包括 NFS 服务、DHCP 服务、DNS 服务和 FTP 服务。其中 NFS 服务可实现在局域网上的计算机之间共享文件；DHCP 服务可以帮助计算机从指定的 DHCP 服务器自动获取相关的网络配置，如 IP 地址、子网掩码和默认网关等；DNS 服务可以为计算机实现域名解析，即实现域名和 IP 地址的双向解析；

FTP 服务可以实现可靠且高效地在互联网上的计算机之间传输文件。本章详细介绍了这些网络服务的工作原理、安装配置方法及测试方法，旨在使读者学会配置这些网络服务。

10.7　本章习题

1．填空题

（1）DHCP 服务的工作原理涉及＿＿＿＿、＿＿＿＿、＿＿＿＿、＿＿＿＿4 种报文。

（2）DHCP 是一个简化主机 IP 地址分配管理的 TCP/IP 标准协议，中文名称为＿＿＿＿。

（3）写出可以用于检测 DNS 资源创建是否正确的两个工具——＿＿＿＿、＿＿＿＿。

（4）FTP 服务就是＿＿＿＿服务。

2．选择题

（1）在 TCP/IP 中，（　　　）是用于进行 IP 地址自动分配的。

A．ARP　　　　　　B．NFS　　　　　　C．DHCP　　　　　　D．DNS

（2）DHCP 租约数据库文件默认保存在（　　　）目录中。

A．/etc/dhcp　　　B．/etc　　　　　C．/var/log/dhcp　　　D．/var/lib/dhcpd

（3）DNS 服务使用的端口是（　　　）。

A．TCP 53　　　　B．UDP 54　　　　C．TCP 54　　　　　D．UDP 53

（4）FTP 服务使用的端口是（　　　）。

A．21　　　　　　B．23　　　　　　C．25　　　　　　　D．53

（5）一次下载多个文件，使用（　　　）命令。

A．mget　　　　　B．get　　　　　　C．put　　　　　　D．mput

（6）（　　　）不是 FTP 用户的类别。

A．real　　　　　B．anonymous　　　C．guest　　　　　D．users

（7）修改文件 vsftpd.conf 的（　　　）可以实现 vsftpd 服务独立启动。

A．listen=YES　　B．listen=NO　　　C．boot=standalone　D．#listen=YES

（8）将用户加入（　　　）文件中可能会阻止用户访问 FTP 服务器。

A．vsftpd/ftpusers　B．vsftpd/user_list　C．ftpd/ftpusers　　D．ftpd/userlist

3．简答题

（1）简述 NFS 服务的工作原理。

（2）动态 IP 地址方案有什么优点和缺点？简述 DHCP 服务器的工作过程。

（3）简述 DNS 服务的工作原理。

（4）简述 FTP 服务的工作原理。

第 11 章 LAMP 服务器的搭建

学习目标

- 了解 LAMP 的组成。
- 掌握 Apache 服务器的安装和配置技巧。
- 掌握 MySQL/MariaDB 数据库的安装方法。
- 掌握 PHP 的安装和配置技巧。

素养目标

- 树立正确的价值观，积极为社会服务。
- 培养集体意识和团队协作精神。

导学词条

- Web 服务：万维网的基础设施之一，它能够提供处理 HTTP 请求并将响应返回给客户端（通常是 Web 浏览器）的服务，使用户能够通过浏览器访问和浏览网页。
- SQL（结构化查询语言）：一种用于管理关系型数据库管理系统（RDBMS）的编程语言。SQL 用于与数据库进行交互，执行各种操作，如数据检索、更新、删除和插入，被广泛应用于各种商业和开源数据库管理系统中。

11.1 LAMP 简介

LAMP 是一种常用的 Web 服务器架构，它由 Linux 操作系统、Apache 服务器、MySQL（或 MariaDB）数据库和 PHP 软件组成。使用 LAMP 来搭建 Web 应用已经是一种流行方式。本章主要介绍 Apache 服务器、MySQL/MariaDB 数据库和 PHP 的安装与配置。

11.2 Apache 服务器

Apache HTTP Server（以下简称"Apache"）是 Apache 软件基金会的一个开源网页服务

器，可以在大多数计算机操作系统上运行，尤其是在 Linux 操作系统和其他 UNIX 操作系统上运行广泛，具有支持多平台和安全性高的特点，是最流行的 Web 服务器端软件之一。

Apache 作为自由软件，提供了处理静态和动态内容的能力，还支持多种编程语言和脚本，其功能强大，可以很好地满足大量 Web 应用程序的需求。

11.2.1 Apache 服务器的安装与启动

1．安装 OpenSSL

Apache 提供 HTTP 服务，如果系统需要使用 HTTPS（超文本传输安全协议）来进行访问，需要 Apache 支持 SSL，因此在开始安装 Apache 之前需要安装 OpenSSL。

【例 11-1】 安装 OpenSSL，命令如下，执行结果如图 11-1 所示。

```
[root@localhost ~]# yum install -y openssl
[root@localhost ~]# rpm -qa |grep openssl
```

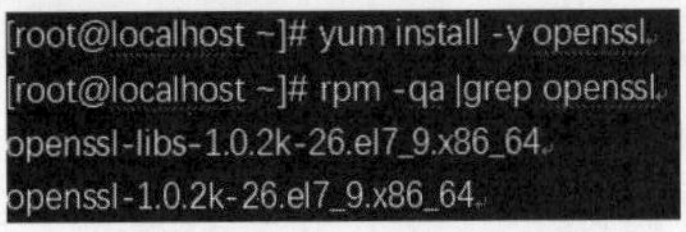

```
[root@localhost ~]# yum install -y openssl
[root@localhost ~]# rpm -qa |grep openssl
openssl-libs-1.0.2k-26.el7_9.x86_64
openssl-1.0.2k-26.el7_9.x86_64
```

图 11-1 安装 OpenSSL

2．安装 Apache

httpd 是 Apache 服务的主程序，是一个独立运行的后台进程。在 CentOS 7 中，可以先查看 httpd 的安装情况，如果没有检测到 httpd 软件包，可以使用 yum install 命令进行安装，如果 httpd 软件包的版本比较低，还可以使用 yum update 命令对 httpd 软件包进行升级。

【例 11-2】 安装 httpd 软件包，并查看 httpd 软件包的安装情况。命令如下，执行结果如图 11-2 所示。

```
[root@localhost ~]# rpm -qa|grep httpd
[root@localhost ~]# yum install httpd
[root@localhost ~]# rpm -qa|grep httpd
```

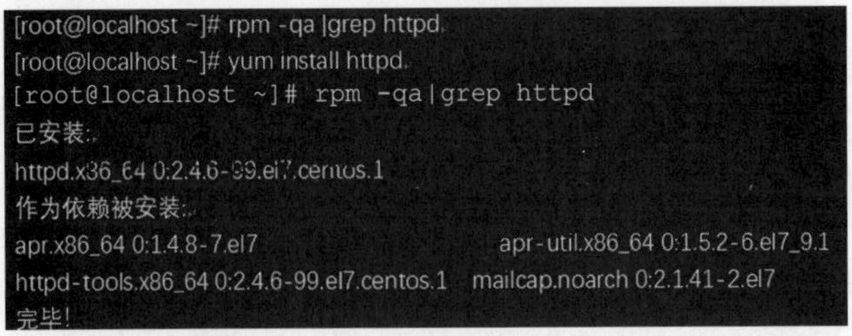

```
[root@localhost ~]# rpm -qa |grep httpd
[root@localhost ~]# yum install httpd
[root@localhost ~]# rpm -qa|grep httpd
已安装:
httpd.x86_64 0:2.4.6-99.el7.centos.1
作为依赖被安装:
apr.x86_64 0:1.4.8-7.el7                     apr-util.x86_64 0:1.5.2-6.el7_9.1
httpd-tools.x86_64 0:2.4.6-99.el7.centos.1   mailcap.noarch 0:2.1.41-2.el7
完毕!
```

图 11-2 安装并查看 httpd 软件包

3．Apache 服务的管理与测试

（1）Apache 服务的启动与停止

在安装完 Apache 后，可以使用下列命令启动、停止、重新启动 httpd.service 服务及查看 httpd.service 服务状态等，服务名的后缀.service 可以省略，命令如下。

```
[root@localhost ~]# systemctl status httpd          #查看 httpd 服务状态
[root@localhost ~]# systemctl stop httpd            #停止 httpd 服务
[root@localhost ~]# systemctl start httpd           #启动 httpd 服务
[root@localhost ~]# systemctl restart httpd         #重新启动 httpd 服务
```

（2）测试 Apache 服务运行状态

httpd 服务启动成功后，打开本地主机或远程主机上的浏览器，在浏览器中输入本机 Apache 服务器的 IP 地址，如果出现图 11-3 所示的界面，则表示 Apache 安装并启动成功。如果未出现该界面，检查防火墙配置是否默认开放了 80 端口。

图 11-3　在 Windows 操作系统的浏览器上测试 Apache 服务运行状态

11.2.2　Apache 服务器的配置

Apache 安装完成后，会在/etc/httpd/conf 目录下自动生成主配置文件 httpd.conf。除了主配置文件外，在/etc/httpd/conf 目录下还有些以.conf 结尾的附属配置文件。对 Apache 服务器的配置可以通过修改主配置文件和附属配置文件完成。

1．主配置文件

主配置文件 httpd.conf 包含丰富的选项配置供用户选择，用户可以通过 Vim 打开以下配置文件进行修改。文件修改结果如图 11-4 所示。

```
[root@localhost conf]# vim  httpd.conf
```

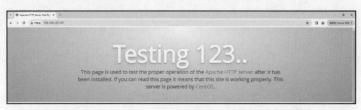

图 11-4　文件修改结果

配置选项的说明如下。

① ServerRoot "/etc/httpd"：Apache 服务器的根目录（安装目录），应该只能由 root 用户登录，不更改此配置。

② Listen 80：监听的 HTTP 端口。HTTP 请求的默认端口号是 80，如果同时监控 8080

端口，可以在该代码下面增加一行，如 Listen 8080。

③ DocumentRoot "/var/www/html"：Apache 服务器的默认站点目录，路径结尾不要添加斜线。

2. 模块配置

在 httpd 服务的主配置文件中，除了有主要的配置信息外，还有模块配置信息。常见的模块如下。

① 设置 Web 站点主目录访问权限的模块的命令如下。

```
<Directory  "/var/www/html">
Options  Indexes  FollowSymLinks
#找不到主页时，服务器自动生成一个目录列表页面并允许链接到实际的文件或目录
    AllowOverride  None              #none 表示阻止用户设置.htaccess 覆盖已配置的文件
    Require all granted              #granted 表示允许所有访问,denied 表示拒绝所有访问
</Directory>
```

② dir_module 模块用于设置 Web 站点的默认主页检索文件列表、子目录等。默认主页检索文件如果有多个，则用空格隔开。

```
<IfModule dir_module>
DirectoryIndex index.html  index.php  index.html  default.htm              #站点默认主页
</IfModule>
```

根据上述①②两个模块的设置，在用户请求访问网页时，服务器会尝试寻找 DirectoryIndex 指令中文件列表列出的文件，并返回找到的第一个默认主页 index.html，该主页文件路径为/var/www/html/index.html。访问 Web 站点主目录如图 11-5 所示。

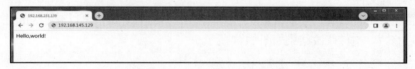

图 11-5 访问 Web 站点主目录

如果没有找到 DirectoryIndex 指令中文件列表提供的任何文件，服务器默认生成并返回一个 HTML 格式的 Web 站点目录列表，列出该目录下的子目录和文件。访问 Web 站点子目录如图 11-6 所示。

图 11-6 访问 Web 站点子目录

③ 禁止访问以 ".ht" 开头的预设文件，代码如下。

```
<Files ".ht*">
```

```
  Require all denied              #denied 表示拒绝所有访问
</Files>
```

11.2.3　Apache 虚拟主机

虚拟主机，指把一台提供 Web 服务的物理服务器划分为多台"虚拟"服务器，使用户感觉存在多台对外的 Web 服务器。每一台"虚拟"服务器在 Web 服务中均是一个独立的 Web 站点，这个 Web 站点对应独立的域名、IP 地址或者端口，具有独立的资源目录，对外提供服务供用户访问。Apache 支持配置以下 3 种类型虚拟主机。

1．基于域名的虚拟主机

基于域名的虚拟主机可以在同一个 IP 地址上为每个 Web 站点配置域名并且其都通过端口 80 访问，用户通过不同的域名区分不同的虚拟主机。基于域名的虚拟主机是在企业中应用最广泛的一类虚拟主机，几乎所有对外提供服务的网站都是基于域名的虚拟主机。

2．基于端口的虚拟主机

基于端口的虚拟主机是指，系统只有一个 IP 地址，通过不同的端口号映射成不同的虚拟主机地址，用户通过不同的端口来区分不同的虚拟主机，访问不同的 Web 站点。基于端口的虚拟主机对应的企业应用主要为公司内部的网站，如一些不希望直接对外提供用户访问服务的网站后台等。

3．基于 IP 地址的虚拟主机

基于 IP 地址的虚拟主机要求主机配有多个 IP 地址，并为每个 Web 站点分配唯一的 IP 地址，对外用户通过不同的 IP 地址访问不同的 Web 站点，通过不同的 IP 地址区分不同的虚拟主机。基于 IP 地址的虚拟主机对应的企业应用比较少。

11.2.4　基于域名的虚拟主机配置

假设一台提供 Web 服务的主机有一个 IP 地址，现对其使用基于域名的虚拟主机进行配置。

① 根据实际环境，使用前文介绍的 Linux 网络配置的相关知识，为 ens33 网络接口新配置一个 IP 地址——192.168.231.140。命令如下，执行结果如图 11-7 所示。

```
[root@localhost ~]# ip addr
```

图 11-7　为 ens33 网络接口新配置一个 IP 地址——192.168.231.140

② 修改/etc/hosts 文件，将同一个 IP 地址映射成不同的虚拟主机名。命令如下，执行结果如图 11-8 所示。

```
[root@localhost ~]# vim /etc/hosts
```

图 11-8　将同一个 IP 地址映射成不同的虚拟主机名

③ 创建虚拟主机存放网页的根目录，并创建主页文件 index.html。命令如下，执行结果如图 11-9 所示。

```
[root@localhost ~]# cd /var/www
[root@localhost www]# mkdir test01
[root@localhost www]# mkdir test02
[root@localhost www]# echo"www.test01.com">test01/index.html
[root@localhost www]# echo"www.test02.com">test02/index.html
[root@localhost www]# cat test01/index.html
[root@localhost www]# cat test02/index.html
```

图 11-9　创建根目录和主页文件 1

④ 编辑每个域名的配置文件。在服务器的根目录/etc/httpd 下，创建一个虚拟主机配置文件目录 vhost，在该目录下为每个虚拟主机创建配置文件 test01.conf 和 test02.conf，命令如下。

```
[root@localhost www]# cd /etc/httpd
[root@localhost httpd]# mkdir vhost
```

创建并编辑 www.test01.com 虚拟主机的配置文件，命令如下，执行结果如图 11-10 所示。

```
[root@localhost httpd]# vim vhost/test01.conf
```

图 11-10　创建并编辑 www.test01.com 虚拟主机的配置文件

创建并编辑 www.test02.com 虚拟主机的配置文件，命令如下，执行结果如图 11-11 所示。

```
[root@localhost httpd]# vim vhost/test02.conf
```

图 11-11　创建并编辑 www.test02.com 虚拟主机的配置文件

⑤ 编辑 httpd.conf 主配置文件，在主配置文件的末尾添加一条配置语句，将目录 vhost 下的所有配置文件包含进去，并重新启动服务。命令如下，执行结果如图 11-12 所示。

```
[root@localhost httpd]# vim conf/httpd.conf
[root@localhost httpd]# systemctl restart httpd
```

图 11-12　修改 httpd.conf 主配置文件

⑥ 测试虚拟主机主页，通过终端窗口进行测试，命令如下，执行结果如图 11-13 所示。

```
[root@localhost vhost]# curl http://www.test01.com
[root@localhost vhost]# curl http://www.test02.com
```

图 11-13　测试虚拟主机主页

11.2.5　基于端口的虚拟主机配置

假设一台提供 Web 服务的主机有一个 IP 地址，通过不同的端口号映射成不同的虚拟主机本地地址，现对其使用基于端口的虚拟主机进行配置。

① 根据实际环境，使用前文中介绍 Linux 网络配置的相关知识，为 ens33 网络接口新配置一个 IP 地址——192.168.231.150。命令如下，执行结果如图 11-14 所示。

```
[root@localhost ~]# ip addr
```

图 11-14　为 ens33 网络接口新配置一个 IP 地址——192.168.231.150

② 编辑/etc/hosts 文件，映射虚拟主机名。命令如下，执行结果如图 11-15 所示。

```
[root@localhost ~]# vim /etc/hosts
```

```
[root@localhost ~]# vim /etc/hosts
127.0.0.1    localhost localhost.localdomain
192.168.231.150   www.myweb150.com
```

图 11-15　编辑/etc/hosts 文件，映射主机名

③ 创建虚拟主机存放网页的根目录，并创建主页文件 index.html。命令如下，执行结果如图 11-16 所示。

```
[root@localhost vhost]# cd /var/www
[root@localhost www]# mkdir port8081
[root@localhost www]# mkdir port9081
[root@localhost www]# echo"This is port8081's website.">port8081/index.html
[root@localhost www]# echo"This is port9081's website.">port9081/index.html
[root@localhost www]# cat port8081/index.html
[root@localhost www]# cat port9081/index.html
```

```
[root@localhost vhost]# cd /var/www
[root@localhost www]# mkdir port8081
[root@localhost www]# mkdir port9081
[root@localhost www]# echo "This is port8081's website." > port8081/index.html
[root@localhost www]# echo "This is port9081's website." > port9081/index.html
[root@localhost www]# cat port8081/index.html
This is port8081's website.
[root@localhost www]# cat port9081/index.html
This is port9081's website.
```

图 11-16　创建根目录和主页文件 2

④ 编辑每个域名的配置文件。在服务器的根目录/etc/httpd 下，创建一个虚拟主机配置文件目录 vhost，在该目录下为每个虚拟主机创建配置文件 port8081.conf 和 port9081.conf。命令如下。

```
[root@localhost www]# cd  /etc/httpd
[root@localhost httpd]# mkdir  vhost
```

创建并编辑 192.168.231.150:8081 虚拟主机的配置文件，命令如下，执行结果如图 11-17 所示。

```
[root@localhost httpd]# vim vhost/port8081.conf
```

```
[root@localhost httpd]# vim vhost/port8081.conf
<VirtualHost 192.168.231.150:8081>
        ServerName www.myweb150.com
        DocumentRoot "/var/www/port8081"
        DirectoryIndex index.html
        <Directory "/var/www/port8081">
                Options Indexes FollowSymLinks
                AllowOverride None
                Require all granted
        </Directory>
</VirtualHost>
```

图 11-17　创建并编辑 192.168.231.150:8081 虚拟主机的配置文件

创建并编辑 192.168.231.150:9081 虚拟主机配置文件，命令如下，执行结果如图 11-18 所示。

```
[root@localhost httpd]# vim vhost/port9081.conf
```

图 11-18　创建并编辑 192.168.231.150:9081 虚拟主机配置文件

⑤ 编辑 httpd.conf 主配置文件，在主配置文件的末尾添加以下配置语句，加入不同的监听端口号，并将目录 vhost 下的所有配置文件包含进去，最后重新启动服务。

a. 编辑主配置文件，命令如下，执行结果如图 11-19 所示。

```
[root@localhost httpd]# vim conf/httpd.conf
```

图 11-19　编辑 httpd.conf 主配置文件

b. 关闭 SELinux，命令如下。

```
[root@localhost vhost]# setenforce 0
```

c. 重新启动服务使配置生效，命令如下。

```
[root@localhost httpd]# systemctl restart httpd
```

⑥ 测试虚拟主机。

通过浏览器进行虚拟主机测试。打开浏览器，输入 http://192.168.231.150:8081 和 http://192.168.231.150:9081，测试结果如图 11-20 所示。

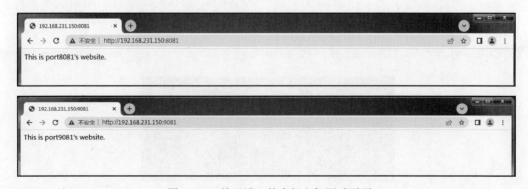

图 11-20　基于端口的虚拟主机测试页面

通过终端窗口进行虚拟主机测试，命令如下，执行结果如图 11-21 所示。

```
[root@localhost vhost]# curl http://www.myweb150.com:8081
[root@localhost ~]# curl http://www.myweb150.com:9081
```

图 11-21　测试虚拟主机 1

11.2.6　基于 IP 地址的虚拟主机配置

假设一台提供 Web 服务的主机有多个 IP 地址，现对其使用基于 IP 地址的虚拟主机进行配置。

① 根据实际环境，使用前文中介绍 Linux 网络配置的相关知识，为 ens33 网络接口新配置 2 个 IP 地址——192.168.231.151 和 192.168.231.152。命令如下，执行结果如图 11-22 所示。

```
[root@localhost ~]# ip addr
```

图 11-22　为 ens33 网络接口新配置 2 个 IP 地址

② 创建虚拟主机存放网页的根目录，并创建主页文件 index.html。命令如下，执行结果如图 11-23 所示。

```
[root@localhost ~]# cd /var/www
[root@www ~]# mkdir myweb151
[root@www ~]# mkdir myweb152
[root@www ~]# echo"This is 192.168.231.151's website.">myweb151/index.html
[root@www ~]# echo"This is 192.168.231.152's website.">myweb152/index.html
[root@localhost www]# cat myweb151/index.html
[root@localhost www]# cat myweb152/index.html
```

图 11-23　创建根目录和主页文件 3

③ 编辑每个虚拟主机的配置文件。在服务器的根目录/etc/httpd 下，创建一个虚拟主机配置文件目录 vhost，在该目录下为每个虚拟主机创建配置文件 myweb151.conf 和 myweb152.conf，命令如下。

```
[root@localhost www]# cd /etc/httpd
[root@localhost httpd]# mkdir vhost
```

创建并编辑 192.168.231.151 虚拟主机的配置文件，命令如下，执行结果如图 11-24 所示。

```
[root@localhost httpd]# vim vhost/myweb151.conf
```

图 11-24　创建并编辑 192.168.231.151 虚拟主机的配置文件

创建并编辑 192.168.231.152 虚拟主机的配置文件，命令如下，执行结果如图 11-25 所示。

```
[root@localhost httpd]# vim vhost/myweb152.conf
```

图 11-25　创建并编辑 192.168.231.152 虚拟主机的配置文件

④ 修改主配置文件 httpd.conf，在主配置文件的末尾添加一条配置语句，将目录 vhost 下的所有配置文件包含进去。命令如下，执行结果如图 11-26 所示。

```
[root@localhost httpd]# vim conf/httpd.conf
```

```
[root@localhost httpd]# vim conf/httpd.conf
IncludeOptional vhost/*.conf
```

图 11-26　添加配置语句

重新启动服务的命令如下。

```
[root@localhost httpd]# systenctl restart httpd
```

⑤ 测试虚拟主机。通过浏览器进行虚拟主机测试。打开浏览器,输入 http://192.168.231.151 和 http://192.168.231.152,测试结果如图 11-27 所示。

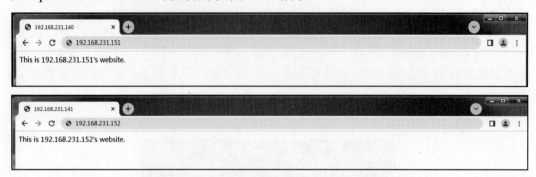

图 11-27　基于 IP 地址的虚拟主机测试页面

通过终端窗口进行虚拟主机测试,命令如下,执行结果如图 11-28 所示。

```
[root@localhost httpd]# curl http://192.168.231.151
[root@localhost httpd]# curl http://192.168.231.152
```

图 11-28　测试虚拟主机 2

11.3　MySQL/MariaDB

数据库是 Linux 应用中的主要部分,Linux 作为一个广泛使用的开源操作系统,提供了强大的支持来运行各种数据库系统,如 MySQL、PostgreSQL 和 MongoDB 等。无论是企业级应用还是个人应用,这些数据库系统都显得尤为重要,它们能够高效地处理和存储大量数据,确保数据的安全性和可靠性。

11.3.1　MySQL 数据库简介

MySQL 是一款基于 SQL 的关系型数据库管理系统,支持多用户和多数据库。其因简单、可扩展和响应迅速等性能成为许多开发者和企业选择的数据库解决方案,在小型企业网站、大型企业级应用和云计算平台被广泛使用。

11.3.2　MySQL 数据库的安装与启动

1. 安装 MySQL 数据库

CentOS 7 默认未安装 MySQL 数据库,在光盘中也没有 MySQL 安装包,无法通过光盘进行安装,需要从其他渠道获得安装源进行安装。由于 MySQL 的安装与其他软件之间的相互依赖、版本差异、安装顺序等都有关系,以及与不同版本操作系统的兼容程度不同,因此通过 yum 命令在线下载安装 MySQL 数据库是最佳方法。

【例 11-3】　使用 yum 命令在线安装 MySQL 数据库。

① 列出 yum 仓库中的所有软件包，并没有 MySQL 安装包，命令如下。

```
[root@localhost ~]# yum list |grep mysql
```

② 在 MySQL 官网下载 MySQL 数据库安装源，命令如下。

```
[root@localhost ~]# wget MySQL 官网地址
```

③ 安装数据源，命令如下。

```
[root@localhost ~]# rpm -ivh mysql.com/get/mysql-community-release-el7-5.noarch.rpm
```

④ 安装 MySQL 数据库的服务器平台软件包，命令如下。

```
[root@localhost ~]# yum install mysql-community-server
```

2．MySQL 服务的启动与停止

【例 11-4】　使用以下命令对 MySQL 服务进行管理

① 启动服务，命令如下。

```
[root@localhost ~]# systemctl start mysqld
```

② 查看 MySQL 服务运行状态，命令如下，执行结果如图 11-29 所示。

```
[root@localhost ~]# systemctl status mysqld
```

图 11-29　查看 MySQL 服务运行状态

③ 停止服务，命令如下。

```
[root@localhost ~]# systemctl stop mysqld
```

④ 重启服务，命令如下。

```
[root@localhost ~]# systemctl restart mysqld
```

11.3.3　MariaDB 数据库简介

在 CentOS 7 中，默认已经提供了 MariaDB 数据库的安装源。MariaDB 是 MySQL 数据库的一个分支，不仅完全兼容 MySQL 数据库，而且功能比 MySQL 数据库更强大，现在大量的企业将原来采用 MySQL 数据库的解决方案改为采用 MariaDB 数据库。

11.3.4　MariaDB 数据库的安装与启动

1．安装 MariaDB 数据库

【例 11-5】　使用 yum 命令安装 MariaDB 数据库。

① 查看是否安装 MariaDB 软件包，命令如下。

```
[root@localhost ~]# yum list |grep mariadb
```

② 安装 MariaDB 客户端，命令如下，执行结果如图 11-30 所示。

```
[root@localhost ~]# yum install mariadb -y
```

图 11-30　安装 MariaDB 客户端

③ 安装 MariaDB 服务器端，命令如下，执行结果如图 11-31 所示。

```
[root@localhost ~]# yum install mariadb-server -y
```

图 11-31　安装 MariaDB 服务器端

2．MariaDB 服务的启动与停止

【例 11-6】　使用以下命令对 MariaDB 服务进行管理，执行结果如图 11-32 所示。

```
[root@localhost ~]# systemctl start mariadb                    #启动服务
[root@localhost ~]# systemctl status mariadb                   #查看服务运行状态
```

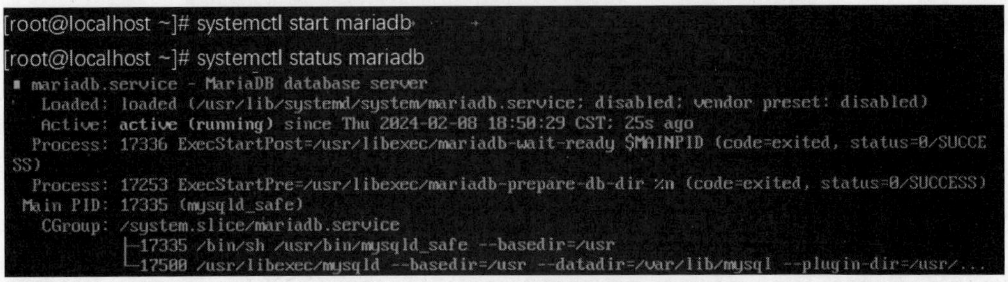

图 11-32　管理 MariaDB 服务

停止并重新启动服务的命令如下。

```
[root@localhost ~]# systemctl stop mariadb                     #停止服务
[root@localhost ~]# systemctl restart mariadb                  #重新启动服务
```

3．连接数据库及断开 MySQL 服务器的连接

数据库成功启动后，可以直接调用 MySQL 命令连接数据库或断开与服务器的连接，具体如下。

① 连接数据库的命令如下，执行结果如图 11-33 所示。

```
[root@localhost html]# mysql
```

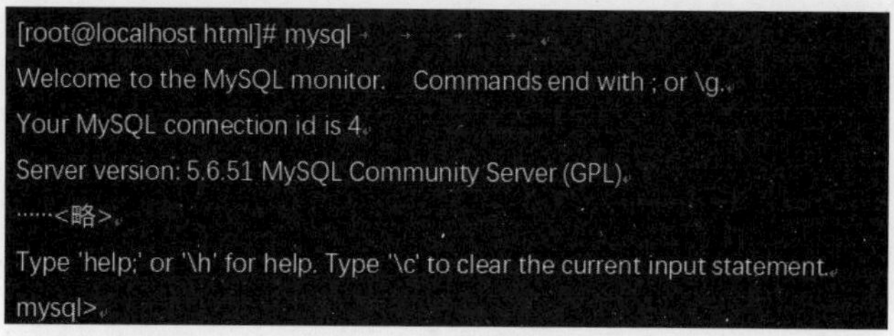

图 11-33　连接数据库

② 数据库连接成功后，在"mysql>"命令提示符下输入"quit"命令即可断开与服务器的连接，命令如下。

```
mysql> quit
Bye
```

11.4　PHP

PHP（页面超文本预处理器）是一种嵌入 HTML 并由服务器解释的脚本语言，用于管理动态内容、支持数据库、构建网站。尽管近几年比较流行的 Web 开发语言是 Java、Python、Go 语言等，但是有些服务端仍在使用 PHP，它以一个模块的形式与 Apache 结合在一起，Apache 通过 PHP 模块与 MySQL 数据库交互。

PHP 支持许多流行的数据库，包括 MySQL、Oracle、Sybase 和 Microsoft SQL Server，也可以在大多数平台上运行，如 UNIX、Linux 和 Windows 平台。

11.4.1　PHP 的安装

安装 PHP 的命令如下，执行结果如图 11-34 所示。

```
[root@localhost ~]# yum install php -y
```

图 11-34　安装 PHP

11.4.2　PHP 的配置

PHP 语言的配置文件为/etc/php.ini，在 Apache 的配置文件/etc/httpd/conf/httpd.conf 中通过添加 PHPIniDir 指令指定该文件的路径，在 Apache 服务器中调用该文件即可。

① 查看是否存在 php.ini 文件，命令如下，执行结果如图 11-35 所示。

```
[root@localhost ~]# ls        /etc/php.ini
```

```
[root@localhost ~]# ls   /etc/php.ini
/etc/php.ini
```

图 11-35　查看是否存在 php.ini 文件

② 编辑 httpd.conf 文件，添加 PHPIniDir 指令指定文件路径，命令如下，执行结果如图 11-36 所示。

```
[root@localhost ~]# vim /etc/httpd/conf/httpd.conf
```

```
[root@localhost ~]# vim /etc/httpd/conf/httpd.conf
PHPIniDir /etc/php.ini
```

图 11-36　编辑 httpd.conf 文件，添加 PHPIniDir 指令指定文件路径

③ 修改配置文件后要重新启动服务，命令如下。

```
[root@localhost ~]# systemctl restart httpd        #
```

11.4.3　测试 PHP

测试系统对 PHP 的支持情况，需要启动 httpd 服务，并且在默认网站目录下创建一个 PHP 测试脚本，然后通过浏览器进行测试。

【例 11-7】　测试 Apache 对 PHP 的支持情况。在默认网站目录下创建一个 PHP 测试脚本文件 test.php，测试时服务器主机 IP 地址根据实际情况输入。命令如下，执行结果如图 11-37 所示。

```
[root@localhost ~]#  cd /var/www/html/
[root@localhost html]# vim test.php
```

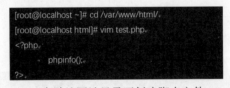

```
[root@localhost ~]# cd /var/www/html/
[root@localhost html]# vim test.php
<?php
    phpinfo();
?>
```

图 11-37　在默认网站目录下创建脚本文件 test.php

打开浏览器，在浏览器的地址栏内输入 http://192.168.231.144/test.php 以访问，浏览器显示结果（即 PHP 测试页面）如图 11-38 所示，说明 PHP 已经安装成功，且与 Apache 关联成功。

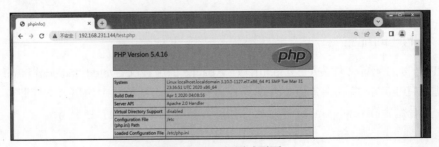

图 11-38　PHP 测试页面

注意： 如果在 Windows 操作系统的浏览器中无法显示 PHP 测试页面，有可能是因为 Linux 防火墙阻止了访问请求，可以输入 systemctl stop firewalld 命令关闭 firewalld 防火墙，再进行测试。

11.5　问题与思考

我们可以将 LAMP 开源软件组合比作一个高效协作的团队，团队中的每个成员都各司其职，紧密协作。这个开源软件组合提供了一个统一的开发环境，Apache 负责前端接待，MySQL 用于管理数据资产，而 PHP 则负责实现业务逻辑，它们共同推动着项目的实施。这种协作模式，不仅体现了开源软件的强大力量，也展现出各个成员的集体意识，体现了各个成员对集体目标的认同和追求，明确的目标导向促进强大的凝聚力和向心力的形成。

11.6　本章小结

本章主要介绍了 LAMP 服务器的搭建，LAMP 的组成，Linux 操作系统中 Apache 服务器的安装和配置方法、MySQL 数据库的安装方法，MySQL 数据库的分支——MariaDB 数据库的安装和管理方法，最后通过讲解 PHP 的安装、配置和测试方法，使读者掌握整个 LAMP 环境的搭建操作。

11.7　本章习题

1. 填空题

（1）LAMP 是一种常用的 Web 服务器架构，它由 Linux 操作系统、_____、MySQL（或 MariaDB）数据库和 PHP 软件组成。

（2）_____是 Apache 服务的主程序，是一个独立运行的后台进程。

（3）HTTP 请求的默认端口号是_____。

（4）Apache 安装完成后，会在/etc/httpd/conf 目录下自动生成主配置文件_____。

（5）Apache 支持配置 3 种类型虚拟主机：基于_____的虚拟主机、基于_____的虚拟主机、基于_____的虚拟主机。

（6）MySQL 数据库连接成功后，在"mysql>"命令提示符下输入"_____"命令断开与 MySQL 服务器的连接。

2. 简答题

（1）简述 Apache HTTP 的特点。

（2）写出对 MySQL 服务进行管理的命令，包括启动服务、查看服务状态、停止服务、重启服务的命令。

第12章 Linux 远程登录和管理

学习目标

- 了解 Linux 远程登录服务。
- 了解 SSH 协议及服务。
- 掌握 SSHD 服务提供的两种安全验证方式的配置。
- 掌握常用远程管理工具的使用。

素养目标

- 培养遵纪守法、诚实守信的职业道德。
- 坚持底线思维,强化风险意识。

导学词条

- 远程登录:用户通过网络从一个计算机(客户端)登录到另一个计算机(服务器)的过程。这个过程允许用户在客户端计算机上执行服务器端计算机上的操作,使用户能够从任何地方访问和操作远程计算机。然而,远程登录也带来了一定的安全风险,因此需要采取适当的安全保护措施,如使用加密的远程登录协议和实施严格的访问控制策略。

12.1 Linux 远程登录服务

在实际应用过程中,用户经常需要通过本地 Linux 操作系统远程登录 Linux 服务器并管理各种服务,实现上述操作的前提是服务器配置了远程登录服务以允许用户远程控制。

12.1.1 SSH 协议概述

SSH(安全外壳)协议能够以安全的方式提供远程登录服务,可以在本地主机和远程服务器之间加密传输数据,保障数据安全,也是目前远程管理 Linux 操作系统的常见方式。

12.1.2　OpenSSH 简介

OpenSSH 是 SSH 协议的免费开源实现，它提供了服务器后台程序和客户端工具，用于远程控制和加密远程传输的数据。

OpenSSH 的客户端软件为 openssh-client，服务器软件为 openssh-server，如果只需要远程登录其他机器，可以只安装 openssh-client；如果本机作为服务器开放远程登录，就需要安装 openssh-server。

SSHD 服务是 OpenSSH 的守护进程，默认端口号是 22，负责实时监听客户端请求，并进行处理。在 CentOS 7 中，默认已经安装了 openssh-server 和 openssh-client，并启用了 SSHD 服务程序。

1. 查看 OpenSSH 软件包安装情况

查看 OpenSSH 软件包安装情况的命令如下，执行结果如图 12-1 所示。

```
[root@localhost ~]# rpm -qa|grep openssh
```

```
[root@localhost ~]# rpm -qa|grep openssh
openssh-server-7.4p1-21.el7.x86_64
openssh-clients-7.4p1-21.el7.x86_64
openssh-7.4p1-21.el7.x86_64
```

图 12-1　查看 OpenSSH 软件包安装情况

2. 查看 SSHD 服务运行状态

查看 SSHD 服务运行状态的命令如下，执行结果如图 12-2 所示。

```
[root@localhost ~]# systemctl status sshd
```

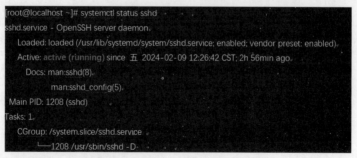

```
[root@localhost ~]# systemctl status sshd
sshd.service - OpenSSH server daemon.
   Loaded: loaded (/usr/lib/systemd/system/sshd.service; enabled; vendor preset: enabled).
   Active: active (running) since 五 2024-02-09 12:26:42 CST; 2h 56min ago.
     Docs: man:sshd(8).
           man:sshd_config(5).
 Main PID: 1208 (sshd)
    Tasks: 1.
   CGroup: /system.slice/sshd.service
           └─1208 /usr/sbin/sshd -D
```

图 12-2　查看 SSHD 服务运行状态

12.1.3　配置 SSHD 服务

在 CentOS 7 中，SSH 客户端的配置文件是/etc/ssh/ssh_config，用于配置 SSH 客户端的行为和选项，一般不对其进行修改。而 SSH 服务器的配置文件是/etc/ssh/sshd_config，用于配置 SSH 服务器的行为和选项，如指定身份验证方法、指定监听的端口号等。可以使用 cat 命令查看 SSH 服务器的配置文件，命令如下，执行结果如图 12-3 所示。

```
[root@localhost ~]# cat /etc/ssh/sshd_config
```

图 12-3　使用 cat 命令查看 SSH 服务器的配置文件

　　一般情况下，SSHD 服务器的配置文件中的大部分配置选项无须改动，其中常用的配置选项及作用见表 12-1。

表 12-1　SSHD 服务器的配置文件中的常用配置选项及其作用

配置选项	作用
Port 22	默认的 SSHD 服务端口
ListenAddress 0.0.0.0	设定 SSHD 服务监听的 IP 地址
PermitRootLogin yes	设定是否允许 Root 账户登录，yes 表示允许
MaxAuthTries 6	设置最大密码尝试次数
MaxSessions 10	设置最大终端数
PubkeyAuthentication yes	设置开启公钥验证，yes 表示开启
PasswordAuthentication yes	设置是否允许口令验证，yes 表示允许
PermitEmptyPasswords no	设置是否允许空密码登录，no 表示不允许

　　SSHD 服务提供了两种安全验证方法：基于口令的安全验证和基于密钥的安全验证，均需要通过修改配置文件来实现。这两种方法均使用 ssh 命令进行验证。ssh 命令的语法格式如下，命令默认使用 root 账号进行登录。

`ssh 远程主机的 IP 地址`

1．基于口令的安全验证

　　基于口令的安全验证指在用户远程登录时，使用服务器已有的用户账户和密码来验证用户身份。

　　【例 12-1】　准备两台装有 CentOS 7 系统的服务器，如服务器 Server1 的 IP 地址为 192.168.231.144/24，服务器 Server2 的 IP 地址为 192.168.231.145/24，用于进行基于口令的远程登录的安全验证。

　　① 在服务器 Server2 上，使用 root 账户和密码远程登录服务器 Server1，命令如下，执行结果如图 12-4 所示。

```
[root@server2 ~]# ssh 192.168.231.144
```

图 12-4　使用 root 账户和密码远程登录服务器 Server1

② 配置服务器 Server1，禁止使用 root 账户和密码远程登录服务器 Server1。

在服务器 Server1 上，编辑 SSHD 服务器的配置文件，将"#PermitRootLogin yes"前的#去掉，并将参数值 yes 改成 no，命令如下，执行结果如图 12-5 所示。

```
[root@server1~]# vim  /etc/ssh/sshd_config
```

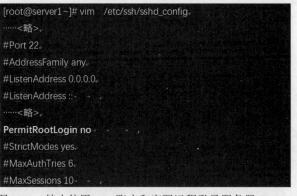

图 12-5　禁止使用 root 账户和密码远程登录服务器 Server1

③ 重新启动 SSHD 服务，命令如下。

```
[root@server1 ~]# systemctl restart sshd
```

④ 在服务器 Server2 上重新使用 root 账户访问 SSHD 服务，此时系统会提示"拒绝访问，请重试"的错误信息。命令如下，执行结果如图 12-6 所示。

```
[root@server2 ~]# ssh 192.168.231.144
```

```
[root@server2 ~]# ssh 192.168.231.144
root@192.168.231.144's password:
Permission denied, please try again.
```

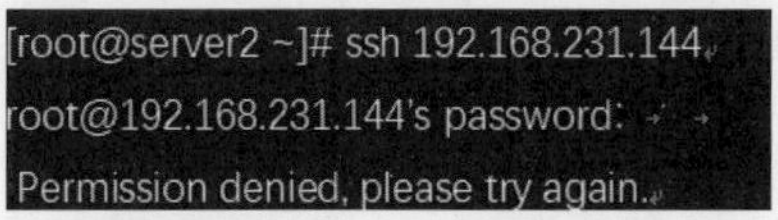

图 12-6　在服务器 Server2 上重新访问 SSHD 服务

2. 基于密钥的安全验证

在企业实际生产环境中，使用账户和密码进行基于口令的安全验证存在被黑客暴力破解或被嗅探截获的风险。SSHD 服务提供了基于密钥的安全验证方式，实现免密远程登录，这种方式相对来说更加安全。下面以服务器 Server2 远程登录到服务器 Server1 为例，介绍免密远程登录的原理。

① 在服务器 Server2 上生成公钥/私钥对（密钥对）。

② 将公钥复制给服务器 Server1，重命名为 authorized_keys。

③ 服务器 Server2 向服务器 Server1 发送一个连接请求。

④ 服务器 Server1 收到服务器 Server2 的连接请求信息后，在 authorized_keys 中查找是否存在相对应的公钥，如果有匹配的公钥则随机生成一个字符串，并使用公钥对字符串加密，然后发送给服务器 Server2。

⑤ 服务器 Server2 收到服务器 Server1 发来的加密字符串后，使用私钥进行解密，再将解密后的字符串发送给服务器 Server1。服务器 Server1 将接收到的字符串与之前生成的字符串对比，如果验证一致，则允许免密登录。

总之，免密登录首先需要在本地生成密钥对，然后把密钥对中的公钥上传至远程服务器上，私钥保留在本地服务器上，远程服务器使用公钥加密，本地服务器使用私钥解密。

【例 12-2】 使用基于密钥的安全验证方式，以用户 student 身份登录 SSH 服务器。

① 在服务器 Server1 上建立用户 student，并设置密码，命令如下。

```
[root@server1 ~]# useradd student
[root@server1 ~]# passwd student              #设置用户 student 的密码
```

② 在服务器 Server2 上使用 ssh-keygen 命令生成密钥对，命令如下，执行结果如图 12-7 所示。

```
[root@server2 ~]# ssh-keygen              #生成密钥对
```

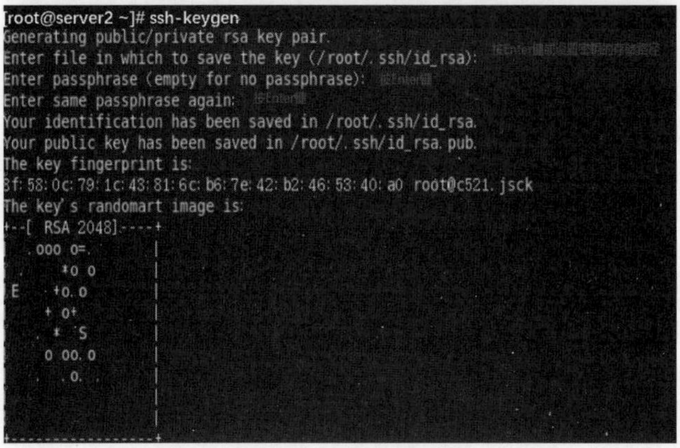

图 12-7 生成密钥对

③ 查看公钥 id_rsa.pub 和私钥 id_rsa，命令如下。

```
[root@server2 ~]# cat /root/.ssh/id_rsa.pub
[root@server2 ~]# cat /root/.ssh/id_rsa
```

④ 在服务器 Server2 通过 ssh-copy-id 命令，使用服务器 Server1 的用户 student 身份将公钥复制到远程服务器 Server1 的/home/student/.ssh/authorized_keys 文件中。命令如下，执行结果如图 12-8 所示。

```
[root@server2 ~]# ssh-copy-id  student@192.168.231.144
```

```
[root@server2 ~]# ssh-copy-id  student@192.168.231.144
student@192.168.231.144's password:        输入 student 的密码
Now try logging into the machine, with "ssh 'student@192.168.231.144'", and check in:
  .ssh/authorized_keys
to make sure we haven't added extra keys that you weren't expecting.
```

图 12-8　将公钥复制到远程服务器 Server1 的文件中

⑤ 传送成功后，在远程服务器 Server1 上查看传送过来的公钥。命令如下，执行结果如图 12-9 所示。

```
[root@server1 ~]# cat  /home/student/.ssh/authorized_keys
```

```
[root@server1 ~]# cat  /home/student/.ssh/authorized_keys
ssh-rsa
AAAAB3NzaC1yc2EAAAADAQABAAABAQC+mt5tvTHET3xafGgHZaax4hk0fMIYkqaQvzlYvF+UTflZt1DauL5J
PCVj24LUXfpu+zVu481ctdUjTV646Z4AfS5e52ZMfPyfiwFdn/F+JjWSDOINgWQLnGyjfAAoK7BLyyfraz45RKfj9
fARpV9H6RgraNI84rogM6MGoHwpZG/rW8UWr9WCiYRTda4ZX8Hbkns2BmAulEnckBBjHKby3RBbd/pQnlJt
96Is9QPRP8UcmY+iuexckoQkZBRGoiwsw56Kq75cPrG8tZ1UVOm9Z3dq38rsRoTvdMfpNCVK7Pk9R+Eu/1n
DMyR2TVI3OdI5W423fkapmGxaqDTb2aAz root@server2
```

图 12-9　在远程服务器 Server1 上查看传送过来的公钥

⑥ 对服务器 Server1 进行设置，使其只允许基于密钥的安全验证，拒绝传统的基于口令的安全验证。将配置文件中的 PasswordAuthentication 选项值 yes 改为 no。命令如下，执行结果如图 12-10 所示。

```
[root@server1 ~]# vim /etc/ssh/sshd_config
```

```
[root@server1 ~]# vim /etc/ssh/sshd_config
# To disable tunneled clear text passwords, change to no here!
#PasswordAuthentication yes
#PermitEmptyPasswords no
PasswordAuthentication no
```

图 12-10　使服务器 Server1 只允许基于密钥的安全验证

⑦ 在服务器 Server2 上，使用服务器 Server1 上的用户 student 进行远程登录，此时无须输入密码即可成功登录远程服务器 Server1。命令如下，执行结果如图 12-11 所示。

```
[root@server2 ~]# ssh student@192.168.231.144
```

```
[root@server2 ~]# ssh student@192.168.231.144
Last login: Sat Feb 10 00:30:25 2024 from 192.168.231.145
[student@localhost ~]$
```

图 12-11　使用用户 student 进行远程登录

12.1.4　scp 远程传输命令

scp 是一个用于在网络之间进行文件传输的命令行工具，基于 SSH 协议，提供了加密和安全的文件传输功能。scp 命令的语法格式如下。

```
scp  [参数] 本地文件 远程账户@远程 IP 地址：远程目录
```

其中，[参数]的常用参数-P 是大写字母，用于指定数据传输用到的端口号。

【例 12-3】 ① 在服务器 Server2 上将文件 file2 复制到服务器 Server1 上，命令如下，执行结果如图 12-12 所示。

```
[root@server2 ~]# scp  file2  student@192.168.231.144:/home/student
```

图 12-12 在服务器 Server2 上将文件复制到 Server1 上

② 在服务器 Server1 上查看复制的文件，命令如下，执行结果如图 12-13 所示。

```
[root@sever1 ~]# ls /home/student/
```

图 12-13 在服务器 Server1 上查看复制的文件

SSHD 服务默认使用 22 号端口，如果远程服务器的 SSHD 服务端口号在配置文件中被修改，则在使用 scp 命令传输文件时，需要指定-P。

【例 12-4】 在服务器 Server2 上，使用 scp 命令将本地文件 file22 通过服务器 Server1 的 2022 端口复制到用户 student 的家目录中。

① 修改服务器 Server1 中的 SSHD 服务配置文件，命令如下，执行结果如图 12-14 所示。

```
[root@sever1 ~]# vim /etc/ssh/sshd_config
```

```
[root@sever1 ~]# vim /etc/ssh/sshd_config
Port 2022
```

图 12-14 修改服务器 Server1 中的 SSHD 配置文件

② 停止 firewalld 防火墙，关闭 SELinux，命令如下。

```
[root@sever1 ~]# systemctl stop firewalld
[root@sever1 ~]# setenforce 0
```

③ 重新启动 SSHD 服务，命令如下。

```
[root@sever1 ~]# systemctl restart sshd
```

④ 服务器 Server2 上新建文件 file22，命令如下。

```
[root@server2 ~]# touch file22
```

⑤ 将 file22 复制到远程服务器 Server1 上，命令如下，执行结果如图 12-15 所示。

```
[root@server2 ~]# scp -P 2022 file22 student@192.168.231.144:/home/student
```

图 12-15 将 file22 复制到服务器 Server1 上

⑥ 在服务器 Server1 上查看 file22，命令如下，执行结果如图 12-16 所示。

```
[root@sever1 ~]# ls /home/student/
```

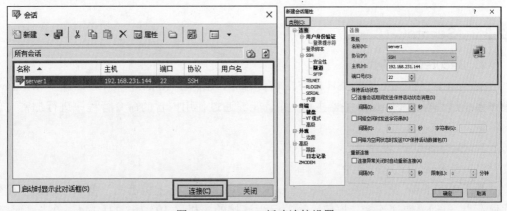

图 12-16　在服务器 Server1 上查看 file22

12.2　Linux 远程管理工具

通过远程登录服务，用户可以在其他版本 Linux 操作系统中以 SSH 命令的形式对远程服务器进行管理和传送文件等操作，还可以在 Windows 操作系统中通过一些桌面远程管理客户端工具连接服务器主机进行相应的操作。常见的桌面远程管理工具有Putty、SecureCRT、XShell、WinSCP、OpenSSH、Xftp 等。下面简单介绍 XShell 和SecureCRT。

12.2.1　XShell

1．XShell 的简介

XShell 是一款非常强大的安全终端模拟软件，它支持 SFTP、TELNET、SSH2 和 SSH1等协议，有丰富的外观配色方案及样式，可以在 Windows 操作系统界面下非常方便地对Linux 主机进行远程管理。

2．XShell 的使用

① 基于 Windows 操作系统启动 XShell 后，默认打开"本地 Shell"窗口，单击菜单栏中的"新建"菜单，打开"新建会话属性"对话框，进行类别设置。在右侧的"连接"界面中设置"常规"属性，其余配置默认即可，单击"确定"按钮后，"连接"会话创建成功，如图 12-17 所示。

图 12-17　XShell 新建连接设置

② 单击图 12-17 左侧的"连接"按钮后，弹出"SSH 安全警告"界面，选择"接受

并保存", 输入用户名和密码, 如输入 "root", 以管理员身份登录, 如图 12-18 所示。

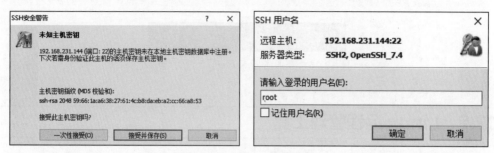

图 12-18　XShell 新建连接

③ 远程连接成功, 如图 12-19 所示。输入 "exit" 即可退出 XShell。

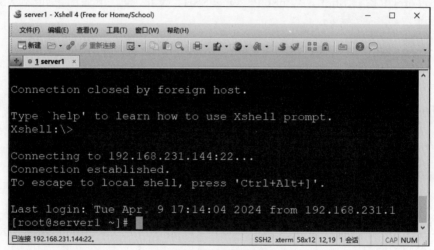

图 12-19　XShell 远程连接成功

12.2.2　SecureCRT

1. SecureCRT 简介

SecureCRT 是一款支持 SSH 的终端仿真程序, 功能与 XShell 类似, 可以基于 Windows 操作系统远程登录 Linux 服务器主机, 并且能够通过使用内含的命令行程序进行加密文件的传输。

2. SecureCRT 使用

（1）SecureCRT 远程登录

基于 Windows 操作系统启动 SecureCRT 后, 弹出 "新主机密钥" 窗口, 选择 "接受并保存", 出现 "快速连接" 窗口, 输入远程连接的主机名 192.168.231.144, 单击 "连接" 按钮, 继续输入用户名和密码后单击 "确定" 按钮, 如图 12-20 所示。连接成功后如图 12-21 所示, 输入 "exit" 即可退出。

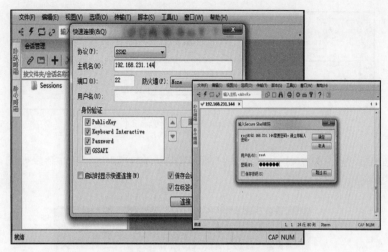

图 12-20　SecureCRT 连接设置

图 12-21　SecureCRT 连接成功

（2）SecureCRT 远程传输文件

在图 12-20 所示的窗口中单击"传输"菜单，在下拉菜单中选择"Zmodem 上传列表"
选项，按图 12-22 所示的操作步骤完成将本地 Windows 操作系统中的文件传输至远程服
务器 Server1 上的操作。

图 12-22　SecureCRT 远程传输文件

（3）SecureCRT 远程传输文件成功，传输过程和结果如图 12-23 所示。

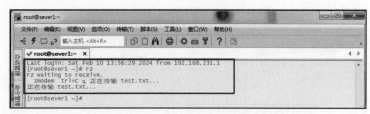

图 12-23　SecureCRT 远程传输文件成功

可以在远程服务器 Server1 上查看接收到的文件，命令如下，执行结果如图 12-24 所示。

```
[root@sever1 ~]# ll
```

图 12-24　查看接收到的文件

12.3　问题与思考

1．远程登录与遵纪守法

Linux 远程登录允许用户从任意网络位置安全地访问和管理系统，但这种操作也会带来安全风险。遵守网络安全法律法规如《中华人民共和国网络安全法》等，是确保远程登录活动合法合规的基础。远程登录活动需注意保护用户数据、防止非法入侵、不进行未经授权的访问等。

2．远程登录与诚实守信

诚实守信不仅是个人品德的体现，也是职业道德的重要组成部分。在进行远程登录的过程中，使用真实的身份信息，不冒用他人账号或伪造身份；不进行任何未经授权的修改或窃取数据；在发现安全问题或异常情况时应及时、诚实地向相关方报告。

3．远程登录与坚持底线思维

在远程登录管理中，要清晰界定远程登录操作的安全底线，不得进行任何可能危害系统安全或侵犯用户隐私的操作；通过不断优化和完善远程登录的安全管理体系，提高系统的整体安全防护能力。

4．远程登录与强化风险意识

远程登录涉及网络环境的复杂性和多变性，因此强化风险意识至关重要。了解远程登录过程中可能遇到的各种安全风险，如密码泄露、遭受中间人攻击等；针对潜在安全风险制定相应的防范措施，如使用强密码、启用双向身份认证、定期更新软件等；制定应急响应预案，确保在发生安全事件时能够迅速、有效地应对。

12.4　本章小结

本章主要介绍了用于远程登录 Linux 操作系统的常用方式，并介绍了 SSHD 服务和使用桌面远程管理工具，包括 XShell 和 SecureCRT。在远程登录服务中，介绍 SSH 协议，安装 OpenSSH 的方法，实现 SSHD 服务的配置。然后详细讲解了 XShell 和 SecureCRT 的使用技巧，从而实现远程管理 Linux 操作系统。

12.5　本章习题

1．填空题

（1）SSH 是一种能够以安全的方式提供_____的协议。

（2）OpenSSH 是 SSH 协议的免费开源实现，它提供了_____后台程序和_____工具，用于进行远程控制和加密远程传输的数据。

（3）SSHD 服务是 OpenSSH 的守护进程，默认端口号是_____，负责实时监听客户端请求，并进行处理。

（4）SSHD 服务提供了两种安全验证方法：基于_____的安全验证和基于_____的安全验证，均需要通过修改配置文件来实现。

（5）SecureCRT 是一款支持 SSH 的终端仿真程序，能够通过使用内含的命令行程序进行加密文件的_____。

2．选择题

（1）如果当前服务器开放远程登录服务，需要安装（　　）软件。

A．http   B．vsftp

C．openssh-clien   D．openssh-server

（2）在 CentOS 7 中，SSH 服务器的配置信息保存在（　　）文件中。

A．/etc   B．/etc/ssh

C．/etc/ssh/sshd_config   D．/etc/ssh/ssh_config

（3）在 SSHD 服务配置过程中，如果设置禁止 Root 账户远程登录，则在配置文件中要修改（　　）。

A．PermitRootLogin yes   B．PubkeyAuthentication no

C．PasswordAuthentication yes   D．PermitEmptyPasswords no

3．操作题

使用密钥验证方式，在服务器 Server1 上以用户 student 身份远程登录 SSH 服务器 Server2。